# デザイン・アウト・クライム
## 「まもる」都市空間

イアン・カフーン 著
小畑晴治・大場 悟・吉田拓生 訳

鹿島出版会

DESIGN OUT CRIME: Creating Safe and Sustainable Communities
by
Ian Colquhoun
ISBN 978-0-7506-5492-0
Copyright © 2004, by Ian Colquhoun. All rights reserved.

This edition of Design Out Crime: Creating Safe and Sustainable Communities by Ian Colquhoun
is published 2007 in Japan
by Kajima Institute Publishing Co., Ltd,
by arrangement with Elsevier Ltd, The Boulevard, Langford Lane, Kidlington, OX5 1GB, England
through The English Agency (Japan) Ltd.

## はじめに

「必要なのは、しっかりした『地域コミュニティ』とQOL（生活の質）を高めることである。親が安心できる子供の通学路も然りである。そこでは、人々は公園が欲しくなる。落書きやバンダリズム（公共的器物破損）、ゴミ、廃棄物が許されない場所となる。またそうした場所では、地域コミュニティや相互責任というものを、生活環境が促進させているのである」

（英国首相トニー・ブレア、2001年クロイドンにて）

　この本は、人々が犯罪や犯罪の不安から解放されて、質の高い生活が送れるようになるための、コミュニティや住宅地の設計計画について解説したものである。これまでの出版物やガイドラインを実務面から見渡し、都市プランナーや建築家などが日頃の仕事で活用できる提案を行うのが狙いである。また、犯罪やバンダリズム、あるいは反社会的行為が、重大な公衆問題であるという共通認識を反映している。薄汚れた危険な場所というものは、不安を高めて、地域に住む市民の自信を蝕み、個人の投資や企業の出資意欲をくじく。

　犯罪や犯罪不安は、どこに住み、どこで働くか、そして子供をどこの学校に行かせるかという選択肢の、重要な決定要素となる。それらは、日々の行動や暗くなってからの外出にも影響を与える。侵入盗、車盗あるいは車上荒らし、麻薬取引、迷惑行為などの雑多な反社会行為は、都市居住のマイナス面として受け止められている。女性や子供や高齢者たちは、危険性が極めて少ない場合であっても、往々にして1人で歩いて学校や買い物に行くことを制約される。多くの女性は、暗くなってからの外出が不安なので、動き回る自由が制限されてしまうことになる。これらの問題は、「国際CPTED（環境デザインによる防犯）協会」（ICA）会員の関心事でもあり、世界中で都市の社会経済の成長、発展に非常に大きな影響を与えている。

　犯罪は、英国経済にとって年に500億ポンド（約10兆円）ものコスト負担になる（2002年「防犯指標」見通し）。米国では、その

左ページの写真：ロンドンのタワーハムレット、カボーン・ロードのチェリークローズ（1996）。"自然な見まもり"がうまくいっている事例。建築家：ボラード・トーマス＆エドワード

額が 4,500 億ドル（約 52 兆円）にもなる。カナダでは、460 億カナダドル（約 5 兆円）/年、豪州では 180 億ドル（約 1.6 兆円）/年であり、それらは GDP の 4％以上となっている（Schneider & Kitchen, 2002）。住居地域における犯罪者たちは、できごころによる者から常習者までさまざまであるが、13 ～ 24 歳の若者が最も多い。犯罪の背景にある動機はおびただしく、社会的疎外、貧困、薬物乱用、心理的障害、家庭崩壊、経済事情、それに不道徳や強欲などが内包されている。そして、行き届かない設計の住宅地や居住環境も、その要素に含まれるのである。

優れた設計計画というものは、これらの課題に立ち向かい、役立つことができ、商業的にも、居住性向上の面でも、付加価値をつけることができる（口絵参照）。これらをよく理解することは、都市プランナー、建築家、住宅建設業者など、住宅地をつくり運営管理する人たちにはとても大切で、彼らが携わる領域の社会的、経済的、文化的コンテクストをきちんと理解できるようになる。

本書は、犯罪予防の簡単な原則を設計計画プロセスに統合させることによって、言うまでもないことであるが、居住環境をより安全なものにすることができるということを論証するものである。そのためには全体的かつ漏れのないプロセスでなくてはならないし、最後が付け足しのようなものであってはならない。この本は見解の相違があって時には対立してしまう設計上の要求に対する折り合いをつける材料にもなるだろう。近隣地区の計画や住宅地全体の設計計画という文脈で犯罪を扱っているので、この本がその種の意思決定を建設的に行えるような基礎情報を提供できるようになれば幸いである。

本書は、防犯の問題でしばしば苦労する、都市プランナー、建築家およびデベロッパーを対象としている。世のなかには「砦の居住環境」（p.1、図 1.1）といったものを生み出す恐れが本当にあるのである。また、「グッド・デザイン」とは何かわからないが、建築家たちの間ではそれが信奉されている。デベロッパーには、少しでも犯罪の起きる雰囲気があれば購入者が来なくなり、投資にも影響が出るのではないかと心配する者がいる。しかし、今や犯罪は世論の重要課題であるから、家を買うときの重要事項の 1 つとなっている。したがって、住宅地を人々のニーズに合うものとしなくてはならないのであれば、設計計画はこの基本事項を満足させるものでなくてはならない。だが、この問題が設計者やデベロッパーが大切と考える事項に含められることはほとんどない。

また、本書は、住宅地創出に携わる以下のような人たちをも対象

としている。
- 警察（防犯設計アドバイザーとしての）。この本から、彼らが多くのことを学び、住宅地設計という幅の広い文脈のなかで自分たちの重要な役割を見出すことを期待したい
- 自治体や住宅公社で、住宅地の報告書記録や運営管理、維持保全を担当する責任者
- コミュニティ、とくに都市再生事業に参加する人々
- コミュニティ・セーフティ・パートナーシップ。現在は英国のどの自治体にもつくられているが、他国にも似た組織ができ、都市プランナーや建築家、地域コミュニティが警察と連携している

　本書は、住宅地設計と都市再生の経験をもつ建築家と街のプランナーの視点から書かれている。防犯や環境心理学のアカデミックな研究であるということでなく、むしろ計画や設計のための実用的な手引きになることをも目論んだ。社会と経済の問題への言及も、周知の状況の範囲内ではあるが、都市プランニングや都市デザインの意思決定を行うのに十分なものになったと考えている。本の各部分に、英国、米国、オランダおよびスカンジナビアその他の国でのプロジェクトや、よく考えられたテーマ事例の計画案と写真を掲載した。住宅地の設計計画には、共通の言葉のようなものがあるのだから、設計上の解決策は、地区ごとの特性を反映したものでなくてはならないことがわかる。住宅地設計の他のいかなる局面にも当てはまることだが、これが犯罪の可能性を減らすための真髄なのである。
　社会が人々に住まいをどう提供できるかは、その文明の指標である。ある世代の遺産が他の世代に受け継がれ、享受され、あるいは満足させる。多くの国の過去からはっきり学べることは、単に住宅地をつくるのでなく、持続できるコミュニティを創出することの大切さである。住民が帰属意識をもち、犯罪や犯罪不安という問題が文明生活上の他の要求とうまく兼ね合わされる居住環境を設計することなのである。それには「連携」の考え方を必要とする、この本の各所に記述しているテーマである。
　設計用語でいうベスト・プラクティスであることを示す個別スキームに即して犯罪データを集めようとしても、とても難しいことが判明した。でも、どこでそれが使えるかの参考書は、ここにできたといえる。

　本書は次の 5 章に分かれている。

第1章では、住居地域における犯罪の要因を概観する。自然環境や地域の状況そして犯罪のコストについて、またコミュニティにおける犯罪不安について考察する。

社会的、経済的な窮乏と疎外、貧しい環境の影響、若年層犯罪と農村部の犯罪などを含めたものの共通要因について概説する。行き届かない設計計画は犯罪に影響をおよぼし、生活の質（QOL）にも重要な意味をもっている。

第2章では、既成市街地での設計計画を通して住居地域での犯罪予防の起源を探る。ここではジェーン・ジェイコブス、オスカー・ニューマン、アリス・コールマンその他の理論が示されている。クリストファー・アレグザンダーの著書、『パタン・ランゲージ：環境設計の手引』(1977) で展開された設計原則を示す。同書は、時代を経ても色あせない助言に満ちたアプローチであり、オランダの「警察認証スキーム」にも反映されている。この章は環境デザインによる防犯の原則と空間統合理論の開発で締めくくる。

第3章では、近隣地区と住宅の設計計画プロセスについてまとめる。簡潔にまとめることに重きを置いており、これは、「犯罪のパターン分析」の準備にもつながってくる。街路、広場、路地など、考慮すべき設計原理の幅広さをくっきり浮かび上がらせるための空間計画断面図を掲載した。住宅区域の住居用道路と路地の設計計画においては、街路の管理は、居住環境の犯罪を減らす効果的な手法なので住民の管理とすべきという観点を述べている。居住密度と、犯罪と設計計画との関係を理解することが大切である。

オープンスペースや子供の遊び場を設けることは既成市街地で重要であるが、もし十分慎重に、場所選びや設計計画がなされていなければ、悪用され反社会的行為の標的にもなりうる。犯罪抑止策のなかで優れた街路照明、路地の囲い、CCTV* の設置の役割についても考慮されなくてはならない。

第4章では、「設計基準による安全」を含む、最新の英国政府および公共団体の勧告について考察する。オランダの警察認証基準と、EU の規格案についても述べる。しかしながら、設計ガイドとは、よき実践のための1つの道具にすぎず、指示命令的なものではないことは、よく理解しておかねばならない。近隣計画と設計計画は、敷地特有のものでなくてはならない。柔軟で、地域特有性があり、予防的な設計計画上の配慮が、既成の解決策よりも常に望ましいも

---

* （訳注）防犯カメラのこと、原義は有線TV方式

のとなる。

　第5章では、コミュニティを創出することが犯罪の起きない設計計画に最も効果的な要素であるというコンセプトについて論じる。設計計画だけでは問題は解決しない。人々は自分たちのコミュニティの設計計画、運営管理および維持保全に参画するべきなのである。今やこれまで以上に、物的側面だけでなく、社会経済や文化を含めた全体論で、近隣地区や住宅地の設計計画を考えることが必要になっている。

## 英国建築研究所（BRE）犯罪調査部本部長：
ティム・パスコウ博士

　犯罪や犯罪不安、あるいは反社会的行為が、現代社会で大きな問題となっている。しかし、これらは乗り越えることのできる、あるいはできつつある闘いである。たとえば、英国犯罪調査では、1995年以降のどの調査でも犯罪が減少したことが報告されている。確かに、1981～1991年の犯罪拡大期の後、この5年間では22%減少している。この間の犯罪上昇を抑止し転換させた成果は、『犯罪と秩序違反法（Crime & Disorder Act）1998』の画期的施策、住宅地のサステイナビリティ、良質で充実した警察制度、そして近隣監視人の配備などを含む多くの方策によって、引き下げることができたのである。

　このような専門家主導の取組みで焦点が絞られてきたし、CPTED（環境デザインによる防犯）を通した犯罪防止方法の開発がなされてきた。ここ2～3年、私はその開発にいささかの役割を果たすことができたことを嬉しく思っている。現在、私は建築研究所（BRE）で犯罪のリスク管理について指導を行っている。うちのチームは、CPTEDの開発調査と問題解決に支援を行い継続させてきた。また、Design Out Crime（防犯性を踏まえた都市デザイン）協会に在籍しているが、これは英国のCPTED専門家の指導を受けもつ独立組織である。私は「防犯性を踏まえた都市デザイン」とは、都市環境デザインとその運営管理の間に生じるギャップを橋渡しする、いまだ発展途上の領域であると考えている。それは、比較的若い人たちの「学びの場」であり、標準的な参考事例が欲しいという切実なニーズに応えるものであるが、イアン・カフーン氏の本はそのギャップを理想的に埋めてくれる。

　氏は、犯罪への社会の関心が、自分の近隣や住宅地について話し合うときにもっとも高まるものであることを熟知している。本書はそこに焦点を合わせている。また住宅デザインに携わった経験のある建築家、都市プランナーとしてこの主題に立ち向かい、建築の学校で教えたり、以前から住宅デザインに関する本を多数執筆している。この本では、さまざまな情報源から多様な考えを引き出し、伝統的なものと新しい考えとを一緒に撚り合わせた。その上で、成功事例の多くがどこでも活用できることを示している。

　以上のように、この本は、基本的には建築家や都市プランナーやその他設計計画関係者に十分役立つ実用ガイドとなっている。住宅

デザインの幅広い原則について考察しているので、警察の防犯設計アドバイザー（建築調整官）のような人たちが、設計プロセスのなかで考慮しなければならない複雑なことを理解するのにも役立つと考えられる。

初めて CPTED を学ぶためのマニュアルとして使うことも可能であり、同時に、実用的な模範例を探すベテラン専門家が拾い読みするのにも役に立つ。

最後に、もっとも意義深いのは、イアン・カフーン氏が、社会経済のバックグラウンドに主題を置いていることであるが、それは今日行われている開発事業が将来にわたって永く持続できるかどうかの決め手となる。

原著者：

イアン・カフーン

本書を執筆することで、新しい世界が開けてきた。建築専門家として、また大学の教職での経験は、住宅デザインに関するあたりで旋回していた。そして、犯罪を減じる設計計画の必要性に目覚めた。しかし、まだその奥深いところまでは知りえていない。驚いたことに、世界の人たちが、警察官、建築家、都市プランナー、犯罪専門家、学者などという職種に専門分化していることがわかってきた。国際防犯協会（ICA）に世界中から一堂に会するなか、関心テーマごとにいくつものコミュニティができていた。この人たちと連携できるようになった点で、DOCA（英国デザイン・アウト・クライム協会）に大変感謝している。

オランダの関係者はとくに協力的であった。ポール・ヴァン・ソメレン氏は、欧州標準規格案の文書と、この主題で本を書くためのすばらしい調査資料のコピーを提供してくれた。これは残念なことに氏自身には出版できないものである。氏と建築調査官アルマンド・ジョニアン氏は、ハーレムのオランダ警察認証住宅地の視察に連れて行ってくれた。建築調査官テオ・ハッセルマン氏は、警察認証制度の詳細を提供してくれ、オランダで犯罪低減に成功したことへの

誇りを持ちながらの極めて的確な説明を頂いた。マッシモ・ブリココリ博士には、イタリアでの調査協力を、ボー・グロンランド博士には、デンマークとスウェーデンでの調査でそれぞれご協力頂いた。幸いにも、バルセロナのカタルニアのエスコラ警察で、E-DOCA 国際防犯学会欧州支部の会議に参加することができた。関係者の親切により、完全に自由な立場での参加が認められた。

カムデンの防犯設計アドバイザーのテリー・コックス氏と、建築研究所犯罪予防研究部長ティム・パスコウ博士のお2人には、この本の出版準備段階で、原稿をお読み頂きコメントを提出して頂いた。2人がこれに費やした時間に、心から感謝申し上げたい。レヴィット・バーンスタイン事務所のデヴィッド・レヴィット氏と、レウリン・デービス事務所のベン・カステル氏のお二人には、情報と進め方について、ふんだんにご意見を頂いた(ベンはこの課題の新国家規準に向けた研究を指導している)。アリス・コールマン氏との協働経歴をもつメアリ・マックオーン氏は、アリスの研究に関し多くの情報を提供してくれた。また、ベルファーストのチューダー・ロードの再生プロジェクトのゲーリー・ヒューズ氏にも助けられ大変感謝している。情報提供で感謝申し上げたいその他の方々として、アラン・バクスター事務所のデヴィッド・テーラー、サルフォード大学のキャロライン・デイビー、ハダース・フィールド大学応用犯罪学グループのレイチェル・アーミテージ、ニューアーバニズムのディテールでお世話になった米建築家協会(AIA)のブライアン・スペンサー、カナダのトロント市役所のミドルトン・ヒルズとロバート・ステファン、CPTED 関連の都市政策が行われたマーキス・ロードと PRP の実施した最近の欧州住宅地研究情報で、バリー・マンデー氏の名前を挙げたい。ウェブ・シーガー・ムーアハウスのレス・ウェブ氏は、ブラッドフォードのロイズを紹介してくれた。デヴィッド・クリーズ氏と以前の依頼人クリーズ・ストリックランド・パーキンス氏は、彼らの実施計画や前ヨーク大学デザイン学科実施計画の調査について支援してくれた。

日本の住宅地情報に関しては、千葉大学の服部岑生教授に感謝申し上げたい。エイミー・ツェン博士は、居住者参加に関する多くの役立つ情報を提供してくれた。

警察でお目にかかった皆さまは、それぞれのやり方で外に出かけて、幾名もの建築指導官(防犯設計アドバイザー)が手伝ってくれた。スティーブ・エバーソン、ピーター・ウッドハウス、ロジャー・ケリー、デリック・ハリソン、ジム・ブラウン、マーチン・ストークス、スティーブ・タウン、ビル・キャス、デイブ・オール各氏で、

他の名前も挙げたいが紙面の都合上限らせて頂きたい。住宅・事務所防犯学院のマーチン・ミルバーン氏もゲート付き路地に関するカルヴァン・ベックフォード氏の研究と、エセックス・デザイン・ガイドへのヒーザー・アルストン氏の実践的フィードバックで、この出版に重要な貢献をしてくれた。

実施主体としての建築指導官たちは、防犯だけでなく幅広い知識があり、市街地環境での計画や設計をよく理解している。それは、現代社会が直面する膨大な犯罪問題や犯罪不安にわれわれが立ち向かう際に、とことん活用されるべき資質であり、注目に値する価値資源である。紙面の都合で、貢献を紹介できない職員の方々にはお詫びしなければならない。

出版社のサポートも必要とした。Architectural Press 社のニール・ワーノック・スミス、アリサン・イェイツ、リズ・ホワイティングの各氏の他、同僚の皆さまに、忍耐と絶え間ない励ましを頂いたことに感謝しなくてはならない。

この本のために、熟慮して巻頭言を書いて下さったティム・パスコウ博士には、とくに感謝申し上げたい。博士は、この領域で、国内外に傑出した評判を有しておられる。博士の本、刊行物そして建築研究所（BRE）の同僚の資料が、環境デザインによる防犯の政策と原則を研究開発する助けとなった。支援を頂けたことは大変ありがたかった。

イラストに関する参考文献リストと図の見出しのタイプ打ちや検索をよく助けてくれたリズ・キャグニー氏に、また研究の初めの段階で大変励ましてくれたマーサ・マグワイア氏にも、そして今も一緒に研究している北東リンカーンシャーのイミンガムのエンバイロメンタル・アルスタンス\* の方々にも感謝申し上げたい。

\* （訳注）この地域で環境関連の生態系を扱う団体

最後になったが、この本は、わが妻クリスティンのサポートなしでは完成しえなかった。彼女は、この調査研究と執筆の期間中ずっと、写真の整理など多くの面で助力してくれ、私が十分にできなかった日常生活全般でも助けてくれた。

本を承認して下さった建築研究所（BRE）とデザイン・アウト・クフイム協会（DOCA）に大変感謝したいが、これはあくまでも独立した出版物であり、ここに述べられている視点や意見について、建築研究所や協会が何らの責任も有するものではない。

2003 年 8 月

# 目次

はじめに ... iii

## 第1章 住宅地と犯罪 ... 1
犯罪の性格 ... 1
犯罪の増加とコスト ... 2
　［国際比較］
　［英国の犯罪］
　［地域による差］
　［世帯構成による違い］
　［犯罪のコスト］
　［犯罪の機会］
　［犯罪の転移］
犯罪への不安感 ... 7
犯罪の社会的・経済的原因 ... 9
　［都市中心部の衰退］
　［社会に映し出された変化］
住宅政策の背景 ... 12
　［社会的排除］
　［投資の不足］
　［住宅の所有］
　［反社会的行為や近隣での迷惑行為］
若者と犯罪 ... 16
　［問題点］
　［若者の起用］
　［若者の家づくり］
農村の犯罪 ... 22
犯罪と生活の質 QOL ... 22
設計計画（デザイン）と犯罪 ... 25
　［ロンドン、マンセル通りのアルドゲート団地］
　［ロンドン、イズリントンのマーキス・ロード団地］
　［ニューキャッスル・アポン・タインのバイカー再開発］

## 第2章 防犯デザイン理論の開発 ... 35
はじめに ... 35
エリザベス・ウッズ ... 35
ジェーン・ジェイコブス ... 36
オスカー・ニューマン ... 37
　［まもりやすい空間］
　［その後の研究］
ブランティンガム夫妻 ... 41

アリス・コールマン　　　　　　　　　　　　42
　［可変の設計計画の特徴］
　［設計計画の原則］
　［DICE プロジェクト］
状況に着目した犯罪の予防　　　　　　　　49
　［合理的行動と繰返し行動（ルーティン・アクティビティ）の理論］
環境デザインによる防犯──CPTED　　　53
　［CPTED の定義］
　［「開かれた社会」での CPTED］
　［シベリウス・スパーケン］
第 2 世代の CPTED：グレッグ・サビルとゲリー・クリーブ
ランドの CPTED を活用した持続可能な開発　58
クリストファー・アレクザンダー：パタン・ランゲージ　61
　［ヘルシンキのピック・フオパラーチ地区］
ビル・ヒリアー：スペース・シンタックス理論（空間必然性理論）　67

# 第3章　都市のプランニングとデザイン　　73

近隣地区のプランニングとデザイン　　　　76
　［概要書］
　［敷地調査と分析］
　［犯罪パターンの分析］
　［ユーザーの要求］
　［スパシアル・デザイン（Spatial Design）］
密度、形態、所有方式　　　　　　　　　　88
　［密度と犯罪］
　［子供密度］
　［密度と文化］
高齢者のハウジング　　　　　　　　　　　102
道路と歩行者路　　　　　　　　　　　　　102
　［アクセシビリティと通り抜けの良さ］
　［トラッキング］
　［車の駐車］
　［バウンドベリー］
　［ホリー・ストリートの再生］
　［街路デザイン、ボン・エルフ、ホーム・ゾーン］
　［マンチェスター、ノースムーアのステイナー・ストリート］
　［リーズ、チャペル・アラートンのメスレーズ］
　［ロンドン、イズリントン区のオールド・ロイヤル・フリースクエア］
　［歩行者路と自転車路］
アーバン・ヴィレッジ、ニュー・アーバニズム、スマート・グロース　138
　［アーバン・ヴィレッジ］
　［グラスゴーのクラウン・ストリート］
　［ロンドンのウエスト・シルバータウン・アーバン・ヴィレッジ］

　　　　［ニュー・アーバニズムとスマート・グロース］
　　　　［ピッツバーグのクロウフォード広場］
　　　　［ウィスコンシン州マディソンのミドルトン・ヒルズ］
　　オープン・スペース　　　　　　　　　　　　　　　149
　　子供の遊び　　　　　　　　　　　　　　　　　　155
　　ランドスケーピング（造園）　　　　　　　　　　159
　　学校　　　　　　　　　　　　　　　　　　　　　160
　　地元商店と施設　　　　　　　　　　　　　　　　164
　　バンダリズムや落書きが生じない設計計画　　　　165
　　街路照明　　　　　　　　　　　　　　　　　　　166
　　　　［良質な屋外照明の効用］
　　　　［屋外照明への要求］
　　　　［カナダの経験］
　　　　［設計計画のプロセス］
　　CCTV　　　　　　　　　　　　　　　　　　　　170
　　ゲート付きの路地　　　　　　　　　　　　　　　192
　　　　［路地管理者の手引］
　　　　［ハーレムでのオランダの経験］

第4章　デザイン・ガイダンス　　　　　　　　　　　177
　　はじめに　　　　　　　　　　　　　　　　　　　177
　　英国政府のガイダンス　　　　　　　　　　　　　198
　　　　［環境省、通達5/94「プランニングによる防犯」］
　　　　［犯罪と秩序違反法1998］
　　　　［都市計画方針ガイダンス・ノート（PPGs）］
　　　　［防犯性を踏まえた都市プランニングの実践ガイダンス］
　　英国警察ガイダンス　　　　　　　　　　　　　　183
　　　　［SBD］
　　　　［SBDデザイン・ガイダンス］
　　　　［SBDスキームの西ヨークシャーでの調査］
　　　　［ブラッドフォードのロイズ再生計画］
　　オランダの警察認証制度　　　　　　　　　　　　192
　　　　［認証の原則］
　　　　［標準規格］
　　　　［オランダ警察認証制度の成功］
　　　　［オランダ、ホールンのデ・パエレル］
　　英国の地方自治体のガイダンス　　　　　　　　　201
　　　　［エセックスのデザイン・ガイド第2版］
　　　　［グレート・ノットリー］
　　　　［ノッチンガム市のデザイン・ガイド：住居地域のコミュニティの安全］
　　カナダ：トロント「安全都市ガイドライン」　　　209
　　欧州規格に向けて　　　　　　　　　　　　　　　213
　　　　［パート2：都市計画と犯罪低減］

[パート3：住居]

## 第5章　安全で持続可能なコミュニティの創出　217
コミュニティと持続可能性（サステイナビリティ）　217
バランスのとれたコミュニティ　218
　[マンチェスターのヒューム]
　[コミュニティのバランスを取り戻す社会住宅の払い下げ]
密度と持続可能性　226
　[持続可能な近隣地区]
　[店舗上階での居住]
　[持続可能な住宅地]
　[コペンハーゲンの都市再開発]
　[コペンハーゲンのエゲジェガード]
　[スウェーデンのマルメのBo1住宅地]
都市再生と持続可能性　234
　[英国における近隣地区の再生]
　[ロンドンのベックスレー区スレイド・グリーンの再生：
　　コミュニティ安全行動ゾーン（CASZs）]
住民参加　239
　[参加の原則]
　[参加の段階]
実際の住民参加　244
　[ベルファストのチュダー・ロード再開発]
トリノとミラノの再生　249
米国と英国のゲーテッド・コミュニティ　255
　[ブライトランド：ゲーテッド・ソサイエティ]
　[ゲーテッド・コミュニティ：ロンドンのクロマー・ストリート]
近隣地区の運営管理と維持保全　266
　[近隣地区の運営管理]
　[近隣地区の巡視員]
　[近隣地区の監視（ネイバーフッド・ウォッチ）]
結び：連携活動の必要性　270

## 付　章　272
欧州標準規格CEN（2002）
犯罪防止—都市計画と都市デザイン、
パート2：都市デザインと犯罪減少、
パート3：住居 CEN/TC325（作業中）　272

参考文献および出典　281
索引
訳者あとがき

米国ボストン・テントシティでの再生成功事例。
安全な生活環境が甦った

# 第1章：

# 住宅地と犯罪

**犯罪の性格**

　住宅地の犯罪にはさまざまな形がある。バンダリズム＝公共物を故意に破壊すること、侵入盗、すなわち押込み強盗。住宅を破壊して侵入し金品を盗むこと、車盗と車上荒らし、人種的な犯罪、薬物乱用、迷惑行為と反社会的行為、家庭内暴力、公共空間・半公共空間での性的暴力（とくに強制猥褻とレイプ）。住宅地域でよく起きる犯罪のパターンを見ると、近所に住む少数の常習者が頻繁に犯行を引き起こしている。多くの場合、住民たちは打つ手はないとあきらめてしまう。被害を受けても届けもせず、解決などできないと自信を失っている。

　そこで重要なことは、次のような犯罪の原理をよく理解することである。

- 物的な環境と犯行者の行為の間には、大きな相互作用がある。
- 犯行者の大半は、基本的に普通の人々で、合理的に考え、分別ある選択をする。[*1]　たとえ犯行に及んでいるときであってもそうなのである。
- 犯罪はいろいろな形をとる。犯罪が違えば、それぞれ違うタイプの犯行者がおり、異なる動機や異なる機会があるという構造

＊1　（訳注）合理的選択理論 rational choice については p.53 で述べられている。犯罪者の合理的な行動特性を理解して防犯対策を考える理論

図 1.1　「砦（とりで）の居住環境」（ハーレム都市保安部の厚意により転載）

が見えてくる。
- 犯罪の本質は、1つの論理で説明できない。非常に多様で、たいてい場当たり的である。
- 犯罪は、社会や経済の衰退、地域環境の悪化と大変強い相関性がある。汚れていて、維持管理が不十分で、ゴミが散らかる場所は、健全なコミュニティに悪影響を及ぼす。
- 多くの犯行者は特殊技能を有してはいないが、家に侵入するのと同じ手口で、たやすく車にも入って盗む。
- 多くの犯行者(ホワイトカラーは別だが)は貧しい地区に住み、その近所で犯行を犯す。
- 住居地域の犯罪のほとんどが、犯行者の家から1マイル以内のところで起きている。

## 犯罪の増加とコスト

[国際比較]

犯罪件数の国別比較を見ると、とても不安になる。イングランドとウェールズは、国内の侵入盗件数で世界トップである。両圏域でのこの数値は、米国より高く、ドイツの4倍以上である（表1.1）。

とくに注目すべきなのは、日本の国内犯罪の低さである。これについては第3章（p.101）で、考察する。

[英国の犯罪]

イングランドとウェールズの英国犯罪調査（British Crime Survey = BCS）の統計（2001年2月）を見ると現在の犯罪問題の深刻さがわかる。この調査は2種類のデータに言及している。警察に通報があった犯罪件数と、聞き取り調査で明らかになった件数で、後者には、実際は通報に至らなかったものが含まれる。この聞き取り調

表1.1 1998年の人口10万人当たりの犯罪発生件数（警察庁調査。選択した比較対照国のデータ）

| 国別 | 犯罪合計 | 侵入盗 | 車盗 |
| --- | --- | --- | --- |
| イングランドとウェールズ | 8,545 | 902 | 745 |
| ドイツ | 7,672 | 198 | 193 |
| フランス | 6,085 | 330 | 710 |
| 米国 | 4,617 | 862 | 459 |
| カナダ | 8,094 | 728 | 457 |
| オーストラリア | 6,978 | 1,580 | 703 |
| 日本 | 1,612 | 188 | 559 |

Schneider & Kitchen, p.57 (Developed from Barclay G.C., and Taverns, C. (2000), and International Comparisons of Criminal Justice Statistics (1998), London, Tables 1.1.1, 1.3-1.5.)

査によると、個人住宅の成人に対する犯罪は、1,300万件超であった。これは2000年の概数より14％減っており、1999年から2001年2月までで2％減少した。しかし、この数字はまだ高い。2001年2月に警察に通報された犯罪総数は、552万7,082件で、2000年1月と比較して7％の増加であった。警察に記録された犯罪のうち、16％が侵入盗、18％が車盗もしくは車上荒らし、2％が薬物犯、19％がその他の盗み、15％が暴力犯、そして30％がその他の窃盗や犯罪であった（Simmons et al., 2002, pp.5-7）。

　2001年2月の聞き取り調査以降、BCSの概算では、イングランドとウェールズで放火と破壊行為が111万9,000件あったが、これに車関係の犯罪は含まれていない。調査記録によると、2000年1月から2001年2月までに破壊行為（バンダリズム）が11％増加した。放火を除くと42％（42万2,000件）は車関係、27％（27万1,000件）が住宅関連であった。バンダリズムの多くは、比較的小規模なものである。同期間に警察に記録された放火件数は14％増加し6万472件に上った。1990年代半ば以降、70％以上増加している（Simmons et al., 2002, p.37）。

［地域による差］

　国内で起きた侵入盗の比率は、地域によって大きく異なるし、またそれぞれの地域内でも大きな格差がある。2001年2月の調査によると最も高いのは東北地域で1万人当たり454件、ヨークシャーとハンバーサイドで364件、北西地域で310件、そしてロンドンで308件という順序であった。これらは、ウェールズ（159件）や東南地域（149件）など最も低い地域に比べておよそ2倍であった（Simmons, 2002, p.35）。一般的に、侵入盗発生の割合が最も高いのは、通勤ベルト地域のなかで最も収入の低い都市周辺部である。最もよく盗難に遭う物品は、現金、宝石類、CD、カセットテープ、ビデオおよびビデオレコーダーであった。

［世帯構成による違い］

　英国犯罪調査（BCS）が示しているのは、侵入盗の危険性が、通常、世帯の性格の違いや地域性の違いによって大きく異なるということである。2001年2月の聞き取り調査では、侵入盗の危険性を感じる世帯が国内平均で3.5％だった。この割合は、住居の種別で違いがある。集合住宅・メゾネット集合住宅・普通の公営団地で4.7％、民営借家で5.7％、かなり荒廃した住宅地で6.8％、16～24歳が世帯主の世帯で9％、一人親世帯で9.3％であった（Simmons et al., 2002, pp.32-33)。

［犯罪のコスト］
　英国内各地の侵入盗のコストは、警察・司法・検察などの必要コストを除き、1件当たり 1,411～1,999 ポンド（29万～42万円）と見積もられている。この種の数値が、国内の侵入盗に適用できるとすれば、トータルコストは年間 120 億ポンド（約2兆 5,000 億円）となる（Knights et al., 2002, p.7）。このコストがとても重要である。それは疑いもなく、住宅地での犯罪のインパクトの大きさと設計計画による抑止の重要さを示すものである。防犯計画の基準に合わせて設計計画するコストは、比較的軽微なものである（p.190 参照）。したがって、この原理を理解することは、住宅地の計画、設計、運営管理および維持保全、とくにその政策決定に関わるすべての人にとって大切である。

［犯罪の機会］
　ほとんどの犯罪は、犯行者が機会を見つけられたことで、実行に移される。たとえば、容易に近づける、隠れる場所がある、公私の領域が不明確、屋外照明が暗い、誰かがいても見えない植栽があるなど、うまい機会が見つかり、いくつかの要素が組み合わされて犯行に及ぶのであろう。犯行者は、危険で、まずいと感じれば感じるほど、犯行を思いとどまる。犯罪の機会に関して、3つの基本的な犯罪学的理論がある。
1. 潜在的犯行者は、犯行前に自分のリスクを調べるであろうと仮定する「**合理的選択**」。彼らは、容易に侵入し、見つからずに逃げるための機会について熟考している。
2. 犯行に及ぶために、3つの要因が揃うことが必要であるという、「**ルーチン・アクティビティ理論**」。動機がはっきりした犯行者、適当な標的もしくは被害者、そして有能な監視者の不在。犯罪を防ぐには、これらの要因のうち1つの影響力を変えることが必要となる。たとえば、監視レベルを強化するとか、家に近づくのを難しくすることで、犯行者はやる気をなくす。セキュリティの増強や、逃げ道をなくすことで、犯行者の標的としては魅力的でなくなる。近隣意識を生み出し、社会経済的階層を混在させ、生き生きとした街路を創り出すことが、抑止力になりうる。
3. 「**まもりやすい空間の理論**」は、いろいろな場所に住む人たちの、さまざまな容認レベルに適用できる。犯行者は、通常、プライ

ベート（私的）な空間や半私的な空間にいる理由がないため、公共的スペースと私的スペースをはっきり区画しておくことで、犯罪や反社会行為の可能性を低減できる（CEN（2002），Part 3: Dwellings, p.5）。

マーカス・フェルソンとロナルド・V. クラークは彼らの著作"Opportunity Makes Thief（機会が犯罪をつくる）1988"で、犯罪機会の10原則について次のように述べている。
- 「機会」は、すべての犯罪を引き起こす大きな役目を果たす。設計計画と管理が、犯罪を防ぐ際に大切な役割を果たす。
- 犯罪の機会は、犯罪の種類によりまったく異なる。たとえば、愉快犯の車盗、乗り逃げ犯は、部品狙いの車盗とはまったく違うタイプの機会を狙う。
- 犯罪の機会は、時間と場所の問題に帰結する。すなわち、同じ犯罪多発地区のなかでも、番地によって大きな違いのあることがわかる。それは、犯行の機会を反映しており、1日の中での時間帯の違い、1週間の中での曜日の違いでも大きく変わるのである。
- 犯罪の機会は、住民の日常活動によっても影響を受ける。犯行者とその標的は、仕事、学校、レジャー活動などへの住民の行き来に合わせて変動する。侵入盗は、住民が職場や学校にいる午後に頻繁に起きるのである。
- 1つの犯罪が、別の犯罪の機会をつくりだす。すなわち、うまく侵入できると、犯行者は後日また戻ってくる可能性がある。
- いくつかの物品が、犯罪の機会を大きく広げる。とくに高価なものであったり、惰性的なものであったり、目立つものであったり、手の届きやすいところにあったりすることが標的になりやすい。
- 社会的、技術的な変化が、新しい犯罪機会をつくりだす。すなわち、非常に市場価値の高い製品（たとえば、ラップトップ・パソコン）などが主要な標的となる。
- 犯罪は犯行機会を減らすことでも抑止できる。状況に着目した犯罪抑止手法は、（犯罪者の）日常生活の各段階を横断する体系的パターンや規則と整合して機会を減じる。抑止の手法は、おのおのの状況に応じて丁寧に立てられなくてはならない。
- 犯罪の低減は、必ずしも犯罪を転移させる[*2]ことにはならないが、その低減の努力が何らかの成果を達成できる。転移する犯罪であるとしても、最悪の標的や、時間帯や、場所からは

[*2]（訳注）「転移」については次項で詳説されている

図1.2 「犯罪の転移」(ハーレム市のUrban Safety Departmentの厚意により転載)

外れるようにすることができる。
- 的を絞った犯罪機会の削減は、犯罪増加の流れを大きく減退させることができる。犯行者は、対策の及ぶ範囲を過大評価するため、1つの地点での防犯対策は近くの時間帯や場所へ「恩恵を拡散」させることができる。さらに言えば、犯行機会の減少で、社会やコミュニティで高まる犯罪発生率を引き下げることができる。

[犯罪の転移]

　1つの場所で抑止された犯罪が、単に別の地域に移動するか、もしくは別の犯罪、たとえば侵入盗から路上犯罪／反社会的行為へ移動していくのではないかという見解が幅広く共有されている（図1.2）。しかしながら、転移については大規模な研究もなされてきた（Barr and Pease, 1990; Hesseling 1994; Clarke, 1997; Chenery, Holt and Peas, 2000; Hill and Pease, 2001）。この研究は、全期間にわたり非常に積極的に実施された。1994年のオランダ法務省調査で、レネ・B. P. ハッセリング教授が、転移が必ずしも人々の考えるほど重大問題にはなっていないことをはっきり立証した。そのなかで、転移の痕跡がとくに見いだされた55件の防犯対策についての記事を系統的に考証している。このうち20件は英国の事例で、16件は米国の事例で

あった。これらのうち22件では、何の転移も見られず、うち6件では、その防犯対策が隣接領域で有益な効果をもたらしていた。33件の事例で転移の形跡が見られたが、大半は極めて限定的で、犯行の完全な転移はどの研究でも見つからなかった。要するに、「転移はあり得るが、犯罪抑止により必然的に生じるものではない」と報告されている。さらに言えば、もし転移が起きるとしても、それは規模的にも範囲的にも制約されたものである（Town, 2001; Schneider and Kitchen, 2002, pp.113-114.）。

**犯罪への不安感**

　犯罪への不安感は、人々の生活を形づくる現実的で強力な原動力である。2001年2月の英国犯罪調査は、人々の犯罪の認知が、実際レベルのリスクと関連していると報じた。調査によると、犯罪が2001年末の3ヵ月で27％から35％に増加しており、2002年の第1四半期に大きく急増したと思う人たちの比率が、注目すべき増加となった（Simmons et al., 2002, p.79）。

　女性や高齢者、身体障害者は、犯罪をより恐れがちである。この人たちは、自分の安全のことでおびえ、路上での暴力におびえている。女性の場合、性的暴行の可能性もある。若者たちは、暴力事件の被害に遭う高いリスクにありながら、不安を抱くことは平均よりはるかに少ない。とくに60歳以上の人たちは、暗くなって1人で出歩くことをしばしば心配する。たとえ、個人への犯罪が高齢者世帯で平均よりも低い傾向にあるとしてもである。低所得地区に住む少数民族は、とくに秩序違反がはなはだしい（British Crime Survey 2001/02, Table9.12）。

　被害に遭うリスクの高い地区の住民たちは、自分が犠牲になるのではと考えがちである。インナーシティもしくは公営団地の住民たちは、非常に襲われやすい。目に余る秩序違反が見られる地区に住む者も、自分が犠牲になると考えがちである。このことは、生活の質（QOL）に関わる重要な要素である。自分が犠牲になると考えがちなグループとしてはそのほかに、低所得世帯の人たち、借上げ公営宿舎の人たち、「ホームレス／路上生活者」の集まる近辺に住む人たち（近隣の結束力が弱い）である。2001年2月の英国犯罪調査の結果、民間賃貸借家人は、持家人と同様、社会住宅借家人よりリスク意識を抱くことが少なかった（Simmons et al., 2002, p.82）。

　問題の大きさは、犯罪レベルとその認知を評価するために、ブラックバーンの堤防地区で2000年に行われた詳細な調査の結果から説明できる（図1.3、およびp.182参照）。表1.2に結果を示す。

ブラッドフォード都市圏議会が2000年に行った犯罪調査によると、人々が昼間も避ける公共的な場所（common place）は、静かで隔絶された通り、地下道、公園や森であった。日没以降、人々は屋外照明の不十分な地区、隔絶されて人のいない通り、公園や森を避ける。それに加え、若者がパブやクラブやディスコを楽しむ町や都心も若者以外の人、とくに中高年には恐ろしい場所となっている（Schneider and Kitchen, 2002, p.18）。

新聞、ラジオ、テレビの報道のために、犯罪への不安感が高まることがある。したがって、メディアはバランスのとれた視点を打ち出すよう責任をもつことが必要である。

図1.3 堤防地区テラス住宅：ブラックバーン

表1.2 ブラックバーン：堤防地区の犯罪調査とその認知

- 居住者の35％は、（この1年に）住むところが安全だと感じないと報告した。
- 暗くなってから歩いても安全だと感じている人はわずか17％で、14％は夜間に外出することはないと言っている。
- 52％の人は、警察が取り締まるやり方に不満であるが、同じ割合の人が、警察が地域の問題をよく理解していると感じている。
- 地域の主要な問題は、次の順位となった。ゴミと廃棄物、若者の仲間内の殺害、ドラッグ、車の暴走行為、夜間の人の安全。

出典：Levitt Bernstein Architects and Llewellyn Davies.

## 犯罪の社会的・経済的要因

### [都市中心部の衰退]

　西欧の産業都市のインナーエリアでの過去の繁栄は、およそどこでも人口集中、大量生産、安定した労働関係と、強力な国の経済介入によるものであった。最近10年間のグローバリゼーションや財政政策は、産業生産の分散化や、高収益性の市場ニッチを求める製品分化、高レベルの労働離職率および国家の経済支援の後退をもたらした。それは、インナーシティの広大な産業地区を離れて、高速道路インターチェンジ近辺の、市街地から離れた魅力ある場所や、労賃の低い海外に、ビジネスや商業が拡散してしまった結果なのである。

　これがさらに進むと以下のようになる。

- 「外部への転出」──若者や熟練技能者は、転出してもどこでも仕事を探してゆけるが、大都市中心部の大多数の非熟練労働者は取り残されることになる。若者や熟練技能者は、郊外のライフスタイルを見つけだせるだけでなく、郊外での新しい仕事や、買い物、エンターテインメントも探しだす。商社や中小企業なども、取引高が保証され、資産に対する侵入盗やバンダリズムを回避できるところに移っていく。そうしたところは、隔絶した単一用途土地利用に対応して、人の通行より自動車向けに考慮されたパブリック領域でつながっている。新しい地区は都市ほどには密度が高くなく、それぞれ大きめのスペースに区画されている。地区の巡査は姿を消し、車での地区パトロールが普通になっている。警察は、より広範な地区を管轄するようになり、地区の問題を解決する責務はあいまいになった。

　英国では、これに加え、都市周辺部の過剰な公共住宅団地からの転出がある。都心から遠く離れ、通勤に金のかかるようなところは、誰も住みたいと思わないため、膨大な戸建住宅や集合住宅が空家となり半ば放棄されている。空家の板囲いは、犯罪不安を招き、住宅地としての凋落が避けられない。

　米国では、犯罪発生率上昇が、大都市、とくにその中心部から富裕世帯や子供のいる世帯を流出させる最大の理由になっている。米国人は、とてもこの問題に敏感なので、「1つ犯罪が増えれば、市民が1人いなくなるのだ」とたとえている（Schneider and Kitchen, 2002, p.18）。

- 大都市中心部への「貧困層集中」は、主として雇用機会の喪失によるものである。この問題に加え、多くの都市には移民労働者と少数民族が集中する問題があるが、彼らが長期雇用に就く

ことは大変困難である。
- 「サービス後退」――公共輸送の民営化に続き、バスの間引き運転、学校や診療所の閉鎖あるいは離れた地域との統合、公園とオープンスペースの環境悪化、地元店舗の廃業などである。公共住宅管理者も個人地主も、適切な維持管理、とくに屋外環境面の管理ができず、住宅地が荒廃した。これらすべての要因から、投資が手控えられることになった。
- 「犯罪発生率増加」――残された人々は、苦しみ、苛立ち、ある者は犯罪やバンダリズム、薬物乱用、反社会行為に及んだ。他の者も、他人を近づけない意識を持つようになって、玄関扉の裏側に閉じこもった。
- 外部への移住が進み、市や県に「税収基盤の減少」をもたらし、自治体では、今や増大した社会サービスや巡回警備、健康管理、家屋改修の必要性を満たすため苦労している。

[社会に映し出された変化]
　上記のようなことが相乗されて、衰退のスパイラルを描く。そして、英国政府のシンクタンク「フォアサイト」によると、英国その他の国では、2020年までに、はっきりと際立った牽引要素が出てくるという。それは、以下の通りである。
- 人口統計問題
- 世帯の個人化[*3]　と独立性
- 24時間文化／24時間情報通信技術の利用
- グローバリゼーション
- 市民の誇りの喪失
   （Foresight, 2002）

*3　（訳注）individuality

人口統計問題
　最近20〜30年にわたり、英国では高齢者、とくに75歳以上の人たちの比率が、急速に拡大するのが目の当たりにされた。この増大は今後数年間続くと考えられ、2020年までに英国人口の約40％が50歳以上になると予想されている。米国では、それが低密度住宅地の巨大なリタイアメント（退職者）村の開発につながった。英国では同じような展開は見られなかったが、分譲や賃貸の小さなゲート管理の集合住宅やシェルタード・ハウジングは、とくに犯罪不安を持つ人に人気がある。しかし、高齢者の大半は、できるだけ長く家族と一緒の家にいるのを望む。それは、長期介護と密接な関わりがあるのである。

一方、若者と高齢者の考え方の大きな相違につながっている、若者文化の急激な変化が起きている。政府の保険数理部局の国家人口推計によると、15〜20歳の間で犯行に及ぶおそれのある青年の数が、今後10年間で上昇することが予測されている（Foresight, 2002）。

人口統計の急速な変容は、米国の経験が最もよく物語っているが、両親と18歳未満の子の標準家族タイプは、10世帯のうちたった1世帯だけである。カップルの大部分は、ほとんどかまったく子供を持たない。独身者世帯が4分の1を占め、一人親その他が12%を占める。新しいグループも出てきた。長く家で暮らしてきた若い人たちが、今では他の若者たちとハウスシェアするのを好む。これは新しい種類のコミュニティである（Colquhoun, 1995, p.33）。

### 個別性と独立性

新しい社会では、伝統的な家族形態はコミュニティの基盤にならなくなった。社会の価値が損なわれれば犯罪が増加することもありうるだろう。伝統的なコミュニティは、社会経済の理想に基づいて、信念や関心を共有して集うコミュニティに置き換わるのかもしれない。「ゲート管理の集合住宅」は、この社会的変化の物的シンボルになるのかもしれないが、このような住宅を求めるグループは、反社会的思考を忌避するというより増大させるのかもしれない。

### 24時間文化

すでに我々の生活にとって当たり前である。24時間営業のスーパーマーケットは、最も忙しい時間帯が午前2〜3時であるという。この文化は、これまでと異なる仕事やレジャーの様式を生みだすことになる。いつどのように生活し、働くべきかという、1日の行動様式は、インターネットとグローバリゼーションが交ざり合う結果、消えてしまうかもしれない。

### グローバリゼーション

インターネット接続のコンピュータシステムへの世界の信頼はますます高まるであろう。消費者運動は、コミュニティ運動を超える社会哲学になると期待される。すでに、インターネットや、薬物取引、密輸に関する犯罪は、グローバルな威力をもち、自治体レベルの法権力ではどうにもならない厄介なものになっている。その結果、極度に地域限定的な犯罪が、よりグローバルなものに組み込まれたり、置き換わることも考えられる。

### 市民の誇りの喪失

上述のような問題に加えて、市民の誇りの基準が大きく低下していることがある。郊外化や、高学歴共働き世帯、テレビ、その他の電子娯楽によって、高齢「市民」世代が、彼らからあまり影響を受けなかった子供や孫たちと、次第に入れ替わることになる。この伝統的な市民の誇りの喪失を、新しい種類の市民意識で対処してもらう必要がある。学校はこれに気付くようになり、「市民権」の教科を組み込むことが、今日では当たり前になっている。

### 住宅政策の背景

犯罪と犯罪不安の問題には、住宅政策の幅広い見地から取り組まなくてはならない。英国の場合、理解しておくべき住宅地要素は以下の通りである。

- 社会的排除
- 住宅地とコミュニティ開発における投資の欠如
- 住宅取得の変化
- 近隣地区の迷惑行為

[社会的排除]

20～30年間に及んだ経済衰退のために、貧困地区住民の基本的な生活の質が、ますます社会から切り離された。失業や低賃金労働の多い都市地域では、社会的・経済的な窮乏から二極化が起きている。いくつかの地区では、就業経験のない3世代家族や一人親の3世代家族が存在する。ばらばらの路上生活者は、賑わいや機会や心構えの切れ目で遠く隔てられている。英国のこうした地区では、5人に2人以上が失業給付を受給しており、若者の4分の3が中等教育修了試験に落第していて、家々は空家のままかほとんど入居がない。こうした状況は国内中にあり、北や南、田舎にも都会にも見られる。それらは、都市の末端部で切り分けられるかもしれないし、あるいは、都心や裕福な郊外住宅地に近接しているかもしれない。また、高層住宅もしくは、低層公営団地（図1.4）、あるいは民間賃貸住宅や区分所有住宅の多い通りに住んでいるかもしれない。人々は、衰退のスパイラルに組み込まれる。同時に、家族崩壊や、社会住宅の人気低下や、貧困地区への社会的弱者の集中がますます高まった。人々が出てゆくにつれ、高い離職率や空家発生が、犯罪やバンダリズム、薬物取引の機会を増やしたのである。

これまで国の施策が不十分で、この問題の拡大を防ぐことができなかった。一握りの地域で短期に行われる再生事業に過大な信頼が

図1.4　1970年代のタワー・ハムレットの片廊下型住宅、ロンドン

置かれ、多くの地域で生じた基幹公共サービスの破綻への対策は、ほとんど期待されなかった。失業や犯罪、乏しい教育、健康サービスの問題に対し、ほとんど何も考慮されなかった。政府は、地域の人々の知識やエネルギーをつなぎ合わせること、あるいは自助努力での解決策を支援することに失敗した。リーダーシップ不足で、改革を進め奨励する方策もうまくゆかなかった。「コミュニティと近隣地区の再生のための新施策」「地域戦略パートナーシップ」、それに「連携取組み条例」などの英国政府の計画プログラムは、これらの問題解決に効果をあげている。

　米国では、インナーシティの住居地域再生が、郊外居住より割のいい転居先になりうることや、近隣地区更新での目覚ましい成果を示した。もし住宅問題が政策課題の上位にあれば、もっと多くのことがなしえたであろう。しかしながら、米国のインナーシティの最優先課題は、雇用機会不足なのである。黒人の失業率は白人より高い

第1章　住宅地と犯罪　13

が、シカゴ大学のジョン・ジューリアス教授は「根深い都市の貧困のトラウマが、そのまま人種問題にリンクされるわけではない……無職の病根がなくなるまで、黒人も白人も、インナーシティはうまくいかないのだ」と、述べている。いかなるレベルでも、仕事があれば、何もできずとり残された世帯には役に立つのである（Barker, 1993, p.25）。そうでない米国都市の多くでは、若年ギャングとドラッグ常習が蔓延している。仕事に対する米国のイデオロギーがなくなっているのでなく、単にインナーシティに仕事がないだけである。

[投資の不足]

2000年と2001年に、英国でちょうど16万2,000棟の住宅が建設されたが、それは戦時中を除くと1927年以来の最も低いレベルの建設戸数であった。人口が2倍の日本で、100万戸以上であるのと比較してみるとよい。政府は、2002～2003年の間に、住宅公社の新築助成措置として21億ポンド（約4,410億円）の助成金を出したが、まだ他の先進諸国の国家予算比率よりかなり低い。その結果起きたことは、設計基準の切り下げであり、ハウジング・アソシエーション*4 は、あまり人気のない地価の安い場所に、新規建設しようとする。彼らは、「設計による安全確保」の基準の採用を求めるが、塀と錠前を付け加えるだけで、高品質イメージ創出などもなく、不経済なことになる。同様に、住宅地再生も、ニーズについていけていない。およそ75万戸の家が空いたままであるが、人々が住みたい場所、たとえばイングランド南東地域には立地していないのである。1919年以前に家屋が建てられた多くの住宅地が捨てられるようになり、必然的に起きる犯罪と反社会的行為の増大で人がいなくなり、ゴーストタウン化した住宅地が生まれる。この問題に取り組むための政府計画があるにはあるが、資金投入レベルが不十分なのである（Summerskill, 2001, p.1）。

[住宅の所有]

ほぼ20世紀を通じて、英国では社会賃貸住宅の根強い需要があり、地方自治体がその供給の中心となった。1980年代初めから、買い取り法（right-to-buy）によって、居住者の公営住宅の購入が認められるようになった。比較的ましな住宅地にある良質の住宅は、すぐさま払い下げられたが、質の悪いストックは自治体に残り、お荷物となった。現在はハウジング・アソシエーションが、社会住宅団地建設の役割を引き継ぎ、多くは、ストックの再生を行いながら、

*4（訳注）登録住宅管理団体、サッチャー政権（1979～）で公共住宅払い下げの受け皿となった団体

公営住宅の管理と維持保全を引き受けている。公営住宅の需要は近年大きく減退し、余剰住宅が、犯罪とバンダリズムの問題を引きずりながら、膨大な無益資産となっている。

人口の70％以上が、現在では持家住宅で暮らしているが、平均的な住宅購入価格は10万ポンド(約2,100万円)を超えた。これは、おそらく平均的な賃金労働者の年収2万3,600ポンド(約500万円)とはかけ離れているかもしれない。他方では、最近収入が上がった人々にとって、より大きな選択機会への期待や需要が起きている。また、民間賃貸市場の復活が始まっている。これまでの社会住宅支持者の多くは、民間賃貸に好んで高い家賃を払おうとする人たちなど想像もつかないだろうが、それこそが社会住宅の終焉であり、傷跡であり、現実の姿なのである。公営制度はまた、公営住宅にさらに恵まれない世帯を集中させる結果となる。

そして、低所得単身者の住宅需要の変化がある。以前なら、彼らは人生の大部分を過ごすことになる社会住宅に満足していただろう。現在では、社会住宅はずっと短期的な選択対象とみなされるようになった。[*5] 単身者は、公共交通に依存しなくてすむ都心近くに住みたがる。用途混在型地域の、より小規模で親しみやすい開発地区を好むのである。

＊5 （訳注）英国は持家率が80％にもなって賃貸需要が激減した

[反社会的行為や近隣での迷惑行為]

反社会的行為は大きな問題で、あらゆる領域の問題を含むことがある。2001年から2002年の英国犯罪調査は、反社会的行為が自分たちの地域の重要な問題だと考えている人の割合を報告している（表1.3）。恐怖をもたらすのは、しばしば近隣の困った人間である。彼らによる迷惑行為には、大音量の音楽、大声を出す、よくものをたたく、嫌がらせ（おそらく人種問題や性的なもの）、恐喝、不当な言動やストーカー行為などがある。警察は、1997年のハラスメント防止条例以降、この問題に対する取り締まり権限をもっており、

| | |
|---|---|
| バンダリズム、落書きおよびその他資産の損壊 | 34% |
| 街路でのティーンエイジャーの殺人 | 32% |
| がらくたや廃棄物の投棄 | 34% |
| 薬物吸引や取引 | 31% |
| 酒乱または公共の場での乱暴 | 22% |
| 騒音迷惑または大声の集会 | 10% |
| 人種や皮膚の色で襲撃されたり嫌がらせを受けたもの | 9% |

表1.3 住宅地域の犯罪問題

Home Office Crime Reduction College 2003, p.5

明らかな反社会的行為の場合、対応することができる。いくつかの自治体では調停サービスを始めているが、自治体資金で運営するものから、内務省によるもの、そして国の宝くじ基金によるものまでいろいろある。そこでは、近隣問題解決の支援に、公平性のある第三者組織として、研修済みの調停員を雇用している。

### 若者と犯罪
[問題点]

若者による犯罪や反社会的行為は、人々の犯罪への不安感の認知力に強く訴えかけるので、貧困地区の若者がトラブルメーカーのレッテルを貼られるのは避けられない。若者は、少なくとも100年間、社会問題での標的になってきたのであるが、出来事の筋道を別の側面から聞くとか、何が本当に必要なのかを調べることに、時間と費用が割かれることはなかった。多くの地域では、市街地環境の設計計画の取組みが、すっかり若者の問題に左右されるようになってしまった。大多数の人たちの生活の質（QOL）が、ごく少数の暇をもて余す若者の行為で決められてしまうのである。

多くの若者の問題は、反社会的行為が成長過程の一部であることである。彼らが、バンダリズムや反社会的行為に及ぶとき、単に面白半分にしているだけで、ことの重大さに気づいてはいない。人生におけるその時期は、社会のほかの人たちとは価値観が異なるのである。そのことは認めてやらねばならず、手に負えないからとはねつけてはいけない。米国の防犯専門家アル・ゼリンカは、著書の中でこうした状況の重要性を次のようにまとめている。

「長期にわたる公共安全の最低線は、若者に焦点を合わせたものでなくてはならない。適切な養育や支援や枠組みが与えられなかった若者が、犯罪裁判の被告となる大きな危険性をもっているのを私たちは知っている。コミュニティのしっかりした枠組みが、若者と向き合おうという挑戦に役立つことも知っている。しかし、若者は、生産的な活動に従事する機会が与えられれば、それをするのである。そうでない場合は、さらに傷つき別の道に進んでいく。破壊的行為もしくは非生産的な行為に代わるものを、若者たちに与えてやれねば、一体誰が誰を失望させたことになるのであろうか？ (Zelinka, 2002b)

問題は、若者たちが幼い時から、露店の周りや、街角の路上、あるいは公園等で、多量の安酒を飲んで、たむろすることである。この年代層はパブにはあまり行けず、青少年クラブというものが、特定日の夜に特定グループ向けによく催される。映画などの他の娯楽

は、金がかかりすぎるので、酒を飲むことが唯一の楽しみとなっており、多くがそうする。その結果、地域でのバンダリズムや反社会的行為の見せびらかしとなるのである。

若者たちは、10～12歳くらいの時期から、しばしば犯罪に走る。12、3歳までに、学校から離れてしまい、仲間と一緒に路上で飲酒したり、薬物を使ったり、小さな犯罪を犯すようになる。そして、生活環境のなかで手に入るいかなることへの関心も失ってしまう。

若者の犯罪の最大要因として、以下のようなことが挙げられる。
- 低収入と貧相な住環境
- 退廃するインナーシティの生活
- 衝動や高進*6 の過剰
- 知性の乏しさと低就学率
- 親の監督不足もしくは気まぐれの体罰
- 親たちの争いや家庭崩壊

*6 （訳注）hyperactivity

2002年に発表された、ジョゼフ・ローンツリー財団による、無作為に選んだ生徒1万4,000人への調査で、英国の若年層犯罪に関して、新たな驚くべき事実が明らかになった。
- 英国の中学生のほぼ半分が、何らかの場合に法を犯したことを認めた。
- 14～15歳の3分の1は、刑事事件を犯したことを認めており、4分の1が、前年中に万引したことを認めた。
- 15～16歳の少年の5人に1人は、人を襲い、重傷を負わせていた。
- 11歳と12歳の少年の10人に1人は、この1年間にナイフや凶器を持ち歩き、誰かを襲って重傷を負わせたと言っている。
- 15歳と16歳の少年の10人に1人は、ビルを打ち破って盗みに入ったと言ったが、それは同じ犯行を3回以上繰り返したと認めた者の4％に含まれる。
- 13～14歳の4分の1は、暴飲にふけり、一度に4、5杯以上も飲んでいた。
- また、深刻な薬物の問題も明らかになった。

この状況は大変深刻で、注意を要する。親にちゃんと育てられ、行動に大きな期待がかかり支援されているという若者たちの間にも問題が存在していたのである。聞き取りをした大半の者は、家庭にきちんとした決まりがあり、親は盗みや違法薬物使用が悪いことだ

と思っていると認めている。多くの学校が、遅刻や長期欠席やいじめに対する規則を強めた。

　この調査によって、家庭や学校やコミュニティの特性に対し、犯罪行為、薬物使用、飲酒が結び付く高リスク要素が明らかになった。まもりとなる要素には、家族や友人や教師との強い絆、前向きな行為への充足感や称賛の機会などが含まれていた。若者の多くが近所に愛着があると述べる一方、5分の1は何の愛着も感じておらず、犯罪や薬物取引などの反社会的行為が重大な段階にあることが報告されている。少年より少女に顕著だが、5分の1の者は、夜間の外出が危険だと感じると言っている。

　このような統計データにもかかわらず、調査では、若者の多くが、たいてい法律をよく守ることがわかった。「1つの問題で状況証拠をつくり一般論化して若者に烙印を押す」ことは、問題行動を引き起こす少数民族への効果的対応を困難なものにする。それをすれば、社会全体として、若い人たちが少数民族と調和してゆける場面の設定に失敗したことになる（Beinhart et.al., 2002; Carvel, 2002, p.1 and 15）。

［若者の起用］

　明らかに必要なのは、若者たちを、変化させる刺激的で積極的な活動に起用する方策である。彼らには、自分たち自身の未来を建設するための機会が与えられる必要がある。若者たちは、以前よりはるかに幼い年齢で大人になっており、認識力や熱意および活動力のレベルを引き上げている。彼らのもつ貴重なアイデアは、所有権を与えられて活用される必要がある。彼らは家から外へ出たとき、物理的な刺激をほとんど感じないので、すぐに退屈して自分のエンターテインメントをつくる。若者たちは、少し元気づければ、前向きの成果の出せる活動にアイデアを出すようにもなりえるのである。大人は指導や支援を与えながら、最初から最後まで彼らのアイデアを用いるよう責務を与えてやるべきである。鍵となるのは、よく理解し、彼らのやることに所有権を認め──たとえそれが壁の落書きであっても──、もっと楽しい場所に連れて行ったりして教えることなのである。最も大切なのは、活動を継続させて、若者たちがどこで活動しても受け入れられるようにすることである。

　若者たちの問題の1つは、参加する過程に伴うものである。ある若者たちは、警察や自治体あるいはハウジング・アソシエーションの他は職員などの外部団体と一緒には活動できないという大きな壁に突き当たるが、住民たちとならうまくできるのである。これらが

図1.5 ハル市にあるプレストン・ロードのコミュニティ・カフェに集う若者たち。コミュニティのためのニューディール施策で資金が提供された

居住者の代行としての活動や近隣コミュニティ精神を培うために企画されていれば、議論は大人の関心のある問題に限定されてしまいかねない。大人に合わせる状況では、居住者の大部分を占める若い人たちの声がまったく届かない可能性がある。

若者たちは単純に、居住環境のなかで自分たちが「たむろ」できる場所を必要としているだけなのである。自分たちのリアリティと満足感が味わえる施設もその1つであろう。彼ら自身がその施設の設計に携わり、運営管理にも責任をもつようにしてやらなくてはならない。ユース・シェルター*7 や、学童クラブや地区のカフェ（図1.5、1.6）のすべてが、この目的のために大切であり、これを成功させるためには、自治体の関心と助成、活動のための資金、熟練した人材が必要となってくる。これに関しては、課外活動に助成してくれる「時間延長活動基金」などが利用できよう。圧倒的なニーズが目の前にあるが、残念なことに、いくつかの地区ではコミュニティ施設やクラブ活動のための場が活用されず、まさしくそれらを必要とする人たちによる乱用につながってしまっている。

*7 （訳注）youth shelter 若者が集まりたくなるあずまや。図3.90参照

## 市街地環境での教育 *8

多くの小中学校では、若者たちが自分の近隣環境を変えていく

*8 （訳注）日本では「まちづくり学習」

第1章 住宅地と犯罪　19

図1.6 ハル市プレストン・ロードの学童クラブ

テーマに関わっていけるよう、市街地環境での教育にこれまで以上の関心を寄せるようになっている。市街地環境を使う教育は、単独の学習、併存して機能する主題についての複合学習、そして、さまざまの要素が相互に関連し、独立的にも機能するなかでの学際的研究を通して行うことができる。各課題に対して、居住地環境を調べ確かめるためのさまざまな手法が必要となる。芸術、設計デザイン、歴史、地理および言語駆使能力のすべてが、とくに大切になってくる。科学技術や社会科学も、実施段階で非常に役立つ。市民権は、今や英国の学校教育のカリキュラムに入っているが、これは学校健全化基準*9 に沿って、子供たちが市街地環境について学ぶ機会が増えていることを意味している。核心の考え方として、若者たちが、人々とそれぞれの場所との関係性をよく理解できるようになるための取組みでなくてはならない（Adams and Kinoshita, 2000）。

    これらの野心的な教育手法は、CABE（建築と既成市街地のための委員会）とクリエイティブ・パートナーシップによる、英国の中心市街地建設や市街地環境開発に刺激を受けた、芸術協会によって打ち出された学校の刷新計画である。この教育手法は、市街地環境のなかで若者たちの十分な関心を引き付け、放課後活動に影響を与えることにつながるのではないかと期待される。

\*9 （訳注）Healthy Schools Standard

## [若者の家づくり]

    若者たちは、ハイティーン時代より少し上になっても、社会から自由な状況にある。16〜25歳の若者雇用方策の1つが、自分と同じ境遇の人たちを助けるという趣旨で、「若者の家づくり」*10 に参加してもらうことである。これは、若い人々が直接それらのコミュニティの再生に貢献することであり、いくつかのケースでは、自分たちが生涯生活できる住宅を建てることもできる。見習い修業を受けさせ、建設業での自営に向けて働かせることで、若者たちの自尊心を呼び起こすという方策である。彼らは、自営の雇主と現場で一緒に働いて、定時制で大学に通う。毎週給料を受け取り、個人的なサポートを受け、住宅地開発の経験や、大工としての自信、また選択によっては建設事業のNVQ（英国職業資格）レベル3までを、手にすることができる。各種事業の専門家が、現場で若い人たちと働くのである。最も成功した取組みは、北イングランドのグリムズビーの「ドア・ステップ」*11 で数年間にわたり、いくつもの新規住宅を建設し、インナーシティ地区の建物再生を行った。若者の失業率が国内平均の約2倍の地区でも、このような地域的活動の経済投資効果が明らかになっている。おもなパートナーは、若い人たち

\*10 （訳注）Youthbuild

\*11 （訳注）地域の団体の名称。若年層向けに相互扶助もしくは一般向けの住宅建設を行い、若者を雇用している

自身であり、彼らはコミュニティの問題に積極的に取り組みつつある（図1.7）。

### 農村の犯罪

英国人口のちょうど25％が、農村に住んでいる。過去20年間、農村の人口は、裕福な通勤者の大移動により、100万人以上増加した。農村の犯罪は、都会の犯罪に比べはるかに問題が少ないが、農村での犯罪不安は、多くの田舎の人たち、とくに高齢の人たちが感じる孤立により悪化している。内務大臣ジャック・ストローは、2001年に書き下ろした報告で次のように述べている。「問題は、犯罪の被害者になる機会が都市よりも少ないにもかかわらず、近所に住民はほとんどおらず、警察の対応に農村ではより時間がかかりそうだから、自分たちは狙われやすいと感じている点である」（Straw 2001, p.8）。

農村に住む人たちは、都会と同じタイプの犯罪の被害に遭うが、それらは田舎暮らしの他の側面、すなわち、生活サービスの不便さや、物理的孤立、あるいは社会的阻害といったもののためにさらにひどいことになる。そして、当然、農村コミュニティでの生活も、農村特有の、家畜や農業設備の盗難や侵入などの犯罪に巻き込まれる。しかし、防犯面で評価できるのが、農村コミュニティには、相互扶助と独立独行の伝統があって、小規模で緊密なコミュニティになろうとする傾向がある点である。農村での情報は、いち早く共有されるので、犯行を隠すのがより難しいのである。

田舎暮らしのメリットや農村での住宅新築については多くの文献があり、とくに賃貸や分譲のアフォーダブル住宅[*12]　に関するものが多い。すでに農村で生活し働いている人たち、とりわけ高齢者と若い人たちのアフォーダブル住宅のニーズは、大きなものとなってきた。彼らは、田舎のコミュニティに定住して犯罪への安全を支えてきたが、価格をつり上げる裕福な通勤階層と、どんな開発にも反対する口先だけのロビイストとの間で板ばさみになっている。しかしながら、ハウジング・アソシエーションの基金制度を利用することが困難であったにもかかわらず、この数年の間に素晴らしいアフォーダブル住宅が建てられた（図1.8）。

### 犯罪と生活の質（QOL）

「犯罪と秩序違反法」（1998）は、英国内の全自治体に対し、各地の「コミュニティ安全パートナーシップ」を通じて、犯罪が生活の質（QOL）に与える影響を明らかにするよう求めている。その調

＊12（訳注）家賃や分譲価格が中低所得層にも手の届く低廉な住宅

図1.7 グリムスビーの「ドア・ステップ」によって始められた「若者の家づくり」プログラムで、家を建てる若者たち

図1.8 ドーセット、ブロードウィンザーの新しい農村の家（1995-6）。村での調和のとれたコミュニティを保証している

表1.4 英国のどこかを住みよい場所に変えるもの

| 選択項目 | 比率（%） |
| --- | --- |
| 低犯罪性 | 56 |
| 健康サービス | 39 |
| アフォーダブルで見苦しくない住宅 | 37 |
| 良質な店舗 | 28 |
| 公共交通 | 27 |
| 良質な学校 | 25 |
| 雇用機会 | 25 |
| 清潔な街路 | 24 |
| ティーン・エージャーの活動 | 23 |
| 子供のための施設 | 22 |

15歳以上の英国人2,031人への調査、2001年10月18〜22日。コミュニティ統計（北リンカーンシャー／北東リンカーンシャー）提供

*13 （訳注）Local Strategic Partnerships

査結果は、新しく制定された「地域戦略連携」*13 が将来の支出をにらみ最適解を決定する際に重要である。犯罪や犯罪不安を低減させることは、ある場所を住みよい場所に変えるための項目リストでしばしば最上位にくる（表1.4）。

今の生活で何が最悪かと尋ねられたとき、多くの人たちが上位に挙げるのは、若者たちのたむろ、バンダリズム、落書き、犯罪、ゴミの散らかしであった。改善効果が顕著な要素は、地域の警察、若者のための活動、街路の清掃、公共交通の改善、犬のふんの始末、道の整備、薬物の排除などであった。生活の質（QOL）の改善は、いかに住みやすいかを示す、統計的に導かれた次のような指標で測ることができる。

- 人口の転出が止まった
- 多くの来訪者がその地域に魅力を感じた
- 平均所得が増加した
- 人々が店で金を多く使うようになった

**設計計画（デザイン）と犯罪**

　多くの国での犯罪問題は、1945年以降の住宅地の歴史と同義である。大規模開発の計画や事業で、切迫したニーズに合わせて、試したこともない建築システムを使い、1960年代には大量の高層住宅が、1970年代後半から1980年代初めには、街なかでの低層高密度住宅が建てられた。全体的に見て、あらゆる関係者に極度の経験不足があった。建築家だけが経験不足であったわけではない。

　オスカー・ニューマンは、設計計画と犯罪の関連性を次のようにまとめている。住み込み管理人や防犯担当者がいる高層住宅は、子供がほとんどいない中流以上世帯には適合できるが、数多い低所得世帯には、人手も装備もない前提ではそのままあてはまらない（Newman, 1973a, p.7）。彼は、高層住宅建設は「投資経済の狭量な要求」から（低所得層を）救える何の根拠もないと考えた。ひとたび建設されると、住むには危険で、維持管理にも費用がかかることが明らかになった。建設当初に使われた経済性の議論は、まったくひっくり返ってしまう。運営管理コストは、住民負担の社会的コストだけで賄われることとなる。設計計画において、以前からの伝統を参考にすることはまったくなく、人間の住まいに役立つニーズの幅広さをよく理解する試みもなされなかった。ニューマンが問題としたのは、ニューヨークの高層住宅だったが、1945年以来の英国での経験は、同じ問題がはるかに低い密度の住宅地でも起こりうることを示している。ここで学習されたことは、将来の誤ちを避けるためにもよく留意しなくてはならない。

　フィードバックは、設計計画プロセスの大切な部分であるが、住民が入居した直後に調査されることがあまりに多いのである。現実的な結果を得るには、もっと後から調査研究を実施することである。以下の事例は、英国の公共住宅供給の最盛期に建設されたものばかりである。その設計計画は、当時の良心的な社会的配慮に基づいていた。設計計画がこれらの団地の崩壊に果たした役割の大きさとは何だったのか、あるいはすべての問題は社会的・経済的な衰退のせいなのだろうか。何を学び、どうすれば、将来、設計計画を通して問題を避けることができるのであろうか？

[ロンドン、マンセル通りのアルドゲート団地]

　詳細設計段階での潜在的犯罪の認識が欠落した典型事例として、図1.9を示す。マンセル通りのアルドゲート団地は、「都市勤労者」の住宅として、1980年代にロンドンのシティに建設されたが、今はギネス・トラストによって運営管理されている。6～8階建片廊下型住棟の街区として設計され、緑地の周りにゆったり配置されており、敷地の端に離れて大規模な駐車場がある。高齢者の間で犯罪不安が非常に強く、薬物が重大な問題となっている。団地の東端で、道路から半地下の住棟玄関に通じる通路に、階段で下りてゆくようになっている点が、とくに問題である。上の道路からこの通路を見ると、高い腰壁があって見えなくなっており、奥まった場所をつくって、潜在的犯行者が隠れやすい場所となっている。ロンドン・シティ地区警察の防犯設計アドバイザー、ロジャー・ケリーは、CCTVカメラの設置と、腰壁を手すりに交換するよう勧めている。ギネス財団は、その脇に、小さなコミュニティセンターをつくり、この空間がもっと利用されるようにできないかと考えている。

[ロンドン、イズリントンのマーキス・ロード団地]

　マーキス・ロード団地は、1970年代前半に、受賞歴のあるダルボーン＆ダーク設計事務所によって設計された。コンクリート造高層建築と片廊下型住棟の緩和例として、もてはやされた。「ついに、デザイナーと建築業者がインナーシティの密集と膨大なオープンスペースを結合させた」とまで言われた（Kelly, 1999）（図1.10、1.11）。

　問題は当初から起きた。団地は立入禁止区域となり、誰も法廷で証言をしない「恐怖統治」があった。団地でのこの経験からもたらされた問題の改善方策は、インターホン設置、道の整備、塀の設置、そして階段室や玄関ホールの防犯強化などであった。だが、これらのことでは問題は改善できず、団地は建て替えられた。

　見えていなかった点を振り返り、ジェフリー・ダークが、「ビルディング・フォーム」誌1998年5月号で、当初の設計計画を次のように批評している。「我々は、リリントン・ガーデンで学んだことを、ピムリコ（似たスキームでもっと前に建設）に導入したが、そこは今、大きく変わっている。ご記憶のように、そこは、それまで我々が経験したことのない襲撃などの社会問題が起きたところである。誰もが、囲われた庭園スペースが欲しいと言っていたが、そこは人が襲われる場所になってしまった」。

　ダルボーン＆ダーク設計事務所の計画に関し、新計画に起用されたPRP建築事務所のバリー・マンディは次のように語る。「1960年

図 1.9 地上面に変化を出すように設けられた腰壁が、犯罪不安を招いている。ロンドンのアルドゲート団地の社会住宅

第 1 章 住宅地と犯罪

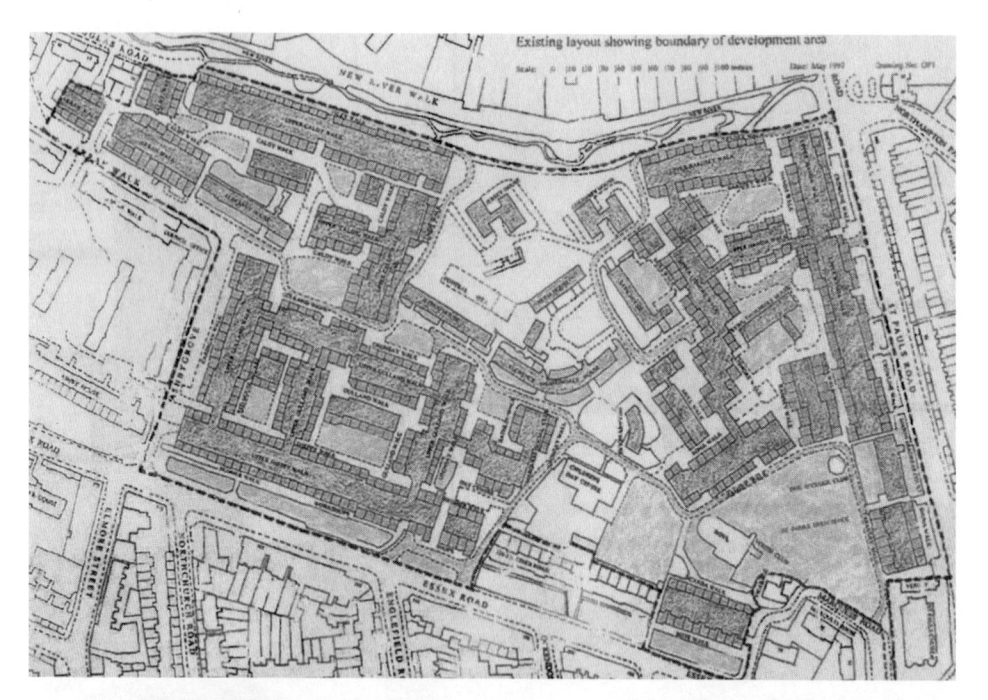

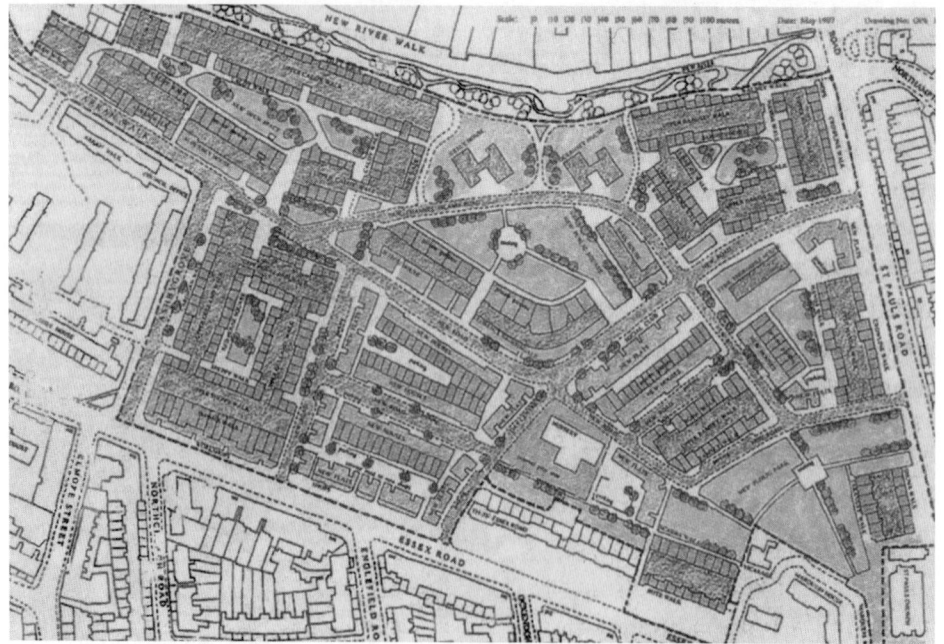

図1.10 マーキス・ロード団地。ダルボーン＆ダークが1970年代に設計（上）。そしてPRP建築事務所が再生させる設計を行った（下）

図1.11 マーキス・ロード団地。再生された後の住棟

代に、ダルボーン＆ダーク設計事務所は、われわれと同じく、システム建築の高層住棟よりもっと人間味のある手法で住宅団地をつくろうと模索した。D&B 設計のウェストミンスターのリリントン・ガーデンは、模範事例であったし、私の知る限り今もうまくいっている。これは、立地や運営管理のほうが、設計計画より大きな要素になるということであろうか？」。

マーキス・ロード団地の問題で鍵となったのは以下の点である。
- 地下駐車場は、監視と日常の清掃管理なしでは機能しないのに、自治体当局はそれが提供できなかった。そのようなことは他のどこでも、とくに他国では、ありえないことなのに、各地からの報告書が出るまで変わらなかった。
- 複雑な矩計断面図は、おそらく社会住宅の建設予算縮減の枠内でできるものとはかけ離れた技量やディテールを要求するものであった。そのようなことで、遺漏が生じ、それを手直しするのにも難渋したのである。
- 複雑な配置構成は、どうなっているのか把握することが難しい。来訪者は、道筋を見つけるのが難しく、また、街路が見渡せないため、自然の見まもりがまったく存在しない。団地は、普通

図1.12 マーキス・ロード団地。新しい角地住宅

の社会の一部とは見なされなかった。

図1.13 マーキス・ロード団地。エセックス・ロードに面する新しい住宅と店舗

　サザン・ハウジング・グループとPRP建築事務所が新しいスキームを用いて、伝統的な街区割りと簡素な庭付きテラス住宅、小単位でグルーピングされた集合住宅をつくりだしている。住宅は、安全な玄関ホールと自然の見まもりのある表通りから入るようになっており、車は表通りの路上もしくは、小さな開放的な中庭に駐車する（図1.12、1.13）。バリー・マンディは新提案の要点を次のように述べた。「これはイズリントンの家の多くをどのように配置構成すべきかということであり、うまくゆかないと問題の住棟群となってしまうだろう」（Kelly, 1998, pp.13-15）。

［ニューキャッスル・アポン・タインのバイカー再開発］
　バイカー再開発の第一段階が1970年代に完成したとき、この計画は、幾年もの堅苦しい官僚的な住宅建設の後に生まれた、新しい社会住宅の始まりということで、国内外でもてはやされた（図1.14、1.15）。アーキテクチュラル・レビュー社のピーター・ブキャナンは、1981年に、「これはコミュニティに適した設計計画であるばかりでなく、1つのコミュニティそのものになっている」と書いた（Buchanan, 1981）。当時、入居者は庭を熱望しており、コミュニ

第1章　住宅地と犯罪　31

ティ意識も強かった。これは古いテラス住宅の立ち並ぶ通りから、新規開発地へ移転しても継続していた。入居者は、原計画に関わっており、9つの入居者組合のネットワークは今日も続いている。さらに、コミュニティのグループでシェアされる小さな趣味の部屋などを含む地域・コミュニティ集会所が団地に建設されるなど、コミュニティ精神は高かったのである。

　社会経済の衰退問題は、1980年代から続いており、今日、バイカーの人たちの多くは仕事に就いていない。家屋や店舗に、板が打ち付けられ始めている。「かつて、バイカーは素晴らしいところだった。皆が、互いに助け合った。今では、地域がすさみ、人々は、誰かを家に入れることにもおびえている」(Spring, 1998)。バイカーでは現在、反社会的行為の問題が起きている。建物配置構成と植栽が、犯罪を増やしている。「市の他の団地のように、われわれは、不法行為や乱暴を働く若者に悩まされている。一部の場所では、多くの好ましくない人々が入ってきている。地区の評価は下がり人々は引っ越してしまい、新たに来たがる人はいない」。

図1.14　バイカー再開発の配置図。建築家：ヴァーノン・グラシエ設計事務所、ラルフ・アースキン。英国王立建築家協会(RIBA)の北部支部、北部住宅部、p.25 (1987)

図 1.15　バイカーの壁

　コメントを求められたヴァーノン・グラシエは、社会経済の再生とリンクさせながら、より包括的な手法を用いるために、そのうち参加することになろうと言った。彼は、高齢者のシェルター・ハウス住区のある三角の敷地が、とくにうまくいったことを引き合いに出している。敷地の形が、住居タイプと内部空間の多様性を生み出した。彼はこの団地を、内部に強いコミュニティ意識があるなど、住みたくなる理由のたくさんある人気の高い場所である、と主張している。

　不運にも、アースキンの設計の豊かさと複雑さが、維持管理面でいつも問題になった。自治体は苦労して植栽の維持管理をしているが、多くの樹木と灌木が、監視の視線が通るように伐採されている。

　しかし、バイカーには望みがある。その建築的／歴史的な重要性が、登録*14 されることとなった。建物は、木部に元の色を残して、よく維持管理されており、内装面でも評価が高い。にもかかわらず、おそらくは設計が洗練されすぎており、適切な管理や保全ができない住宅であると説明されてしまうのである。結局のところ、完全な形で持続しているものは厳しい脅威にさらされ続ける恐れがあるのである（Architectural Review, 1997, p.213）。

*14　（訳注）イングリッシュ・ヘリテージ財団に登録された

第 1 章　住宅地と犯罪　　33

図2.1　ボルチモア、改修された18世紀のテラスハウス。J. ジェイコブスが絶賛した

# 第2章：
# 防犯デザイン理論の開発

**はじめに**

「最初の原則に立ち戻り、進化した人間の住まいであることを再確認し、長期間を経て、つくりだされながらより多くの人の住宅供給をという時代のニーズと拙足のなかで忘れられていた繊細な道具立てを処方すべき時がやってきた。現代都市に広がる混沌のなかにおいても、時として犯罪危険の最たる区域に位置していながら、犯罪と無縁で暮らす事例を見つけることができる」（Newman, 1973a, p.2）

防犯性を踏まえた都市デザインの設計手法を実践面から捉えると、3つの流派がある。
1. 防犯的な空間。正当な理由を持つ者だけが立ち入りを許されるよう、エリアへのアクセスポイントを制限すべきとする考え方である。
2. 環境デザインによる防犯（CPTED）。物理的環境が行動に影響を与え、犯罪を減らすことが可能であるとの信念の下に防犯的な空間を開発すること。これが設計計画による防犯の基本となる。
3. 機会により生じる犯罪の予防／第2世代のCPTED。防犯的な空間とCPTEDの考えを敷衍し、また持続的コミュニティを形成する物理的、社会経済的な戦略を開発し、犯罪の機会を減らすべく、管理・設計の両面で配慮すること。

これらの原則は、米英での多数の犯罪防止専門家の研究成果から発展してきた。

**エリザベス・ウッズ**

1960年代の初期、米国の社会学者エリザベス・ウッズは、米国の公共住宅のミクロの街区環境に焦点を当てた研究を行った（Wood, 1961）。彼女は、住宅プロジェクトでは犯罪防止に十分な警察官、監視員、サービス・エンジニアなどを雇用できない、という考えを出発点としていた。また、居住者の身近で働くマネジャー

の必要性を強調し、ときにレジャー空間ともなる公共的および半公共的空間のデザインを見直し、視覚的に見やすくすることについて、集中的に考察した。たとえば、

- 子供たちの遊び場や大人たちの休憩場所（おしゃべりの場所）は周りの住宅から見えるように配置すること
- 大規模な集合住宅の住棟エントランスは、ロビーや受付あるいは腰の下ろせる場所（椅子が置かれ、息抜きできる場など）として機能しなくてはならない。このような応接エリアは外部からよく見え、また夜は十分な照明がなされる必要がある

ウッズは、ずっと以前に、10代の問題と取り組んでいた。10代についての彼女の見解は、彼らに良好なレクリエーションがないために、ぶらついたり、建物や環境を壊すのだという仮説によっていた。10代の若者に多くの施設を用意すべきである、というのがその解決策であった。また、集合住宅ブロックの居住者から世話人を1人選ぶことを提案した。この世話人が住宅の管理者と居住者との連携をつくり上げ、そして居住者の活動を誘導しコーディネイトする役割を担うことになる。

### ジェーン・ジェイコブス

ジェーン・ジェイコブスの著作『アメリカ大都市の死と生』（邦訳は黒川紀章訳、鹿島出版会、1977）が最初に出版されたのは1961年で、同書は第二次世界大戦後発展した新しい都市建築への最初の告発の書であった。彼女は次のように書いている。

> 「非行と犯罪は大都市ばかりでなく郊外や町にも見られるが、その背後には深く、かつ複雑な社会的病理があるに違いない。都市社会を維持しようとするなら、まずは安全と文明を維持するための警察力を強化することを出発点としなければならない……。犯罪が日常的に発生するような都市の居住区をつくることはバカげている。では、何をなすべきであろうか」（Jacobs, 1961, p.31）

米国の土地利用が厳密に区分され、また中心地区の土地利用が公共施設、文化、商業施設など単一の用途にまとめられていることを彼女は批判した。また、街路から離れ緑地の周囲に住宅を配置する新しい住宅地開発に反発した。彼女は、新しい住宅地はル・コルビュジエその他の20世紀プランナーのユートピア論によるよりも、土地利用の混在する伝統的な街路パターンによる方がうまくゆくと考えた（図2.1）。

新しい住宅地開発がいかに失敗であったかを示すため、彼女は犯罪発生率が高いことに注目して、次のように論じている。
- 公共的空間と私的空間の境目には明確な境界がなくてはならない。特定空間がもつ機能の明確化は、「領域性」のための条件の1つである。言い換えると、居住者が、特定空間について「自分たちのもの」（自分たちのコントロール下にある）と感じることである。
- 本来の街路所有者である人たちの側から、街路へ視線が注がれる必要がある。街路に面した建物内部から、表通りに向かう方向で眺められるようにしなくてはならない。
- 街路や公園などで公共的空間がよく使われず見まもりを欠いているところは、路上での犯罪発生率が高い。脇道は、適度に連続して利用者があり、通りを眺める効果的な目がたくさんあるようにしなくてはならない。視線は、多くの店舗やパブ、レストラン、そのほか公的に使用される建物から得られるべきである。
- 近隣住区は、人と住宅の両面での混在を図るべきである。すなわち、新旧の住民、富裕層と貧困層の住宅、賃貸と所有権の住宅などである。

　上記4条件のうち初めの2つは、設計計画で十分に応えることができるが、後の2つは達成がはるかに難しい。ジェイコブスは次のように自問している。どのようにして、街路で何が起きるかを見まもることが習慣となっている人たちを見つけられるであろうか？問題は、近隣住区で街路を活気づける建物用途の混在が極めて少ないことである。

## オスカー・ニューマン

　1973年の著書『まもりやすい住空間：都市デザインによる防犯』（邦訳は湯川利和・聡子訳、鹿島出版会、1976）の中で、オスカー・ニューマンは、ニューヨークにおける実際の居住の形態に関する詳細な統計資料を基に理論を構築した。この統計資料には居住者のプロフィールやニューヨーク市住宅局が所有する居住地犯罪事件の記録が含まれ、2階建テラス住宅から36階建超高層住棟にわたっている。彼の研究によって、いくつかの重要な発見がなされた。
- 犯罪発生率が最も低かったのは3階建の建物であり、一方6階建以上の建物と1,000戸を超える大規模開発は、かなり高い犯罪発生率となっていた。

- 高層住宅の内部共用空間では、低層住宅の共用空間に比べ、はるかに高い率で犯罪が発生する。超高層住宅は、子供の少ない高所得世帯に対して、またセキュリティサービスや管理人によりまもられている場合には発生率が抑えられるが、一般的に利用がうまくゆかない。

[まもりやすい空間]

ニューマンの理論の中心となるのは、4つの主要なデザイン要素からなる「まもりやすい空間」（図2.2）であった。このデザイン要素は個別に、あるいは一体となってまもりやすい空間の形成に寄与する。すなわち、以下の4つである。
- 領域性
- 監視
- 建物イメージ
- 住宅と他施設の併存

**領域性**

実際に、あるいは象徴的に境界を設けることにより、居住環境を「ここは自分の領域である」と居住者が意識し管理するゾーンに区分できる。（管理が容易な）私的空間から（管理が難しい）公共的空間への移行は重要となる。その達成のためには、
- 建物内外の空間はできる限りすべて、住民のコントロール下、または影響下に置かなくてはならない。
- 建物外部スペースは、公共の街路や通路から見える場合、私的な空間か、それとも半私的な空間かを明確にすべきである。塀

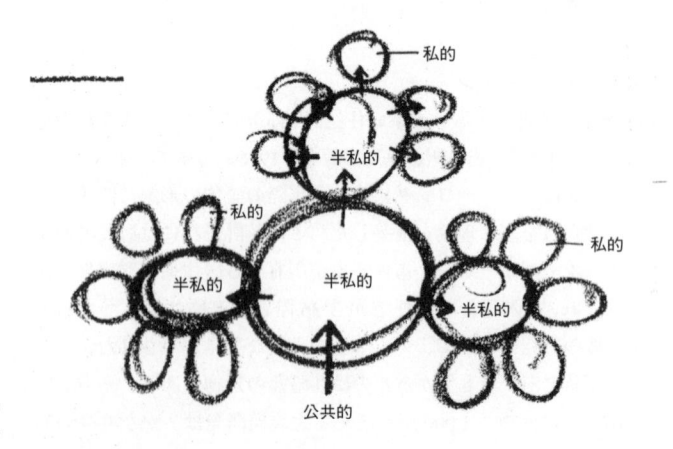

図2.2 まもりやすい空間。オスカー・ニューマンの主要原則のスケッチ（Newman, 1973, p.9）

やフェンス、ゲートは、領域をはっきり区分するが、段差、門構え、門状のアーチなど象徴的な装置を用いてもよい。
- 密度の高い開発では、共用階段はできる限り少数の住戸にサービスするようにしなくてはならない。そうすれば居住者はお互いに顔見知りになり、より重要なことであるが、侵入者を見分けることができるようになる。
- 遊び場、芝生、駐車場など外部の共用エリアは、できれば建物のエントランス付近から容易にアクセスできるように、あるいは私的領域から直接入れるようにしなくてはならない。

### 監視

居住者は、建物内外の公共的空間の周りで何が起きているか監視できなくてはならない。そのためには、
- 窓は、単に住宅内部の間取りに適合させるだけではなく、外部と内部の公共的スペースを見渡すことができるようにしなくてはならない。
- テラスハウスの妻面には窓を設け、家の面する街路やオープンスペースを見渡せるようにしなくてはならない。
- 正面玄関は、何か異常なことが起きたとき、通行人や車の利用者が気づいてくれるよう街路に面するようにしなくてはならない。
- 建物内部のすべての共用エリア、たとえば階段、エレベーター、ロビー、踊り場などは街路から見えるのが望ましい。条件が許せば各住戸の窓からも見えるようにすべきである。
- 避難階段は、ガラス窓付きで建物外側に設けて、利用者が建物の正面に出られる構造にしなくてはならない。

### 建物イメージ

建材の適切な使用や優れた建築デザインは、住民が惨めな気持ちになるのを防ぎ、そこが自分の領域なのだという感覚に導いてくれる。それは次のようにして達成できる。
- プロジェクトが特別な目で見られないよう、特異な建物形状や配置構成は避けること。
- グリッド状街路があるような大規模な再開発プロジェクトにおいては、街路を遮断するより、そのまま保持すること。そうすれば見た目も全体として大きく変えられ、街路の監視の維持にも役立つ。
- 高層高密度の住宅街区は、とくに被害に遭いやすい低所得層の

図 2.3 テンプル・バー、ダブリンの用途混合開発。見まもりがエリアの安全性の改善に役立つ

街区にしないこと。
- 内部空間の仕上げや設備は大まかであっても、居住者にとって魅力的なものとすること。固い建材は破壊力を試すバンダリズムに遭いやすいかもしれない。

### 住宅と他施設の併存

住宅に隣接するエリアの安全は、「よく利用される共同施設を戦略的に配置する」ことで効果の出ることがある。
- 住宅地は、エリアのセキュリティ改善に役立つよう、商業施設や社会施設と混在させるべきである（図 2.3）。
- 公園と遊び場は、住宅から自然に見まもられるようにしなくてはならない。

ニューマンは、ニューヨーク市における 133 ヵ所の公共住宅街区を分析し、彼の理論を検証した。またニューヨーク市住宅公社警備部で得られた統計数値を使って、住宅街区の犯罪を分析した。その結果、犯罪の約 3 分の 2 が住宅棟内部において、3 分の 1 が屋外において発生したことが明らかになった。エレベーター内部が最も危険であり、次いで（多少差はあるが）、玄関ホール、ロビー、階段室であった。彼の方法論は社会学的、人口学的要因への考察に欠けて

いるとの批判はあるが、その見解は米国や英国で急速に広まり、世界の多くの地で住宅地の設計計画に大きな影響を与えることになった。

[その後の研究]
　後の研究で、彼は社会的な要素がより重要であると考え、人間が関心の中心となった。著書"Community of Interest, 1981（関心のコミュニティ）"のなかで、彼は「年齢」と「ライフスタイル」で居住者を区分することを提唱した。似たような人同士がグループで一緒に（近い距離で）生活すべきである。それは人の触れ合いにプラス効果をもたらすことになる。そこでは、ニューマンが「関心や利害を共有するコミュニティ」と呼ぶ要素を数多く持つようになり、こうしたコミュニティでは、住宅周辺環境への見まもりが自然に行われることになろう。

**ブランティンガム夫妻**
　ジェイコブスと同じ頃、ニューマンや他の研究者はまもりやすい空間の原理を開発していた。パトリシアとポール・ブランティンガムはフロリダのタラハシー市において新たな理論を発展させた。彼らは、研究調査を通して、いくつかのとても重要な発見をした。
　彼らは、地域、都市、地区など広いエリアの平均犯罪件数には、しばしば表面化した犯罪よりもずっと多くの犯罪が隠れているということを明らかにした。近隣地区によって侵入盗件数にかなりの違いはあるが、同じ地区内でも発生件数に違いのあることを発見した。近隣地区のどこで強盗が発生したかを調べ、均質な近隣住区でもその周辺部と中心近くの街区では違いのあることを明らかにした。調査で、周辺部の街区、近隣地区の「外周」街区のほうが内側の街区に比べ侵入盗発生件数の多いことがわかった。
　この現象を説明するために、犯罪者の行動を分析し、犯行者が近隣住区内部に入りたがらないのは、そこが犯罪者の知らない領域だからであることを強調している。とくに近隣地区中心部の住民は、隣人かよそ者かを認知できやすく、侵入者はより注目されやすいからであろう。この調査で、ブランティンガム夫妻は近隣地区の配置計画が、その地区の侵入盗発生件数の広がりの違いの明らかな要因となることを示した。さらに付け加えると、近隣地区の外周部と中心部との関係は配置構成に影響される。したがって、小さく、細長い近隣地区は、コンパクトな近隣地区、たとえば正方形の地区と比べ、より多く外接性（と、より高い侵入盗リスク）を持つのである。

ブランティンガム夫妻は、スタディ結果を基に理論を組み立てた。第一に、犯行者は犯罪を犯す際さまざまに異なる動機を持っている。感情的で衝動的な犯罪、たとえば破壊的の行為、襲撃、性的暴行と、侵入盗のように道具を用いる犯罪との間には、極めて重要な相違がある。第二の仮説は、犯行者の動機がどうであれ、実際の犯罪は最適な対象を犯行者が選択した結果だということである。感情的もしくは衝動的な犯罪のケースにおいては、この研究は計画的犯行の場合ほど有効ではない。2人は、犯行者が、これは良い目標、あれは悪い目標という具合に、環境からサインや手がかりを得るのではないかと想定し、犯行者の下見の過程を徹底的に検証した。この結果、2つの疑問が出てきた。

1. 犯行者は、どのような環境に手慣れているのか（どのようなエリアで犯行を犯すのか）
2. 犯行者は、下見の過程でどの手がかり（サイン）に注目するのか

　これらの疑問が、結果的に多くの調査課題となってきた。ある研究者は犯行者の家庭に焦点を当て、他の研究者は犯罪が起こる場所について集中的に考察した。調査結果から、自分が住んでいる近隣地区は認識される可能性が高いために、犯行者が選択することは少ない、ということが指摘された。しかしながら、犯行者の家から離れると、距離が遠くなりエリアになじみがないため、それだけ実行機会が少なくなる。そうしたことから、（若者による）犯罪、襲撃、窃盗／侵入盗、破壊などは、家から1マイル以内で実行される（van Dijk and van Soomeren, 1980, p.137）。

**アリス・コールマン**

　ロンドン・キングス・カレッジ土地利用調査部のアリス・コールマンは、「防犯性を踏まえた都市デザイン」の開発で有名になった。著書"Utopia on Trial: Vision and Reality in Planned Housing, 1985（試行されたユートピア：計画住宅地のビジョンと現実）"は大変な論議を呼んだが、より重要なのは彼女の理論に、当時の首相マーガレット・サッチャーから大きな支持があったことであろう。コールマンの理論の最大の問題は、「デザインは、他の影響を受けることなしに行為を決定付ける」と主張していた点である。また、「建設された集合住宅街区の真の基盤は、財政や空間ではなく、彼らのイデオロギーに置かれている」として建築家や都市プランナーを批判した。逆に、建築家たちは、彼女の見解をさまざまに中傷した。また、住宅地デザインの幅広い側面に対して、彼女の理解には見落と

しがあると考えていた。だが、そうではあっても、彼女の研究は、議論への道を開いたのであり、もっと検証する価値はある。

　この著書は、サウスウォークとタワー・ハムレットのロンドン支部にある4,099棟の集合アパート群とメゾネット住宅の調査に関する報告となっている。そのなかで、16の設計計画の特徴によって、居住者と管理スタッフに対する問題が生じた、と述べている。侵入盗、窃盗、放火、犯罪的破損、車盗、暴力、性犯罪だけでなく、ゴミ、落書き、バンダリズム、排泄物投棄などが、設計計画が不備であった住宅地を襲った。この本は、どのような建物であれ欠陥のある設計計画が多いと、この種の社会崩壊がもたらされやすいことを示した。

［可変の設計計画の特徴］
　コールマンが提起した16項目の設計計画の特徴は以下の通りである。
規模：1．住棟当たりの住戸数、2．エントランス当たりの住戸数、3．建物の階数、4．フラットかメゾネットか
　これは住棟当たりの居住者数にも関係してくる。居住者数が多くなれば、それだけ人々がお互いに知り合うことが難しくなり、より匿名性の高い雰囲気となる。1棟当たりの限界値は12戸である。エントランス当たりの住戸数は6戸まで、階数は3階までである。フラットはメゾネットに比べ好ましいが、メゾネットは大家族に向いている。親の見まもりの下で遊べる専用庭に恵まれていない状況で、子供を地上階より上に住まわせるのは、子供にとって良いことではない。メゾネットとすることで地上階の子供の数が増やせ、街区や住宅地における大人に対する子供の比率を高められる。

動線：5．歩道橋、6．出入口への接続、7．エレベーターと階段との接続、8．廊下当たりの住戸数
　住棟内の移動が容易であれば、それだけ犯行者にとって侵入個所や逃亡ルートを見つけるのが容易になる。歩行者デッキや内部でつながるエレベーターと階段室（上下方向）、長い共用廊下などは、犯罪や反社会的行為を容易にさせてしまう。

出入口（エントランス）の違い：9．出入口のタイプ、10．出入口の位置、11．扉もしくは開口部、12．脚立、車庫、設備
　住棟のエントランスはあらゆる人が通る重要な場所であるから、住民を気持ちよく受け入れながら、侵入者を阻止するようデザイン

されなければならない。良い配置計画は、上階に専用の共用エントランスがあり、1階住戸には塀と門扉のある前庭側にそれぞれ個別のエントランスがある。1階住戸専用の表庭は犯罪の緩衝帯としての働きをする。腰高の塀は、住棟前面道路への居住者の見まもりが容易で、侵入者の犯罪行為を思いとどまらせ、犯罪の危険性を減少させる。

店舗は大切な機能をもつが、プライベートの居住空間エリアに一般の人が入り込まないよう、慎重に配置構成する必要がある。店舗は若者たちが集まる場所ともなるのである。

敷地：13．敷地当たりの住棟数、14．敷地のアクセスポイント数、15．遊び場、16：空間のつながり

コールマンは、敷地の配置構成が社会崩壊に非常に強く影響すると考えた。外来者だけでなく他の棟の住民が住宅地各所に自由にアクセスできる場合、共用スペースが匿名性をもつようになり、犯罪者にとっての多様な逃亡ルートとなる。このような状況では、道路だけでなくさまざまな方向を監視することが必要となり、エントランスの監視だけで各住棟をまもることは大変難しくなる。そこで彼女は敷地当たりの住棟数は1住棟とすべきであると考えた。外部に向いて住棟が1ヵ所以上開いているところで、各住棟をより安全で防犯的にするためには、公道に面する妻面と裏面に高い塀、（前面には監視のできる）低い腰壁と（私的スペースであることを示す）玄関ゲートが必要となる。

調査によって、遊び場がしばしば環境悪化、犯罪、いざこざ、紛争などの場になっていることがわかった。幼児の遊びは屋内や専用庭に限定するほうがよいが、年長の子供は公園を利用することになる。幼児や子供は大人の見まもりを必要とし、思慮深い大人の存在が子供の行動に抑制効果をもつ。

犯罪発生に関する16の設計計画要素の中で、最終的に最も大きな影響力をもつのは空間の組立てであり、これは他の社会崩壊にも強く影響している。屋外空間には3つのタイプがある。

- 半私的（セミ・プライベート）空間。各住戸に帰属する前庭と後庭
- 半公共的（セミ・パブリック）空間。1つの集合住棟内の複数居住者の共有地
- 混在共用空間。数棟単位で利用され、外部の人にも開かれた空間

半公共的と半私的の空間は望ましく思われるが、外部の人も利用できる混在共用空間はまったく望ましくない。単一街区型の敷地では、しばしば混在共用空間がすべて廃止され、専有化されたり、住棟共有にされたりする。敷地内での、もしくは敷地通り抜けの歩行者や車の通行は、そうすることで道路に限定できる。各住棟は、プライベート・ユニット（私的単位）となり、「団地」という概念や精神は消滅する。この空間の「専有化」が、各区域をおのおのの世帯や居住者グループの責任とコントロールに委ねることになり、より防犯的な居住環境をつくりだす。

［設計計画の原則］
　同書には、住宅地周りの空間デザインに関する原則も付け加えられている。
- 前庭の街路沿いに腰壁かフェンスを設けるべきである。ゲートも必須である。犬が飛び越えるような低いフェンスや見まもりの邪魔になる高いフェンス、生垣、塀、また壊れやすい材質は避けなくてはならない。
- 街路への適切な見まもりがある場合、前庭の奥行きはおよそ3メートルあれば十分である。
- 裏庭はお互いに背中合わせにし、すべてのエントランスは、テラスハウスの場合は二戸連の境目のポーチ通路を通って正面からとすべきである。ポーチ通路は、前庭内から通すようにすべきで、街路につながる裏路地となってはいけない。
- 住宅は在来の街路に沿って配置し、個人専用に区画した前庭や裏庭などのオープンスペースを設けるべきである。
- また各住宅グループ単位で、1本だけの通路を設けるようにすべきである。主要な歩行者路は、静穏を乱すことができるだけ起きないよう、戸建住宅群の中を突っ切ったりしない最善の配置としなくてはならない。

　住宅のファサード・デザインは、街路からの住宅の見まもり、また逆に住宅から街路への見まもりの助けになることもあるし、妨げになることもある。接地階居室では窓からの視界を最大限確保するため、部屋の中で座ったり、立ったり、動き回る居住者に庭や道路がよく見えるよう、ガラス窓の高さを設定しなくてはならない。出窓は、より広い視界が得られるが、張出しサンルーム（ウォークイン・ベイ）が最良である。ポーチや車庫など張出し部が、窓からの視界を妨げないようにしなくてはならない。正面側の道路は両側に

歩道の付いた公道としなくてはならない。テラスハウスの妻側住宅は、前面と側面の道路に接して専用庭を設けなくてはならない。裏庭へのアクセスが住宅の正面から見えてはいけない（図 2.4）。

**駐車施設**

　自家用車の最も望ましい駐車設備は、各世帯が専用車庫を持つか、自分たちの敷地内に立体駐車施設をもつことである。それができない場合は、居住者や近所の人が、住宅のすぐ前の路上に駐車できるようにすれば、車の犯罪は抑止される。

［DICE プロジェクト］

　コールマンは、その理論を団地において実証するよう、環境局から依頼された。ロンドンのランウェル・ロード団地、タワー・ハムレット団地（図 2.5、2.6）、ウエストミンスターのモーツァルト団地（図 2.7）、マンチェスターのベネット・ストリート団地（図 2.8、2.9）がその対象である。「設計計画改善の制御実験（DICE）」は、都心住宅団地の社会問題の解決に役立つ設計計画改善の体系的実験を実施した。プロジェクトの目的は、住棟や敷地の悪い要素を取り除くことで、問題のある住宅団地が住みよい快適な場所となりうることを実証することであった。

　コールマンは、この研究で貧困、失業、子供の割合、住宅地の管理・保全などに関し多くの社会学的統計数値を示したが、その要素は社会不安を十分に説明できるものではなかった。プロジェクトの最終結果は決定的なものとはならなかった。たとえば、モーツァルト団地では、高架の歩行者デッキ撤去や新しい道の追加で、アクセスしやすく、通り抜けを良くするなど、設計計画面の変更が行われたが、その評価では居住者の意見が分かれた。1993 年の調査では、変更によって強盗が減少するに至らず、社会的、経済的再生を含む追加の改善措置の必要性が浮き彫りになった（Osborne and Shaftoe, 1995）。ベネット・ストリート団地では、変更後、居住者は以前に比べ安全と感じられるようになった（今も感じている）。居住者は在来の街路の配置構成を非常に好んでおり、もっと防犯的なスペースとなることを歓迎している。しかしながら、多くの中高層住宅街区で提案されているような、長期にわたるサステイナビリティが保証される、全面的な質の改善を達成することはできなかったのである。

　それでも、アリス・コールマンの原則、とくに「通り抜けの良い（permeable）」団地の配置構成は現在、広く認められている。彼女

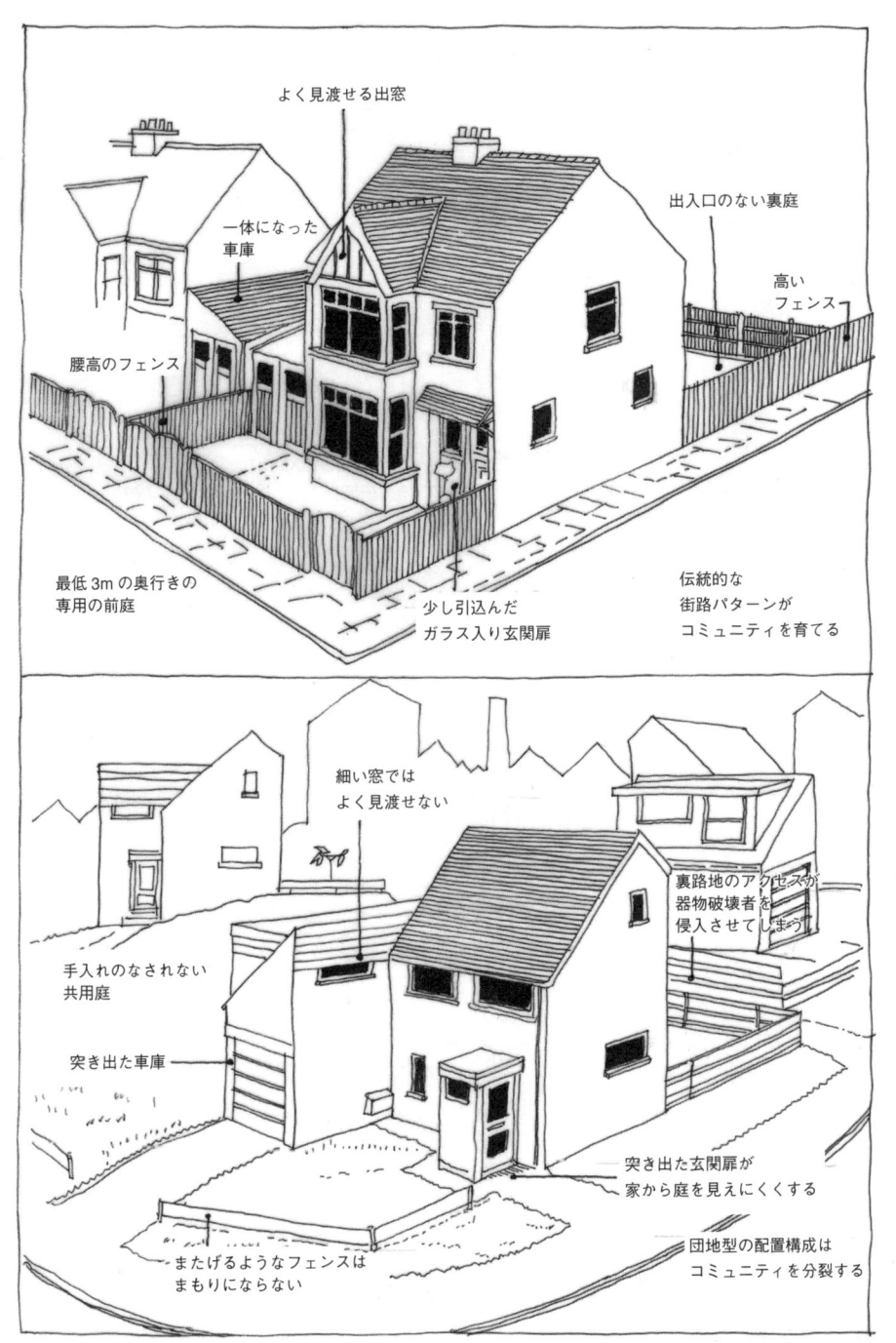

図2.4 「郊外のユートピアの原則」：アリス・コールマンの概念のダイアグラム。これはサンデー・タイムズ（1985年5月5日付、p.13）に発表されたデヤン・スジックの記事である。［原図はゴードン・ベケットによる］

従前

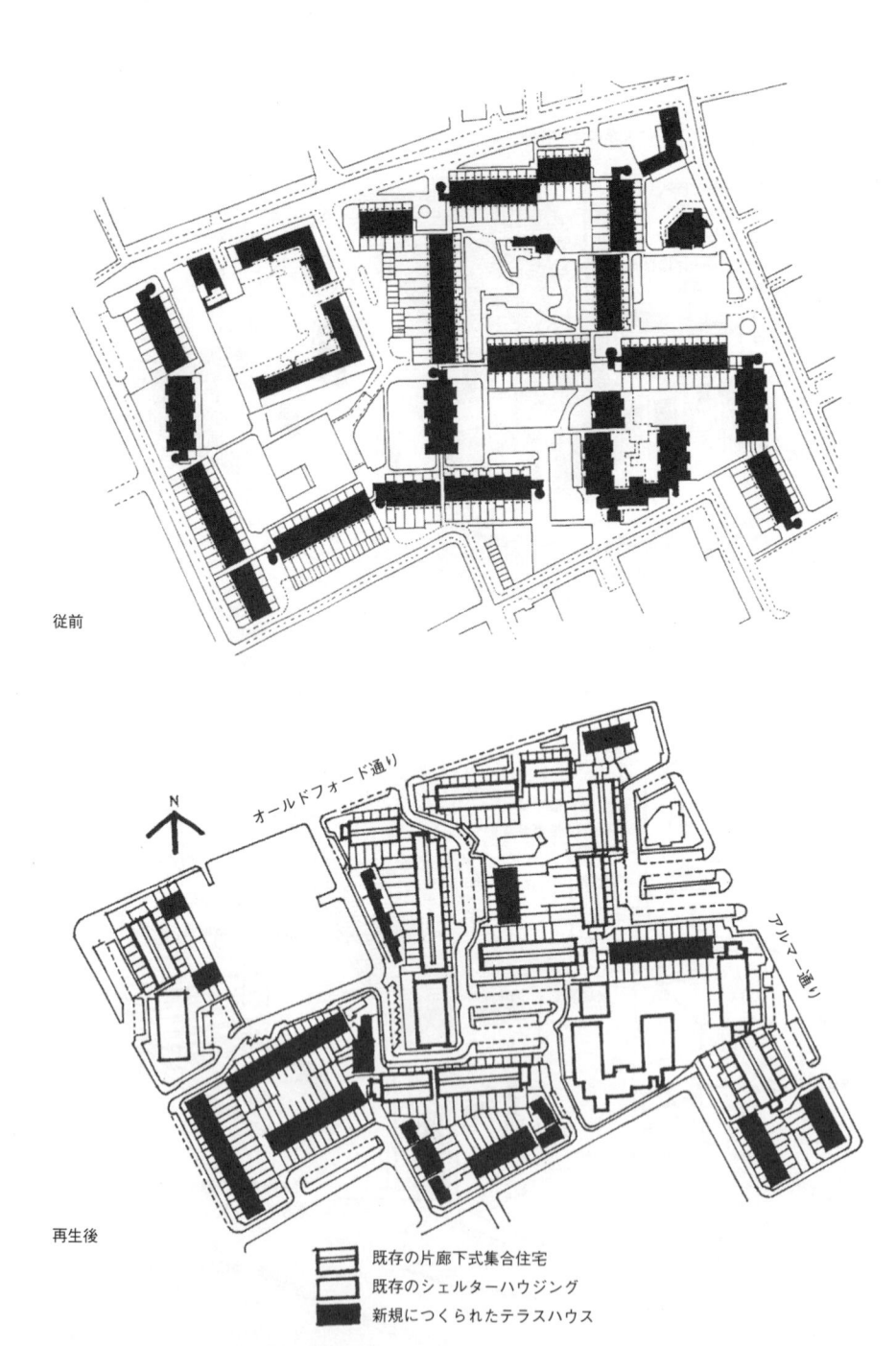

再生後

| 既存の片廊下式集合住宅
| 既存のシェルターハウジング
■ 新規につくられたテラスハウス

図2.5 アリス・コールマンによる改造計画：ロンドン、タワーハムレットのランウェル・ロード団地、DICEによる改良前と改良後［Building, 1997年11月号、p.48］

図 2.6 アリス・コールマン：ロンドンのランウェル・ロード団地、タワー・ハムレット団地の新しいハウジング

のメッセージの核となっているのは、「小さいことが美しい」、つまり大きな建物ではなく、小さいこと、望むべくは、戸建てあるいは2戸連の住宅とすることなのである（1920s/1930s-type houses）。

## 状況に着目した犯罪の予防

1970年代半ば以降、英国政府内務省は、特定タイプの犯罪をどうしたら防げるかについて調査研究を始めた。調査研究の多くが、建物と市街地環境に関する実務的助言の域を超え、管理と利用の問題を組み込むところまで進展した。犯罪の性状や市街地環境との関連性について、多くの重要な問題が提起されている。状況に着目した犯罪の予防は、ミクロ・レベルで実施できるものであり、場所と特定の犯罪に焦点が絞られている。これによって犯行者とリンクができるようになる。この原則は、ロン・クラークとパトリシア・メイヒューの著書"Designing out Crime, 1980（犯罪の起きない設計計画）"のなかで系統立てられた。そこには7つの防犯戦略が含まれている。

- 堅固にすべき目標物。強盗を防ぐ頑丈な錠、扉、窓、そして破壊に強い材質にすること。
- 変更できる目標物。たとえば、毎月の現金入りの給料袋に替えて銀行振込とすること。破壊されやすい電話ボックスは簡単に持ち去られる。
- 犯行道具の除去。たとえば、ガラス張りの公共建物近くでは、地面で容易に拾える石ころをなくす。取り外し式はしごは庭か

図2.7 アリス・コールマン：モーツァルト団地の通り抜けを良くするための新しい道路。イメージを変えるために勾配屋根が付けられた

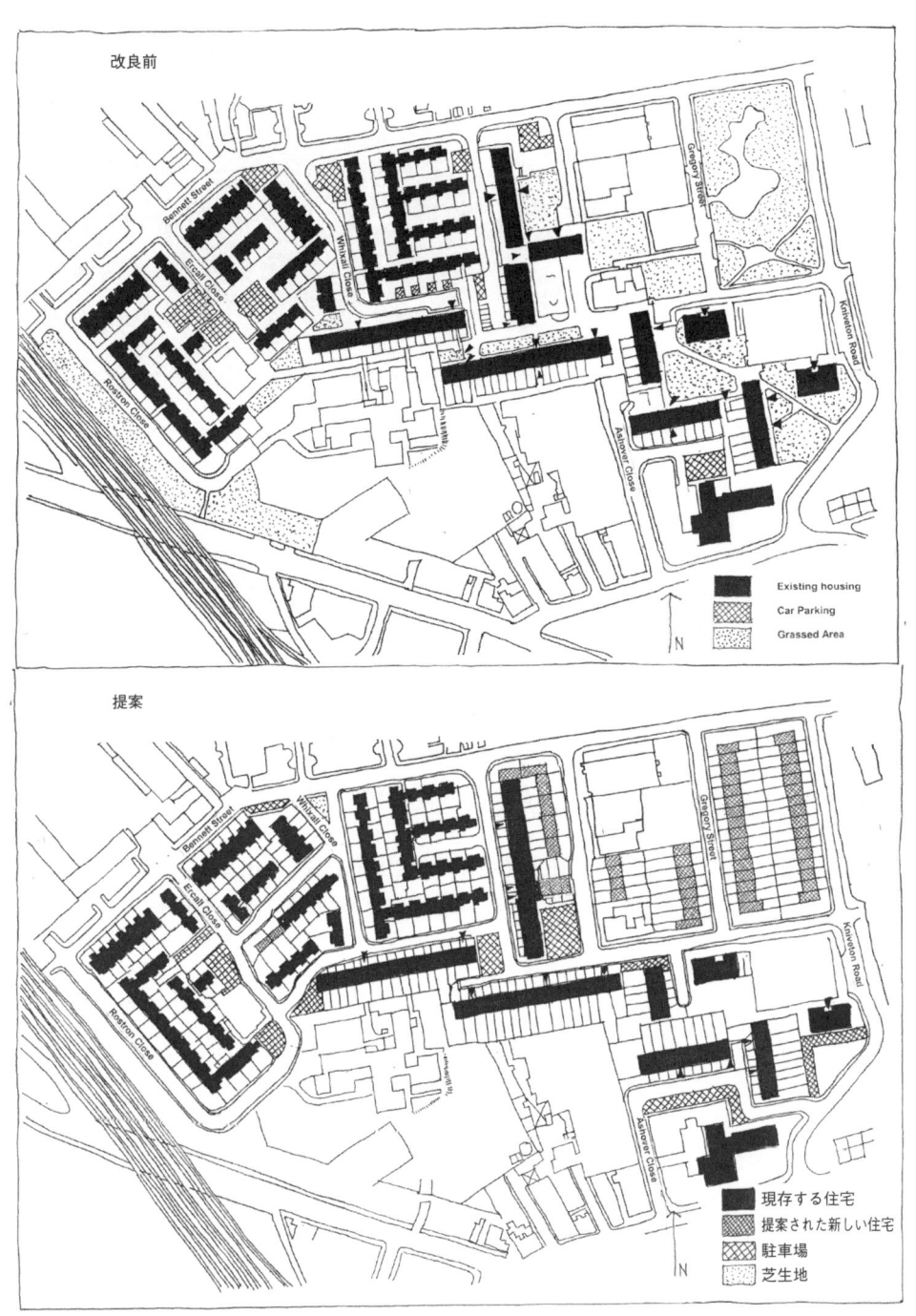

図 2.8 マンチェスターのベネット・ストリート団地の計画案：改良の事前と事後の配置構成

第 2 章 防犯デザイン理論の開発

図2.9 マンチェスターのベネット・ストリート団地の新しいバンガロー

ら撤去しておく。車輪付きゴミ容器は、家にしまい込むには大きすぎるものだが、家によじ登る道具として役立ってしまうのである。
- 犯行者の金銭的利得を減らすこと。たとえば、貴重な物には郵便番号や番地を付け、盗難品処分を難しくする
- 正式の監視。警察や民間警備会社、そして現在では近隣による見まもり
- 雇用職員による（半ば正式の）監視。警察や地元住民でなく、はっきり目的を持つ社員とか雇用職員による直接的対策。ただしそれは、単に防犯のためとか、犯罪対策として行うのではない。アパートや個人商店のドアマン、バスの車掌などが採用できる
- 居住環境の管理。複合団地で若者の比率が高くなるのを回避する住宅供給方策。パブの閉店時間に公共輸送機関がなくなって足止めをくらった酔客の中から、バンダリズムや車、自転車を盗む者が出る

　ロン・クラークは、後の著書"Situational Crime Prevention: Successful Case Studies（2nd edition, 1977）"のなかに、さらなる機会低減のテクニックを加えている。通りがかりの人と住民の自然な見まもりや、期待した見返りが減り、犯罪者の遂行労力とリスクが明らかに増大すると感じさせる方策や、犯罪発生に言い訳の余地をなくす方策が含まれている。
　推奨されている方策の多くは、空間利用と人と居住環境の管理に関わるもので、地区のプランニングやデザインの範囲を超えている。しかし、犯罪の問題に対しては総合的な考察が大切となる。リストでは、特定タイプの犯罪を減少させる手だてが推奨されている。また

堅固な環境をつくるより、運営管理によって問題を解決する方が、より簡単で安上がりな手段であることが明らかにされている。

[合理的行動と繰返し行動（ルーチン・アクティビティ）の理論]

状況に着目した犯罪の予防には、合理的選択ということが強力な支援要素となる。犯行者はほとんどの場合、他に優先して目標物を選別しており、犯罪が無作為に起きているわけではない。犯行者は「合理的選択」を行うのである。犯罪遂行は、コスト（個人的努力を含む）、利益（見返りの可能性）、それにリスクを加味して決定される。したがって、犯行者のリスクと努力を増大させ、見返りの可能性を減らす方策が有効となる。機会により生じる犯罪の予防を補足すると、犯行者は他の人と同じように出勤したり、友人を訪問したり、買い物に出かけるなど、日々のスケジュールをもつものであると、「ルーチン・アクティビティ理論」で指摘されている。日常活動をしながら、格好の目標物を探し出すのである。そこに、往々にして犯行者の特殊性が出る。犯罪者は自分に関係した目標物を探す、たとえばドラッグ常習者はドラッグ・マーケットの近くで目標物を探す。このことが、一定の状況下での犯行者捜査のパターン化や犯罪がよく起きる場所の踏み込んだ推理を可能にする。

## 環境デザインによる防犯──CPTED

[CPTEDの定義]

「環境デザインによる防犯」という言葉を最初に使ったのは米国の犯罪学者、C. レイ・ジェフリー教授で、1971年出版の同名の著書 "Crime Prevention Through Environmental Design" においてであった。

そのコンセプトは、犯罪が物理的環境によってできる機会により生じるという簡単な考えに基づいている。これがあてはまるのであれば、物理的環境を改善して犯罪発生が少なくなるようにできなくてはならない。

またこの原理は、ジェーン・ジェイコブス、オスカー・ニューマン、ロナルド・クラーク、パトリシア・メイヒュー、パトリシア・ブランティンガム、ポール・ブランティンガム、ティモシー・D. クロウ、バリー・ロイナー、リチャード・H. シュナイダー、テッド・キチン、ティム・パスコウ（BRE）などの著作の核心となっている。CPTEDへの関心が、多くの国で高まってきた。たとえば、国際防犯学会（ICA）、デザインアウトクライム（防犯性を踏まえた都市デザイン）欧州支部（E-DOCA）と英国デザイン・アウトクライム

協会（DOCA）などが関心を示しており、その組織は、警察関係者、プランナー、犯罪学者、安全警備専門家、建築環境関係者で構成されている。建築研究所（BRE）は、ティム・パスコウ博士の下で環境デザインによる防犯に関する研究プログラムを開発した。BREやこの分野で特色をもつ多くの大学が、その概念の開発にかなり貢献している。

[「開かれた社会」でのCPTED]

　王立デンマーク建築・芸術学研究所のボー・グロンランドは、最近、CPTEDに関する貴重な研究を行った。取り上げられた最重要問題の1つは、多くの西欧諸国、とくにスカンジナビア諸国の文化にとって重要な「開かれた社会」とCPTEDの関係である。問題は、「生活の質（QOL）」の確保のために巡らせる障壁との兼ね合いで、社会は居住環境での犯罪をどこまで我慢できるか、ということである。体験することと想定する安全との間にはしばしば大きな差異が生じるが、一方で、実際の安全性との間にも大きな違いがある。マスメディアで報道される犯罪イメージは、現実の統計犯罪発生率と比べ、リスクについて非常に異なる印象を与える。場所と時間や人口階層が異なれば、それだけ異なるリスクがある。また安全性の感覚あるいは安全性欠如の感覚は、幾分は年齢や性別に左右されるが、時に現実のリスクとは逆比例することがある。ボー・グロンランドは、この点に注目し、「出発点として、どのレベルのリスクまでが許容できるのか？」と問いかけている。この問いかけこそ、プランニングによる防犯やヒューマンな現代都市の創出の核心に位置するのである（Gronlund, 2000）。

　彼はCPTEDに関わる多くの核心的課題に関心を寄せている。
- 環境のデザインによる防犯のアプローチに大きく影響する社会格差が存在する
- CPTEDは、犯罪そのもの、あるいは知覚される犯罪不安のいずれに関与すべきなのか？　警察や社会的な努力への信頼づくりに力点を置くべきか、それとも実際の設計に力点を置くべきか？
- CPTEDをどの程度法律で強要すべきか、それとも自由意思に任せるべきか、行使の権利と行使しない自由、そしてその程度について、疑問を覚える
- 中央政府や自治体は関心がなく（ガイドラインがない）、また訓練を受けた人材や、この問題に関わる適切な組織がない
- 保険会社は、間接的にではあるが犯罪のことで利益を得ている

のに、防犯にほとんど関心をもっていない（保険会社の関心は根本的に犯罪を減少させることでなく、保険レートと関連した技術的事項にある）
- 技術的なセキュリティ装置や警備サービスに多額の費用が支出されているが、その販売を促進しているだけである
- 米国の大規模な「ゲーテッド・コミュニティ」が、他の国々でも受け入れられつつある。「ゲーテッド・コミュニティ」は、開発業者にとって、他の開発方式より利益につながることが判明した。したがって、新しい住宅地でのCPTED認証の可能性は、収益の上がる方式で設計計画による防犯を市場化することが重要となる
- 実施面での問題、たとえば建築家からの（イデオロギー面、経済面での）抵抗、建設業者からの（経済的理由や知識・経験の不足などによる）抵抗といった問題がある

　このような問題点は否定的に映るかもしれないし、何もしないための口実であることもあろう。しかしCPTEDが英国で設計計画による安全確保の枠組みを超えて発展するのだとすれば、この問題点は立ち向かうべき課題である。建築家の見解についての最後段の指摘はとくに重要である。デンマークのCPTEDガイドラインは、多くの伝統的開発形態に向けた設計計画で効果があった。ボー・グロンランドの見解によれば、デンマークのCPTEDは、結局、「建築を反モダニズム・アプローチへと転換」させた。それは、米国でも、主に「ニューアーバニズム」や「スマート・グロス」の事例で見られる。

[シベリウス・スパーケン]
　シベリウス・スパーケンは、都市デザインを通した安全とセキュリティの確保にとくに配慮して選定されたデンマーク初のプロジェクトであった（図2.10）。グロンランドによると、このプロジェクトは、デンマークでその後、1996年バレラップに建設されたエゲジャガード（Egebjergaard）などわずかの例外を除き優れた設計がなかったことから見ても独創的である(p.229)。シベリウス・スパーケンは、デンマーク開発審議会からそのデザイン開発に特別な交付金を受けた。デンマーク防犯学会が関与したが、それは建築家、ジョン・マルパスの特別な関心によるものであった。デンマークでの都市デザインによる防犯は、彼がいなければこれほど進展しなかったであろう。そのような支援は、果たして英国で可能であろうか？

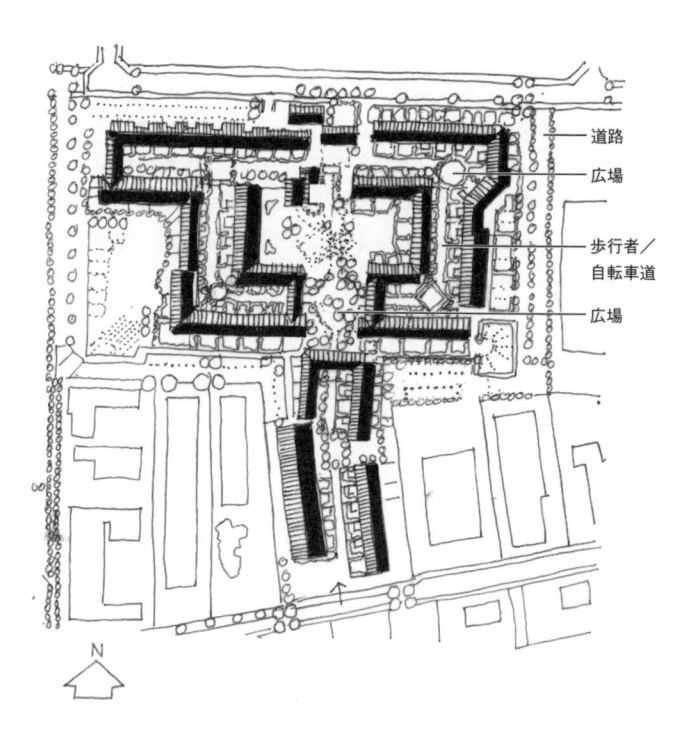

図 2.10 防犯性を踏まえた都市デザインの事例。コペンハーゲンのシベリウス・スパーケンの配置構成

　シベリウス・スパーケンは、コペンハーゲンの都心から約 8km 離れた地点にあるロドブルの社会住宅の計画である。敷地は以前には工業団地であったが、これまで以上に混在させた都市環境の実現を促すようにもくろまれた。2 期に分けて建設され、最初の部分は 1986 年に、第 2 段階の南部分は 1994 年に建設されている。総戸数は 265 戸である。住民のうち女性の 20％、男性の 12％が 67 歳以上となっている。デンマークのこの種の住宅地では、標準より 20 〜 30 歳の人口が多く、世帯の 67％が単身か一人親である。失業率も高く、社会保障での生活者は 21％にのぼる。年間の不動産取引が 20％以下の地域である。住民の平均所得はデンマークの平均所得のわずか 63％である。この人口・社会的構成は、通常なら問題を示すが、そのように見えない。

　住宅地全域を公共的ゾーン、半私的ゾーン、私的ゾーンに明確に区分する構成が大切である。開発地を通る歩行者／自転車のルートをどう設定するか、街路と広場のどちらの側に住宅をグルーピングするか、その仕方も重要である。図 2.11 はベンチや共同施設のある小さな共通エントランスヤードや庭を示す。それぞれの側に、小さい個人の庭がある。ゲート、塀、手すり柵、生垣、車庫、自転車置き場、緑地、舗装仕上げ、および共用室など細部デザインが活気

ある通りの景観をつくり出している。見え方（visibility）*1 の大切さが、たとえば私的空間とエントランスを区画する低い腰壁があちこちで象徴的なゲートと併せて用いられるなど、重要視されている（図2.12）。子供たちは街路やその近くで遊ばせるようにすべきであるが、実際に子供たちはそのようにしている。街路とガラス張りのバルコニーから、屋外空間がよく見える（図2.13）。吹抜けになった各階段室には、温室状の共用空間があり、そこからも街路が見える。開発当初は吹抜けの階段室はなく、屋外階段があった。往々にして、この種の階段室は2戸単位で、階段最上階では向かい合う2住戸の私的スペースとして使われるようになる（図2.14）。共同住宅の1階は、前と後ろに専用庭があるとよい。

　調査によると、この計画地区における犯罪発生率は、他地区の約50％と低い。侵入盗の多くは、人目に付きにくい人通りの少ない場所で発生していた。車盗はとりわけ低く、侵入盗は通常の約5分の1である。具体的なプランニングやデザイン手法による犯罪防止は、

*1 （訳注）permeabilty を「見通しの良さ」と誤解することがあるが、本書では permeabilty を「通り抜けの良さ」、visibility を「見え方」と訳している

図2.11　シベリウス・スパーケン：コモンの玄関ヤード

第2章　防犯デザイン理論の開発　57

図 2.12 シベリウス・スパーケン：エントランスとゲートの細部がよくできている

効果が出たと評価された。詳細調査から、エントランスと庭が身近に見えるようになっている場合、侵入盗やバンダリズムがかなり防止できることが明らかになった。

### 第2世代のCPTED：グレグ・サビルとゲリー・クリーブランドによるCPTEDの原理を活用した持続可能な開発

　CPTEDの新しい、最も重要な活用方法が生まれ、この著書のなかで考察されている。第2世代CPTEDでは、健康で持続可能なコミュニティをつくることは第一歩にすぎないとし、市街地環境のデザインについて考察している。大切なことは、実際の社会的、経済的開発への総合的アプローチによってコミュニティ意識を醸成することである。

　第2世代CPTEDの論文の1つ、グレゴリー・サビルとゲリー・クリーブランドの"An Antidote to the Social Y2K Virus of Urban Design"（グレゴリー・ザビル「北米における防犯環境設計の動向」JUSRIリポート別冊No.14 都市防犯研究センター、2000）は、オランダ警察認証基準がどのようにクリストファー・アレグザンダーのパターン言語を取り入れ、安全な都市のデザインに適用させているか、その手法を述べている。そして、物理的環境と人々の生活スタイルとを結び付けるオランダの基準に盛り込まれた5つのカテゴリーに注

図 2.13 シベリウス・スパーケン：ガラス張り共用室と歩行者／自転車路に通じている

目する。
- 整備地区の規模、密度と住宅の種別（ヒューマン・スケールかどうか）
- 都市の出会いの空間の大切さ。これがないと都市空間は空虚で危険なものになる
- 若者たちの施設、とくにユースクラブの設置
- 住民の参加
- 住民の責任

「伝統的な CPTED デザイン原則を活用した経済的で持続的な開発」の新しい形を紹介することにより、彼らはすでにその先を行っているのである。住民の責務、住民の参加、若者の活動、都市の出会いの場、そしてヒューマン・スケールな近隣地区の領域にまで取組みを広げることが必要と考えている。つまり、ずっと小さな、地域に根差した近隣地区の生活、職場や学校の近くでの生活において人々は社会化しているのである。社会的、経済的、政治的な交流のために、もっと地域で身近な接触を促す方法を発展させるということである。私的空間やプライバシーなど大切なニーズを犠牲にせず、

第 2 章　防犯デザイン理論の開発

図 2.14 シベリウス・スパーケン：2 階の 2 戸のアパートに通じる階段室

近隣地区というコンテクストのなかで仲間や家族の交流機会をもっと大きくすべきなのである。物理的空間の計画と併せて、効果的なコミュニティの社交ゾーンを計画しなくてはならない。

彼らは、次のような持続可能性（サステイナビリティ）のための小さなシステムを提唱する。「今までわれわれは、スケールの大きい経済、大きい学校、実験科学を基礎とする学術研究所、大きい組織、大きい政府、雇用のある大会社……に依存してきた。これらは今日の複雑な社会環境においてはもはや実際的ではない。動きが遅すぎ、融通がきかず、また反応が鈍すぎる」(Saville and Cleveland)。それに代わるものとして、小さく、維持管理が容易なシステム、小さなビジネス、地域に根差す持続可能な経済を提案している。必要なのは、全体的な、開放的なプログラムであり、非政府組織、非営利ベンチャー、地方自治体、個人ネットワークに基づくフレキシブルな企業なのである。

その未来への処方箋によると、私たちは小さな地区スケールの近隣のビルで、専門能力を身に付けなければならないのだという。その専門能力は生態的原則に根差した価値観や、健全なコミュニティという価値観に基づくものでなくてはならない。病気になるような

場所は、それ自体を治癒しなくてはならない。遊びと仕事の機会が身近にあることである。また個人的選択とプライバシーを尊重することであり、人々の多様性を称える社会交流の共通の場やイベントをつくり出すことである。これらの要素が効果的なコミュニティ環境をつくり出すよう構成され、作業場、学校、市場、あるいは近隣住区などが、おのおのの問題を自らの方法で解決できる能力をもつことである。

　1日ではできないであろうが、CPTEDの解決策が最終的に物理的環境と社会的環境の両方をエコロジカルに包含できるようになれば、社会や子供たちそして自らの暮らすコミュニティの日常の質を高めることになるであろうと述べている。

**クリストファー・アレグザンダー：パタン・ランゲージ**

　前項で触れたCPTEDとクリストファー・アレグザンダーの著書との関連性は大切である。1978年発行の著書『パタン・ランゲージ』（邦訳は平田翰那訳、鹿島出版会、1984）は犯罪に重点を置いてはいないが、犯罪を予防し恐怖を減少させる効果のあるデザイン要素について述べている。オランダの警察認証ガイドラインの作成に当たっては、アレグザンダーの成果からこの「パタン」が引用され、一連の基準と手順がつくられた（van Soomeren, 2001）。

　アレグザンダーの本には、典型的な253パタン（55はオランダで利用された）、問題についての説明、議論、イラスト、建築デザインを含む解決方策が含まれている。その理念の核心は、人々は自分たちのために自らの住宅や街路、コミュニティを設計すべきであるということである。この考えは、当時大変革新的で、「建築職能の急激な変化」を暗示するものであったが、「これは、単純に世界の素晴らしい場所の多くが、建築家でなく人々によってつくられているという観察から生まれた」のである（Alexander, 1977）。

　パタン・ランゲージは、環境デザインに「言語」があるという原理に基づいているが、それによって人々は、体系立った公式枠組みのなかでも設計の無限の可能性をはっきり捉え伝えることができるようになるのである。「パタン」は、この言語の要素であるが、設計上の課題の解答集でもある（窓台はどれくらいの高さにすべきか？　建物は何階建とすべきか？　近隣地区のどのくらいのスペースを芝生と樹木に当てるべきか？）。この本では250以上のパタンが記述されている。各パタンは問題点の説明、イラスト付きの議論、解決策からなっている。アレグザンダーは、多くのパタンが、物事の本質に深く根差した「ひな型」であるため、人の本性や人の行為の

一部のように見えるであろう、と述べている。

パタン・ランゲージの主な原則は次のようになる。

- **コミュニティの規模(12)**。コミュニティと小さい町は人口5,000～10,000人としなくてはならない。それ以上になると、個々人の効果的な意見交換がしにくくなる。
- **近隣住区（14）**。その場合の近隣住区は、500～1,000人とすべきである。近隣住区の大きさは、最大で直径300ヤード(270m)である。近隣住区には明確な境界が、エントランスには象徴的なマークがなくてはならない。
- **住宅クラスター（37）**。人々は、通りをはさんで片側に平均で6～8戸という小さなまとまりの家々に住み、親密な関係にある。10戸を超すと均衡が崩れる。このパタンは、1エーカーあたり15戸（1ha当たり50戸）の住宅密度まで使える。さらに高密度の場合、クラスターに連続低層住宅（38）や丘状住宅（Housing Hill）（39）などの住棟を導入することで補正できる。
- **家族（75）**。人は周りに少なくとも12人を必要とする。そうすれば「人生の浮き沈みに際し、支えとなる安らぎや親密な関係を見いだすことができる」。血縁の結び付きによる大家族は、過去のもののように見えるが、小家族、カップル、単身者では10世帯ぐらいが自由意思の家族として一緒になれば、同じようなことになる。
- **ライフサイクル(26)**。コミュニティづくりに不可欠なのは、「バランスのとれたライフサイクルを可能とすること」である。すなわち、「各コミュニティは、幼児から高齢者まで年齢階層のバランスがとれていて、人生の各段階で必要となる十分な道具立てを内包するようにする。住棟ごとのプロジェクトは、コミュニティの適正なバランスの保持に役立つか、それとも妨げとなるかの観点で考察される」(p.131)。それよりも、「退職者の村、寝室、郊外、10代の文化（たとえば、あまりに高い子供密度は犯罪やバンダリズム、反社会的行為の発生要因となる）や、失業者のゲットー、大学町、工業団地（さらに加えれば町外れの商業施設）など、課題は多い」。
- **4階建の高さ（21）**。アレグザンダーは、建物階数は最高4階建までを推奨し、人間には地面との接触が必要であると注意を喚起している。「住棟間の地面は、人々が他の人たちと相互に触れ合うための媒体のように見える。地面に接する生活は、家屋周りのヤードが隣のヤードとつながり、上手に配置されれば近隣を結び付ける。このような環境では、住民たちが出会うのが

図 2.15 すべての住宅が接地型となっている。ロンドン、カムデンのエルム・ビレッジ。建築家：ピーター・ミスコン設計事務所

容易であり自然である。庭で遊ぶ子供たち、庭の花々、また天候などの会話に尽きない話題を提供してくれる。このような触れ合いは高層アパートでは不可能なのである」(Alexander, 197, p.211)（図 2.15）

- **専用庭（39）**。日光とプライバシー、ある種の私的野外空間をもつ小さい庭が不可欠である。都市社会が田舎と結合されるべきであるという生物学的必要性は、家族のレベルにおいても同様である。
- **丘状住宅（39）**。ヘクタール当たり30戸を超す高密度住宅地の建設、あるいは3、4階より高い住棟建設に対するアレグザンダーの解決策は、「丘状住宅、中央に公園に通ずる開放的な南向きの階段のある、南傾斜の階段状テラス住宅」をつくることである。高密度住宅のアイデンティティ欠如問題への解決策は、各家族がテラス状の大架構の上に自分の家を建てたり、更新できるようにすることである。その人工地盤が住宅や土地を支えることが可能なら、各ユニットは独自の個性に合わせ独自

第2章　防犯デザイン理論の開発　63

の庭を設えることができる。

- 地区施設。アレグザンダーは7,000人のコミュニティごとに、店舗付きの公民館（44）やコミュニティ・プロジェクト（45）の連鎖を提唱する。「各店舗を小さくコンパクトにし、入りやすくすべきである」とする。彼は、不在オーナーが運営する大型店より個人店舗（87）が望ましいと考える。店舗は、金のためだけでなく「生き方と同じように運営」すべきである。

- オープン・スペース。人がぶらぶらと集まってくる中心地点に、小さなパブリック・スペース、すなわち公共的屋外ルーム（69）の設置を推奨する。店舗その他の公共建物で公共的オープン・スペースを囲むこと、つまり建物前庭（122）、建物端部（160）を活用し、また建物や公共スペースを街路に開くことで、街路への開放（165）を図る。

- 道路と駐車場。ループ状地区内道路（49）の設置を勧める。それは、「自動車50台以下とする。30戸分のループ道路なら戸当たり1.5台分、50戸のループ道路なら戸当たり1台分、戸当たり0.5台でよければ100戸分となる」。クルドサックが良いとは考えない。「クルドサックは社会的側面から見て非常に悪い。入口が1つしかなく、相互干渉を強い、閉塞感を感じさせる」（p.252）。また「固いアスファルト舗装面が多すぎる」と考え、芝生が生える表層仕上げや砂利敷きの「緑の通り」（51）が好ましいとする。緑の通りには道脇の駐車スペース、あるいは5～7台ほど駐車できる小規模駐車スペース（103）と車のアプローチ路（113）が設けられる。またサイクリングを積極的に支持し、自転車路と駐輪ラック（56）を設けることも推奨する。

- 自分自身の家（79）。アレグザンダーは自分自身の家を持つよう助言する。「自分のものでない家では、人々は真に快適にも健康的にもなれない。どのような賃貸も、それが個人家主のものであれ公的機関のものであれ、安定して心の和むコミュニティが自然に生まれる妨げとなる」。平等なパートナーシップと入居者管理がすべての基本であり、持続性のあるコミュニティ形成にとって大切である。

- ティーン・エイジ社会（84）。ティーンズ社会に対するコメントは、現在の若者の犯罪問題と大きく関連する。ティーンズは、子供から大人へと通過する時期である。伝統的社会では、この変化の心理的要求に合わせて通過儀礼が行われる。この儀式は現代社会では存在しないが、ティーンズ社会（今では8～18

歳以上）について計画することは、中心的要素となっており、単にコミュニティ計画の添え物ではない。それには、ユースクラブや学童クラブ活動、そして若者が反応するあらゆることが含まれる（そのための費用は犯罪と破壊の費用節減で埋め合わされると考えられる）。

- **商店方式の学校**(85)。社会的な機能、スポーツやゲームの機会、図書館などの役割をもつ新しいタイプの学校が必要だとアレグザンダーは確信している。学校がこの役割を果たすためには、教育サービスを超えてコミュニティの利便に合わせる必要があり、学校敷地内に塀やフェンスを巡らせ、放課後に人を寄せ付けないようにするのでなく、物理的にコミュニティと結合するようにしなければならない。

アパートを建設する場合は、各戸で野菜が育てられる庭やテラスをもち、そこで各世帯の希望に合わせて自分たちの家を建て、あるいは改築、増築できるようにすることが望ましいとする。それはアパートの設計計画に対する特別な挑戦である。フレキシブルで、可変性を有する形態が可能となる。日本のオープンビルディング建築方式*2 はそのようになっている（p.79 図 3.6）。地面から離れて生活する代償として、アパートの日当たりの良い側に大型バルコニーやサンルームをつくることもある（図 2.18、p.91 図 3.24 および p.99 図 3.34～3.36）。費用はかかるが、高密度居住の持続性を高めるための対価なのである。

*2 （訳注）SI住宅のことを指している。建物のスケルトン(Skelton：柱・梁・床等の構造躯体)とインフィル (Infil：住戸内の内装・設備等)とを分離した工法による共同住宅

[ヘルシンキのピック・フオパラーチ地区]

クリストファー・アレグザンダーが構築したきめ細かな原則に合致するモデル的コミュニティを見いだすことは難しいが、ヘルシンキのピック・フオパラーチは他の計画に比べこの原則に非常に近いものになっている。この住宅地は2000年に完成し、ヘルシンキ中心から約2マイル（3.2km）東の位置にある。ここには、さまざまな形式が混在し8,500人が居住している。この敷地は、以前は条件が悪く開発されずに残っていた。地区は森林地帯に位置し、地区内オープン・スペースに接して大きな湖がある。そこが地区公園となっており、住宅から眺めることができる（図2.16）。

湖の端に、町の中心広場が設けられ、店舗、カフェ、銀行、工房、その他のコミュニティ施設など魅力的なセンターが形成されている（図2.17）。近くに小学校もある。また中心地区は、ヘルシンキ都心に通じる新しい路面軌道システムの終点になっている。建物高さ

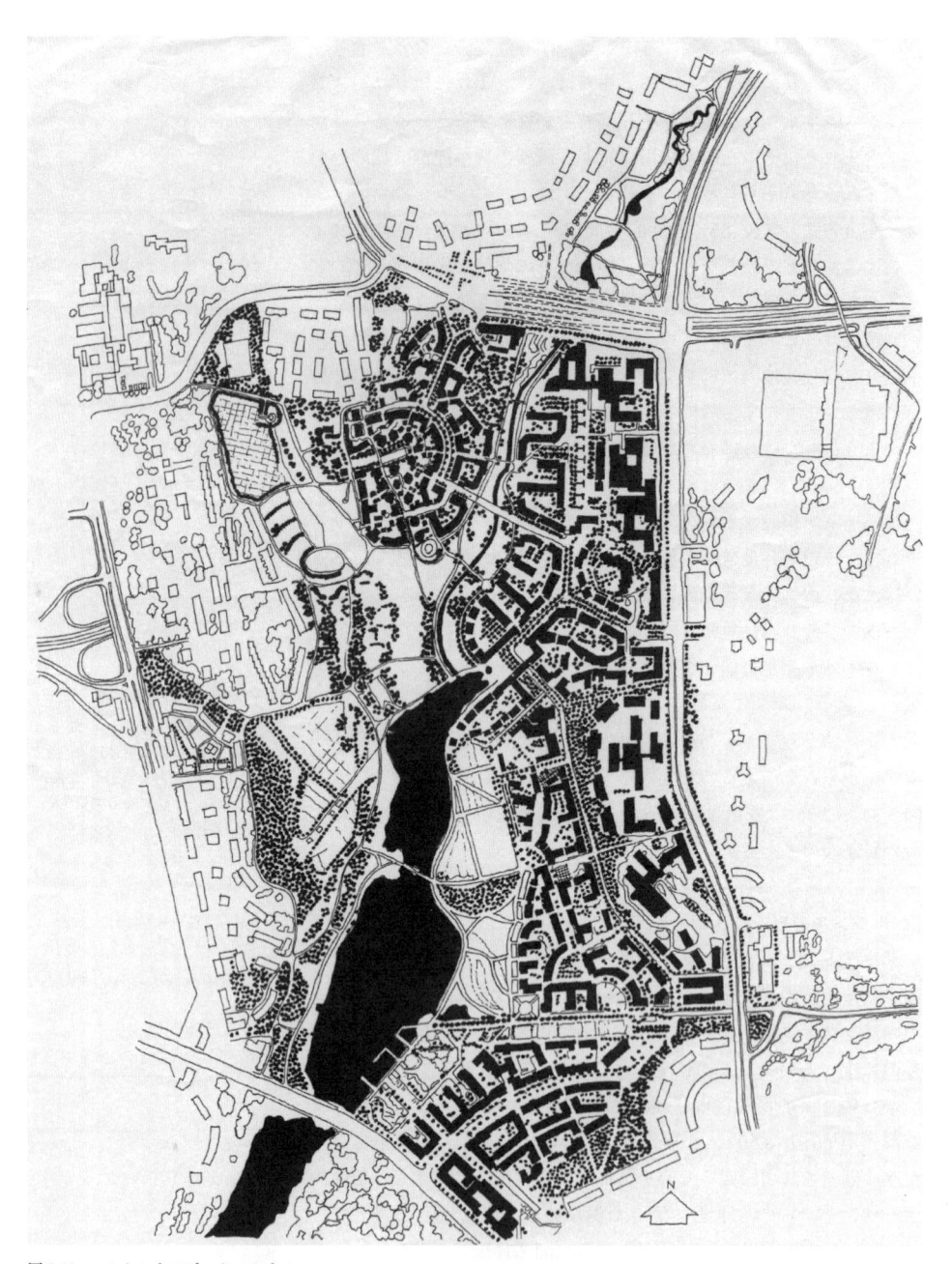

図 2.16 ヘルシンキのピック・フオパラーチにおけるサステイナブル・コミュニティ　建築家：カリーリ・ピーミエ、マーク・ラス、エルキ・カントラ

図2.17 ピック・フオパラーチ：町の中心地区は、高密度の混合開発

は、高い建物は敷地境界側と開発地区中央部に立地させるという、景観形成に合わせるようになっている。「団地」イメージを避けるため、住棟形態に十分な多様性をもたせている。ピック・フオパラーチはヘルシンキの小さな分流河口にあることをアイデンティティとする。地区の中心近くに、ピラミッド状の住棟（アレグザンダーの「丘状住宅」と同趣旨のもの）があり、12階の高さでランドマークを形成し、住宅地のどこからでも、また住宅地の外からも見える（図2.18）。

　フィンランドでは、住宅投資が社会経済的理由から重要であると考えられている。国民経済にとって健全な住宅産業はとても大切であり、政府補助金は高い設計計画水準の達成に必要であるとして受け入れられてきた。とくに投資が、持続的なコミュニティの形成を確実なものにするが、それは本書の5章で扱う主要テーマである。

## ビル・ヒリア：スペース・シンタックス理論（空間必然性理論）*3

　英国では、スペース・シンタックス・チームが、都市デザインによる都市エリア再生の新技法を先導した。この技法は、とくに人々が場所を利用するときのやり方と、場所そのもののデザインとの間

＊3　（訳注）Space Syntax Theory：UCLのビル・ヒリア教授らが開発した手法で、建築デザインや都市デザインが、どれほど組織やコミュニティに対し社会経済の力を出せるのかよく理解できるように、また役立つように開発した。近代主義の住宅団地で、領域のスパシアル・デザインや人が使う場合の関係性が崩れている点の問題などを明らかにしている

第2章　防犯デザイン理論の開発　67

図2.18 ビック・フオバラーチ。丘状住宅は開発の中心地点にある

に具体的結合をつくりだすことに焦点を当てている。ロンドン・ユニバーシティ・カレッジ（UCL）のビル・ヒリア教授は、豊富な著作や論文その他の刊行物に成果を発表して以来、1984年からこの概念を発展させてきた。

空間統合は、人の行動と空間利用との関係について社会学的視点から説明する方法である。そこでは我々の日常生活の領域にまで拡大して、空間を分析することができると断言している。建築体験におけるより重要な要素は、視覚的特性ではなく空間のシークエンス（繰り返し性）であり、たとえば空間のシークエンスが歩行者の動き、経済的活力や安全性のパターンにどう影響するのか、ということになる。またこの技法は、デザイン効果も一緒に測定できるため、設計計画をよく知らしめたり、それを意図的に検証することが可能となる。

そのプロセスは、技術的にはコンピュータを使って行われ、空間ネットワーク、歩行者速度、土地利用、犯罪パターンなどのさまざ

まな要素を図で表現する。
　通常、3つの手法として活用される。
- 分析に向けて、都市の文脈を十分に理解し、再生の機会を明確にする。
- 設計計画に向けて、新提案が、新しい文脈の中の潜在ポテンシャルに対応できることを確認する。
- コンサルテーションに向けて、提案の背景となる根拠を説明しその意味を論じる。そしてこの過程で出てくる新しいアイデアを検証する。

　ヒリアは、さまざまな住居形態を調査し、それぞれに特徴的な性格を発見した。1900年以前の住宅地は住棟に面する中庭をもち、私的スペースと公共的スペースとが明確に区分されていた。住宅地の街路はグリッド状で、アクセスしやすく計画されており、年齢階層の交ざりあうコミュニティであった。それに対して、とくに1950年以降の公共住宅は、他の原則、とりわけ外観、日照方位、オープン・プランニング、歩行者と車の分離（歩車分離）などの考えに基づいて計画され、その結果公共的スペースと私的スペースの間に境界をつくることになった。

　歩行者路ネットワークは複雑で迷路のようなこともある。歩行者と車を分離したレイアウトが、むしろ歩行者ネットワークを悪くしてしまった。歩車分離や空間分離が、子供と大人との結び付きを弱め、子供たちは大人の監視のない隔離されたエリアで遊ぶようになった。この分離が強くなると、住宅地は人があまり歩かない状況となる。その結果、高齢者は若者の集団に出遭うと脅かされるのではないかと犯罪への強い恐怖を感じるようになる。このようにして、カムデンのメイドゥン・レーンとイズリントンのマーキス・ロード団地（図1.10）など特徴ある設計計画で評価された多くの住宅団地が、生活するのに最も望ましくない場所となった（Davis, 1988, p.74-78）。

　そのような住宅団地のコンピュータによるモデルで、ヒリアが示したのは次のことである。
- 犯罪は静かでよそとのつながりの弱い場所で最も起きやすい。犯罪発生率の高い場所の多くは隔絶され、厳密にゾーン区分されたところである。とくに、プライベートとパブリックの空間区分が不明瞭で、街路の状況に自然の見まもりが少ないところがそうであり、団地の形態と人の動き、それにこうした場所の利用によって、犯罪の機会を増大させている。

- 大人の歩行者の通行パターンは、歩行者がよく通る使いやすい街路との、空間的つながりの程度と直接的に関連している。
- 子供たちは、団地内で大人がいつも避けるアクセスしにくいところを探検しがちだが、これはそのような状況を生む都市空間の縮図である。
- 実際の犯罪パターンと反社会的行為との間に相関があるように、地区外周面に住宅がないことと歩行者が恐怖心を抱くことの間には、直接的な相関がある。

　1つの主要な結論は、明確で無駄のない移動パターンそれ自体が、犯罪制御の最も効果的な方法の1つである、ということである。ヒリアの研究は、「通り抜けの良さ（permeability）」[*4] という概念の開発に強い影響を与えた。

[*4] p.57、*1参照

図 3.1 ミクスド・ユースで、高密度の住宅団地が、ケルンのセントマーチン教会の近くに、佇まいをつくり出している。建築家：ジョアシム・シューマン

# 第3章：
# 都市のプランニングとデザイン

**近隣地区のプランニングとデザイン**
　「都市が成功するかどうかは、人々の生活を構成する物的な範囲である近隣地区が成功するかどうかにかかっている……近隣地区には、家とその間近な環境、店舗や学校といったサービス、私たちが誰でどのように振る舞うべきかを強く示す環境、という相互に関連した3つの側面がある。近隣地区には、そこが貧しく、荒廃し、人気がなくなったときでさえ、未知の恐怖を打ち返す親しみやすさや安全感があるが……もし、こうした要素が乱れると、安全は崩れ、近隣地区は崩壊する」（Power, 2000, pp.46-51）

　第3章では、公共事業の発注チームの全員が理解しなければならない近隣地区のプランニングとデザインの原則について概説する。防犯設計アドバイザーは、この原則を設計計画の過程に役立つ文脈として活用することができる。
　計画・設計の過程では、次のような数々の作業が伴う。
- 敷地分析と犯罪パターン分析を含む、優れた概要書の準備
- スパシアル・デザイン *1
- スパシアル・デザインのなかに自動車と歩行者の動線を一体化する

［概要書］
　概要書は最も大切な書類で、この段階から、環境デザインによる防犯が始まるといってよい。概要書は以下に基づくものでなくてはならない。
- 現地の自然環境と物理的特性の評価
- ユーザーとその要求についての分析
- ユーザーの要求と現地特性との関係

　物理的特性とユーザーの要求の相互関係が、このプロセスの鍵であり、解決策としての多くの設計計画案の立案を可能とする。そし

\*1　（訳注）場所性の概念を含む空間デザインのこと

てそれらの案は、社会（犯罪の可能性を含む）、自然、環境、視覚的な目的に照らし合わせて検証ができる。このように考えると、配置計画はもはや主観的判断だけによるものでなく、道筋をたどって理解することができる道理にかなったプロセスとなる。概要書はおのずと妥協を必要とし（犯罪予防に関する面を含む）、そうした妥協は極力この段階で行っておくことが最善の解決策となる。

[敷地調査と分析]

一般的な敷地調査の項目を以下に示す。

- 物理的な特徴、高低差、敷地全体の状況、地質学的情報、土地の形状そして生態系。現存する樹木やその他の植物の位置
- 敷地が、どのように地域の近隣地区や地域の都市計画方針と関係しているか
- 敷地内外の道路の位置付け、交通密度、既存サービス（公共事業、施設）、交通騒音、周囲の建物
- おもな歩行者の動線、とくに店舗、学校、バス停、遊び場、オープンスペース、あるいは他のコミュニティ施設への動線。こうした情報はとくに設計による犯罪予防（防犯設計）に関係する可能性がある
- 敷地から周辺を見渡した場合の視界と合わせて、周囲の街路、建物、あるいは他の場所から現地を見た場合の視界
- 都市部にあっては、開発が行われる「都市の木目」*2 とでもいえるようなもの。これは都市形成の初期から現在までの建物の配置の変遷を記した古い地図を調査することで得られる
- 都市デザインの分析。既存建物の高さ、ランドマークとなる建物や重要な景観特性、ドアや窓のパターン、建物の詳細部など、地域の建築的特性の分析
- 素材の分析。建物の壁や屋根、街路や歩道、外壁やフェンスなどに使用されている素材の範囲を示す写真や図面による分析
- 開発が行われる広い意味でのコミュニティでの期待と不安

[犯罪パターンの分析]

まず、地域の犯罪行為を分析し、設計に必要な情報を提供するため、犯罪パターンの分析を始めなくてはならない。それは、設計計画に盛り込むリスク・レベルを特定するのに役立つ。周辺地区の犯罪の実態を分析し、犯罪のタイプがどのようなもので、いつ事件が発生し、犠牲者が誰だったのか特定しなければならない。敷地が既

*2 （訳注）Urban grain：grain は粒子、織り目、木目

成市街地の中でない場合は、似通った先例を探すことが望ましい。環境の現状を調べるには、記録されている犯罪統計の参照、サーベイ（調査）、安全監査の実施、地域住民の他、商店主など地域を訪れ利用する人たちへのインタビューや意見聴取といった方法が利用できる。

　地域を詳細に調べることができたら、犯罪発生の可能性と犯罪への不安を慎重に検討しなくてはならない。その検討に有効なのが、エセックス警察（p.205）が採用し、欧州規格（p.213）に提案された「何が、もし」の手法を適用することである。特別な配慮が必要な地域は、不安が生じる特性（若者のギャングなど）あるいは管理不足、見通しの悪さ、方角の悪さなどで、特徴付けられる。次の段階は、どんな行動が必要かの決定である。

　グレーター・ロンドン・コンサルタンツのジョン・パーカー博士は、以下について確認することを勧めている。

- 歩行空間と歩行ルートは自然な見まもりが行き届くようになっているか？
- 多くのティーンエイジャーを引き付ける場所があるか？
- 空間の公有・私有の明確な区分があるか？
- 夜間の屋外照明は適切か？
- 公共的スペースは昼夜を通して人通りが多いか？
- よい公共交通サービスはあるか？
- 満足できるレベルの保守・清掃基準が明確になっているか？

　これらのすべての質問に対する回答がイエスであれば、その地域はおそらく安全で安心できるということになる（DOCA Journal, 2001, p.14）。

[ユーザーの要求]
　英国では、住宅施策による将来入居者のほんのわずかしか、住宅施策の企画はもちろん、購入または賃借用の住宅地の概要書作成に関わらない。住宅会社あるいはデベロッパー、地価と入手可能性、経済的要因、専門コンサルタント、建設技術、中央政府と自治体の政策のすべてが、最終的な入居者たちより住宅地の質に影響を及ぼしてきた。しかし、開発が行われる場所や、住戸形式、内装設計を決定し、また計画主体の同意を得て建物密度や配置形状を決断するのはこの入居者たちなのである。

　似通った場所での似通ったプロジェクトのユーザー調査とフィードバック調査は、概要をきちんと理解する助けとなるが、入居直後

図3.2 アイデンティティのある場所。ブリストル・ドックランズの再生。建築設計事務所：フィールデン・クレッグ

＊3 （訳注）敢えて訳すと「空間計画」となる。地勢的空間と社会的空間の意味合いが合わさった概念で、近年、英国やオランダの地域計画・都市空間デザインの領域で用いられるようになった。場所性（place making）の概念と合わせて用いられることも多い

だけでなく、入居から2～3年経って問題が明確になってからも実施される必要がある。アンケートは活用が限られる。そのおもな問題は、設問の仕方で回答に影響することがあるためである。より良い方策は、将来の居住者を設計計画のプロセスに関わらせることであるが、そのテクニックについては第5章で記述する。

[スパシアル・デザイン（Spatial Design）＊3]

「家とは単に集合住宅や一戸建住宅の建物でなく、居住する場である。街路沿いや中庭を囲む家／住宅を建て、私的空間から公共的空間へのゆるやかな移行を形づくることは、家にいる時の安心感につながる最も大切な要素である」(Bjorklund, 1995, p.19)

家は、個人の日常生活の中心であるが、屋外空間は人が外界と接する場所である。市街地環境でのさまざまな空間への要求は、生活の質（QOL）に直結する。住宅地区の設計計画に際し、従うべき基本的な空間設計の原則は、次の通りである（DETR, 2001）。

- 特徴をもつ。独自のアイデンティティのある場所（図3.1、3.2）

図 3.3 街路、広場および他の公共的空間が私的空間と明確に区別されている。マンチェスターのヒューム

- 連続性と囲み。公共的スペース、私的スペースが明確に区別できる場所（図 3.3）
- 公共的スペースの質。魅力的でうまくつくられた屋外空間のある場所（図 3.4）
- 移動のしやすさ。到達しやすく、通行しやすい場所（図 3.5）
- 場所の構造のわかりやすさ。明確なイメージを持ち、わかりやすい場所（図 3.5）
- 順応性。容易に変更できる空間（図 3.6）
- 多様性。バラエティと選択肢がある空間（図 3.7）

住宅地設計の成功の基本は、明確で、洗練された空間構成である。それは街路、広場、その他のグループ分け、塀、樹木、生垣、目に穏やかな造園設計で形成される。空間は、ユーザーに特別な気持ちをもたせるように意図して設計することも可能で、それがとくにユーザーの犯罪に対する受け止め方に関係する（図 3.8(a)、3.8(b)）。大空間は、人に対し自らの存在を小さく取るに足らないものだと感じさせる場合がある。すなわち「空間に対する畏敬の念」である（Colquhoun and Fauset, 1991, p.240）。高層ビルの谷間の非常

第 3 章 都市のプランニングとデザイン

図3.4 魅力的な構成の屋外空間のある場所。リーズ、ロスウェルのパスチャー・ビュー。建築設計事務所：ヨーク大学デザイン・ユニット（デビッド・ストリックランド）

図3.5 明るいイメージをもつ場所はわかりやすく、歩きやすい。カンブリア州ホワイトヘブンのジョージ・ストリートとクイーン・ストリートの再生。建築設計事務所：バーネット・ウィンスケル

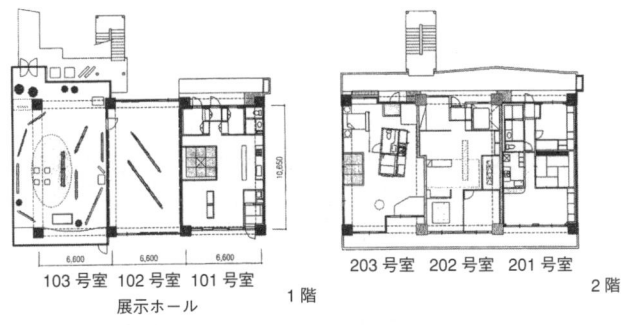

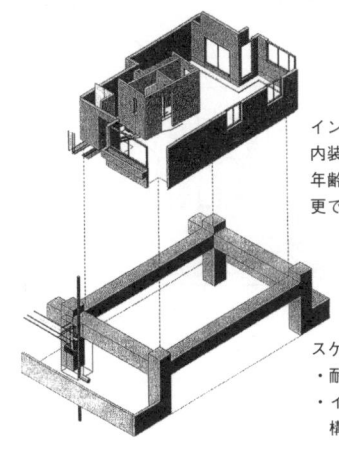

103号室 102号室 101号室　　　　　203号室 202号室 201号室
　　　展示ホール　　　1階　　　　　　　　　　　　　　　2階

インフィル
内装は居住者のライフスタイルや年齢の変化に応じた要請により変更できる

スケルトン（サポート）
・耐用年数100年以上
・インフィルの変更を可能にする構造

図3.6　容易に変更できる空間。フレームとインフィルの建設による日本の「オープン・ビルディング」は利用に融通性をもたらす（日本・都市基盤整備公団提供）

図3.7　Bo01住宅：スウェーデン、マルメ、多様性と選択肢のある場所

第3章　都市のプランニングとデザイン　79

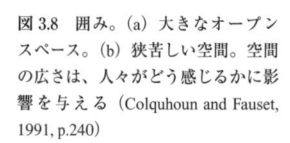

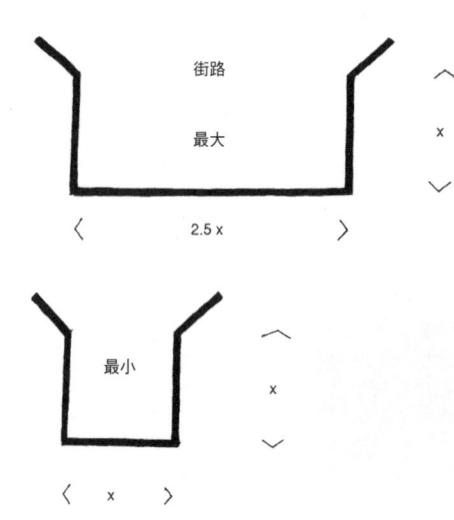

図3.8 囲み。(a) 大きなオープンスペース。(b) 狭苦しい空間。空間の広さは、人々がどう感じるかに影響を与える（Colquhoun and Fauset, 1991, p.240）

図3.9 大きさとプロポーション。空間の幅の建物高さに対する比率（Colquhoun and Fauset 1991, p.242）

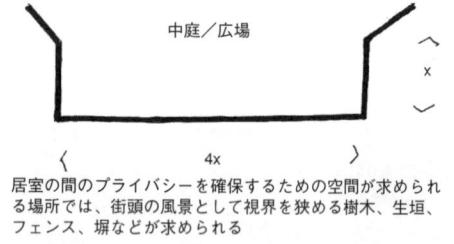

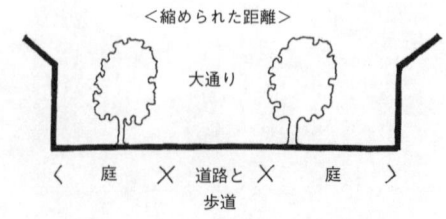

街路
最大
2.5 x

最小
x

中庭／広場
4x

居室の間のプライバシーを確保するための空間が求められる場所では、街頭の風景として視界を狭める樹木、生垣、フェンス、塀などが求められる

＜縮められた距離＞
大通り
庭　×　道路と歩道　×　庭
＜居室の間のプライバシーを確保するために必要な距離＞

に狭い空間はほぼ完全に陰になってしまい、危険だと感じられることがある。「狭苦しい」空間は、間近に開放された空間がある場合のみ計画されるべきである。あまりに多くの大空間が続くと、匿名性の感覚を引き起こし、暴力を誘発する「無人地帯」へと化してしまうことになる。一方、はっきりと特定の住戸グループに属する、小さく限られた空間は、居住者の所有意識を促す。こうした空間は、親近感や保護、安心感を生み、人のスケールに合った空間が住宅地設計では大変好結果を生んでいる。配置構成にもよるが、通常は、人々が互いに関わりあえる住戸の数は最大で 12 〜 15 戸と考えられている。

**スケールとプロポーション**

　これは、住宅地設計の中で、最も骨の折れる部分である。多くの設計ガイドは、建物高さに応じた適切な隣棟間隔を規定している。一般に、街路でうまく囲むには、1 対 1 から 1 対 2.5 の間の比率にする必要があるといわれている（Colquhoun and Fauset, 1991a, p.242）。広場の場合、推奨される比率は、およそ 1 対 4 である（図 3.9）。かつての住宅地よりも階数が少ない現代の住宅地でこれらの比率を達成するのは非常に難しい。隣棟間隔を最小にした計画の場合、住宅同士が遠く離れすぎて、街路も広すぎるように感じられる。駐車場を備える必要がある場合は、往々にしてより不釣り合いに感じられる。しかし、住宅と街路沿いの窓を慎重に配置し、長期と短期で駐車場所を分けることで距離は縮められる。ドーセット州パウンドベリー（p.118 図 3.54）はこの点でとくに成功している。

　空間がどの程度閉ざされたかどうかは、その場所からの視界がどの程度抑えられているかによる。空間は回廊や中庭の形（図 3.10）が最も完全なものであり、一方、建物が広い間隔で建ち、それらが相互にフォーマルさをまったく欠いた空間を形成する場合に最も不完全となる。強い囲みの感覚をつくることには際立ったメリットがあり、住戸群に独自性とプライバシーの感覚をもたらす。均一性と単調さを避けるのに多様な空間は欠かせない（図 3.11 〜 3.13）。

**移動動線**

　ごく小規模なものを除くあらゆる計画には、空間の佇まい*4と自動車や歩行者との通行ニーズのバランスをとることが求められる。その場合、空間は建物と道路との関係から形づくられる。配置がフォーマルであってもそうでなくとも、建物は、道の方向の変化を強調するように、あるいは視界を遮るよう配置することができる。

\*4　（訳注）sense of place：地霊（ラテン語のゲニウス・ロキ）とも訳されるが日本語の「たたずまい」とか「空間の佇まい」と訳すと理解しやすい。place making の place は、この sense of place の place であるとされる

図3.10 回廊型の住宅。ヨークのナンソープ・アヴェニュー。建築設計事務所：ヨーク大学デザイン・ユニット（ライオネル・カーチス）

ゴードン・カレンは『都市の景観』（邦訳は北原国雄訳、鹿島出版会、1975）という著書のなかで、このプロセスを「関連性の芸術」と表現した。「ここでいう都市の景観とは、飾りでも、スタイルでも、丸石で空っぽの空間を埋めるための道具でもない。それは、住宅地、樹木、道路といった素材を使い、生き生きとした魅力ある環境を生み出す芸術である」（Colquhoun and Fauset, 1991a, p.242）。

### 構成

住宅地、オープンスペース、その他の土地利用計画は、新しい住宅地を周辺の近隣地区、あるいは現地の自然特性によく溶け込ませなくてはならない（DTLR/CABE, 2001, p.40-41）。住宅地は、街路に面した住宅と裏側の囲まれた裏庭で構成される単純な街区として計画されなければならない。近隣地区を豊かにする、多様な規模と形態の街区がなくてはならない。視覚的な質の高さは、配置形態からでなく、さまざまな活動の複合によって、また、建物と造園と各要素の組み合わせの細部に至る質から生まれる。角敷地の優れた建築物（図3.14、3.15）は、ランドマークをつくる上で重要となる。道路から家までのセットバックは、地域の設計事情に応じて、ゼロ

図 3.11　図 3.12 の小さな、引き締まった空間と対照をなす広い中庭。ビヴァリーのセント・アンドリュー・ストリート。建築設計事務所：デヴィッド・クリース・アンド・パートナーズ（デヴィッド・ストリックランド）

図 3.12　ビヴァリー、セント・アンドリュー・ストリートのラーク・レーン

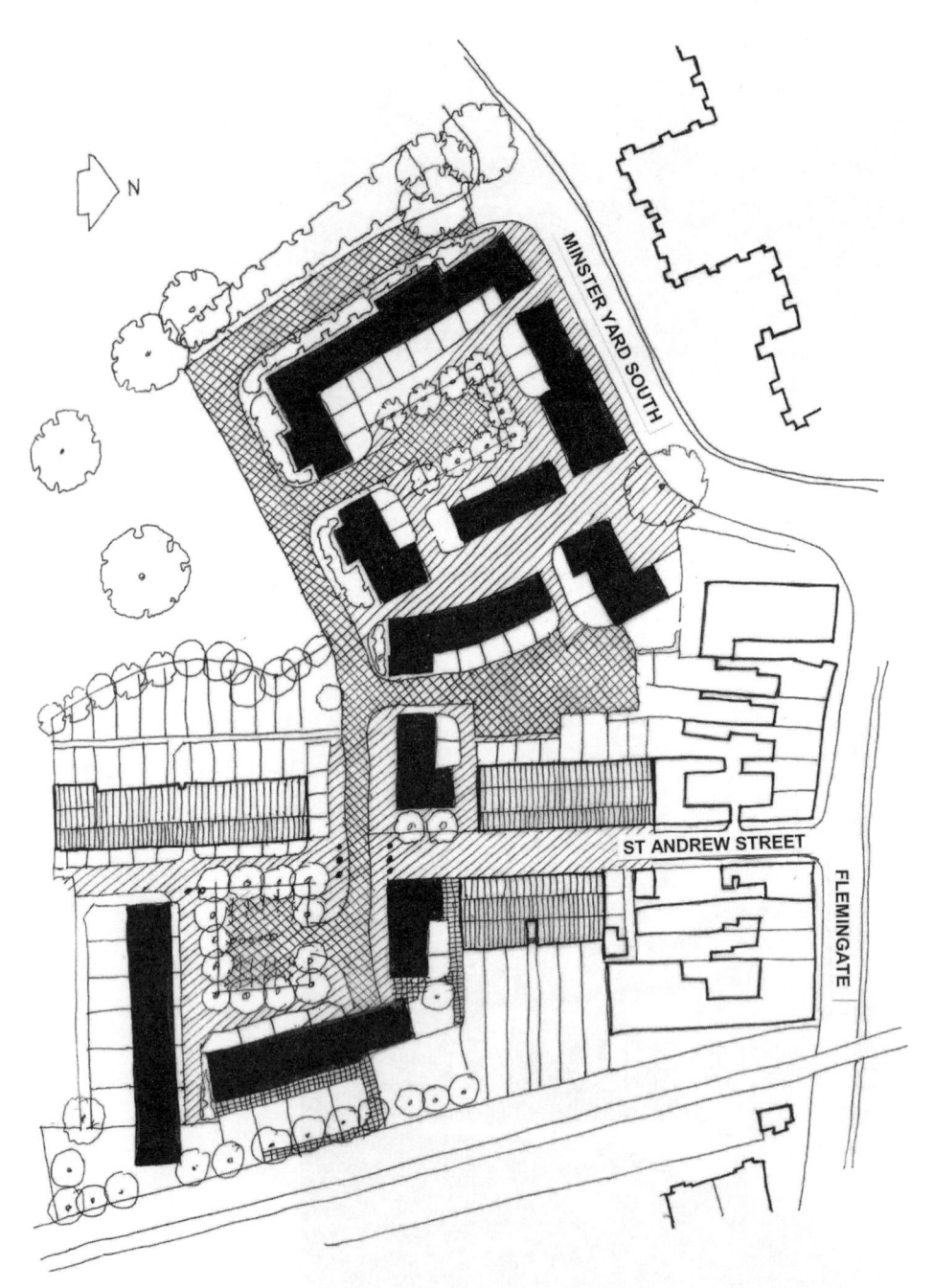

図3.13 ビヴァリーのセント・アンドリュー・ストリート。敷地の配置構成

図 3.14 ランドマークとなっている角地の建物。マンチェスターのヒューム。建築設計事務所：ノース・ブリティッシュ・ハウジング・アソシエーション

図 3.15 民間住宅地の優れた角地の設計。サフォーク州イプスウィッチ近くのマートレシャム・ヴィレッジ。建築設計事務所：フィールデン＆モーソン

（図 3.54 パウンドベリーのように）から 3 ～ 5 メートル、あるいはそれ以上とさまざまに変化させられる。前庭が必要か否か、その広さや、まもりやすい空間をつくる必要性があるかなどは地域事情に応じて決定すべきである。

### 方位

　主要室に十分な採光と日照を得ることでとりわけ良好な質が得られるが、南面の庭に沿ってすべての住戸を平行に配置すると、住戸の正面と裏の関連性を弱め、道路への自然な見まもりの目が行き届かなくなる。したがって、方位と他の配置条件のバランスを慎重にとることが大切である。

### 配置設計

　余剰地を残すことを避け、明確に公共的スペースと私的スペースをつくり分けるためには、建物群をはっきりグループ分けすることが大切である。街路面がとぎれるのを最小限にするため、住戸と塀、フェンスをリンクさせることが望ましい。死角をなくすために、建物正面側の突出に一定の制限を加えるとともに建物をセットバックさせ、建築線を揃えることが望ましい。主要室の窓や正面玄関は、さりげなく公共的スペースを見渡すことができる限り可能になるように配置すべきであり、正面玄関は街路からはっきりと見えるようにすべきである。公共的スペースや、被害を受けやすい私的スペースに面する場所に、窓のない妻面や建物正面を設けるべきではない。駐車場、境界塀、フェンスが公共的スペースを見渡す妨げになってはならない。

### 住宅地へのエントランス

　開発地区や街路、中庭へのシンボル・ゲート設置は、定評のある設計の原則である。門の向こう側の空間が必ずしも公共的スペースでなく、そこに住む人たちのものだという印象を与える。入口らしい雰囲気は、舗装面の仕上げの違いや、入口を示す特徴を与えることにより創出することができる（図 3.16 ～ 3.20）。

### 塀とフェンス

　一般に、防犯性を踏まえた都市デザインについての情報では、開放的なファサード構成がとても好ましく、危険性の低いエリアでも、前庭に塀とフェンスを設置するのが必須だと助言されている。個別の計画ごとに、個々の利点を考慮すべきである。しかし、一般に、

図 3.16 開発地の名を記したエントランス「ゲート」。オーストラリア、シドニーのウールームールー。建築設計事務所：アレン・ジャック＆コティア、フィリップ・コックス＆パートナーズ

図 3.17 どっしりしたレンガの門柱で特徴づけられた入口。ダルストン・レーンのドイツ病院。設計事務所：ハント・トンプソン・アソシエイツ

図 3.18 高齢者のための民間シェルタード・ハウジング（保護住宅）への入口にある「ゲート」。ノース・タインサイド大都市圏区モンクシートン、ノーザンバーランド・ヴィレッジ。設計事務所：ジェイン・ダービシャー＆デヴィッド・ケンドール株式会社

私的な裏庭回りには適切な目隠しが必要となる。

塀、フェンス、生垣などのためのガイドラインとして、以下が推奨される。

- 通常、公共的スペースに面する庭は、裏庭を囲うための高いレンガ塀（最低1.8メートル）か、隙間のない板塀の設置が必要となる。塀や隙間のない板塀の硬い印象を和らげるため、トレリス*5 を上に載せることが考えられる。
- 窓近くの表側の境界塀は、人がその上に座るのを思いとどまらせるよう設計しなければならない。煉瓦塀の場合、頂部に適当な形の笠石を置くか、快適に座れる高さでなくする、腰壁の上にフェンスを載せる、などの方法が考えられる（図3.22）。
- プライバシーはさほど重要でないが、セミパブリック（半公共的）もしくはセミプライベート（半私的）のスペースを区分する必要があるところでは、簡単な腰壁やフェンス、生垣で十分かもしれない。生垣は、容易に管理できて成長が早い樹種にすべきである。生垣が十分成長するまで、仮のフェンスで柵をつくる必要があるかもしれない（図3.28）。

図3.21～3.31は、最小限の処理からより安全性を考慮したものまで、さまざまな選択肢を示す。

### 密度、形態、所有方式

英国で、近年高密度が求められるようになったのは、建築家リチャード・ロジャース卿が座長を務めたアーバン・タスク・フォースが発行した報告書"Towards an Urban Renaissance（都市再生に向けて), 1999"の所産である（Urban Task Force, 1999）。新規住宅の需要と、緑地から宅地への転換を避けようとするプレッシャーの双方があるロンドンとイングランド南東部においては、密度に関する議論を避けて通れない。同南東部の市場は、他のどこより高密度開発の受け入れに柔軟である。ロンドンの典型的住宅地の密度は以下の通りである。

- アウター・ロンドン*6 の郊外——1ヘクタール当たり30戸（1エーカー当たり12戸）
- インナー・ロンドン*7 でのハウジング・アソシエーションの計画——1ヘクタール当たり70戸（1エーカー当たり30戸）
- イズリントン区のビクトリア・ストリート——1ヘクタール当たり100戸（1エーカー当たり40戸）
- ケンジントン・アンド・チェルシー区の街路沿い——1ヘクタール当たり200戸（1エーカー当たり80戸）（PRP Architects,

\*5（訳注）植物をからませるための格子

\*6（訳注）ロンドン中心部を囲む周辺20区

\*7（訳注）ロンドン中心部の12区を指す

図 3.19 簡単な材木のアーチとフェンスにより特徴付けられたエントランス。スウェーデン、イェーテボリ

図 3.20 日本の集合住宅の象徴的なエントランス。東京、木場三好住宅

図 3.21 塀とフェンスの優れた組み合わせ。専用庭の脇を目隠しする高い塀と、正面の空間を守る軽やかなイメージのフェンス。オーストラリア、シドニーのウールームールー。建築設計事務所：アレン・ジャック＆コティア

図 3.22 人が座らないように設計されたフェンスとゲート付きの正面の塀。ノース・ハル・ハウジング・アクション・トラスト。建築設計事務所：ハル市役所建築課

図 3.23 煉瓦造の門柱上のライオンがニューヨーク東部の住宅開発地の正面駐車場と庭園を守る

図 3.24 優れた自然の見まもりがあれば、将来の攻撃のリスクへの備えとしては簡単な支柱とワイヤだけで十分であろう。スウェーデン、マルメの居住者参加型の住宅。建築設計事務所：イーヴォ・ウォルドール

第3章 都市のプランニングとデザイン

図 3.25 金属製フェンスが、オーストラリア、シドニーの住宅を際立たせ、しっかりまもる

図 3.26 正面のステップと小さい前庭、上部のバルコニーが活気ある街の生活を演出する。オーストラリア、シドニーのウォータールー。建築設計事務所：ピーター・マイアーズ

図3.27 維持管理が十分であれば、木のフェンスで囲うと魅力的になる。オーストラリア、シドニーのアーリー・コロニアル風住宅

2002, p.13)。

　密度についての英国政府の方針は、計画政策ガイダンス・ノートNo.3「住宅地」(PPG3)で公表されている。このガイダンスは、住宅地開発は1エーカー当たり12戸以上（1ヘクタール当たり30戸以上）とすべきとしている。併せて、あらゆる都市部で20戸以上（50戸）、それ以外の地域では16戸(40戸)が好ましい密度とする。公共交通機関に至近の場所では、さらに高い密度とすることが推奨される。高密度で住宅地を設計する要求は、計画がより複雑で、デベロッパーが長期的に建築家を雇用することを意味する。それは、単に価格でなく、むしろ設計のよさで選ばれる開発地をつくることとなり、都市プランナーの影響力を強める。

第3章　都市のプランニングとデザイン　93

図3.28 生垣の植込みで囲われた庭が、塀やフェンスより落ち着いた情緒をつくりだす。ヨーク、ヘズリントンのホルメフィールド。建築設計事務所：ヨーク大学デザイン・ユニット（ジョン・マクニール）

図3.29 ウェルウィン・ガーデンシティのこのような住宅の前庭では、支柱とチェーンのフェンスでも十分な防御になっている

図3.30 ドーセット州パウンドベリーの街路の眺め。住宅（地）と舗装路との接点を和らげる小さく細長い植込みに注目

[密度と犯罪]

　過去の設計の間違いは、多くの国の人たちに、高密度住宅地自体が犯罪、暴力、薬物使用などの原因になるという共通認識と恐怖を与えてしまったが、これについては一度も検証されたことはない。ドア・エントリー・システムその他の設計上の工夫により高層住宅が改善され、犯罪に対して安全になった場所は、とても人気の高いことがわかった（p.188 図4.5）。かつて賃貸に出すことが難しかった多くの住宅が、高齢者向けシェルタード・ハウジング[*8]にうまく転換されている。公開市場での販売に成功した中高層住宅もある。犯罪と環境についての著述が多い米国のアル・ゼリンカは、この点に関し、「いかなる研究も、人口あるいは住宅の密度と暴力犯罪発生率との、直接的な因果関係を示していない。ひとたび居住者の収入が考慮に入れられると、密度の影響はまったく意味をなさなくなってしまう」とコメントする（Zelinka, 2002b）。彼はセント・ルイスのプルイット・イゴーなど米国の1960年代、1970年代住宅団地の失敗例に関する研究で、問題が密度より設計・管理と社会経済に関係していることを指摘した。「犯罪発生率は、ロサンゼルス、ヒューストン、デトロイトといった低密度都市のほうが他の都市よ

＊8　（訳注）緊急監視システムと専用キッチンの付いた高齢者向け住宅

第3章　都市のプランニングとデザイン

図3.31　低めで細長い植込みがパブリックスペースと住宅を隔てる。コペンハーゲン市フレデリクスバーグのダグラス・ヘイヴ。建築設計事務所：クリスチャン・トランバーグ

り高い……ニュー・アーバニズム運動（p.140）の模範例に従って高密度住宅を設計する試みは、とりわけうまくいったことが証明されている」。最も大切な彼の見解は、犯罪は、密度より、明らかに収入、教育、都市デザインのレベル、住宅地の管理に関係する、というものである。

　高密度は、街路上でより多くの人の目が生じることも意味する。しかし、全体の設計計画水準が高い場合にのみ、このメリットが有効となる。高密度の住宅地開発に成功するために必須の設計上の要点は次の通りである。

- 優れた交通サービスにアクセスしやすい立地
- 一般に「人気がある」とされている場所
- 豊かな内部空間
- 生活利便のインフラ施設が地区に適切に備わっていること

図3.32 ロンドン、グリーンランド・パサージュの住宅地内にあるテニスコート

- 高水準の維持管理。一般に密度が高くなると、家賃や共益費という形で費用がかさむ
- 十分な収納
- 近隣地区内に子供のための適切な施設があること
- 専用庭のないところには、広々としたバルコニー
- 建物の居住密度レベル（occupancy levels）と子供密度が比較的低いこと
- 優れた安全確保対策
- 高水準の仕上がり

さらに高密度が許容されるのを支えるためには、適切なレベルの公共施設が提供されなくてはならない。こうした施設を考える際には、上位価格帯の民間市場の現状と他国のトレンドのパターンに注目するのが最もよい。レクリエーション空間（図3.32）、体育館、プール、コンシェルジェ・サービスのあるロビー・スペース（図3.33）付きの幅広いサービスがある計画を人々は好む。それらの施設は人々が時間を費やす方法を示しており、高密度居住に必要な付属物となりつつある。もっと小さなレベルでは、バルコニーをガラス張り

第3章 都市のプランニングとデザイン

図 3.33　ニューヨーク東部の低所得層向け住宅の上質なロビー空間。H.E.L.P（Housing Enterprises for the Less Privileged）が建設。建築設計事務所：クーパー・ロビンソン・アンド・パートナーズ

にして温室状にすることで、多くの人たちの高密度居住に対する考え方を変えることができよう（図 3.34、3.35）。さらに、家事やパソコンのための空間が必要である。ティーンエイジャーは、友人を迎えたり、趣味のための空間を必要とする。これには、拡張して使える外部空間がある低密度住宅のほうが、はるかに対応しやすい。社会的パターンの変化や生活水準向上に応じられる、柔軟なニーズへの備えは、設計の初期段階で取り入れる必要がある（図 3.6）。さもないと、設計は急激に時代遅れになってしまう。社会賃貸住宅の部門では、最低限のアフォーダブル住宅の水準を向上させなければならず、高くつく恐れのある生活利便設備は、資金を出してでも提供しなくてはならない。「これが承認されないと、都市は機能しない」（Kaplinski, 2002, p.14）。

デベロッパーのなかには、密度アップが住宅の売れ行きを下げるのではないかと恐れているところもあった。近年の研究（CABE/

図3.34 ガラス張りバルコニーは居住者に非常に高く評価され、高いレベルの監視が可能である。コペンハーゲン

ODPM/Design for Homes, 2003)で、それが事実でないことが判明した。最近完成した開発事業を調査した研究で、純粋に密度を理由に不動産価値が下がるという憶測は根拠がないことが結論づけられた。1ヘクタール当たり30戸（1エーカー当たり12戸）というPPG3の基準を超えて成功した調査対象の全スキームの重要要素は、設計の質の高さであり、明らかにそのことが全体的価値に影響を与えている。

[子供密度]

　密度の最も重要な問題は、開発計画に含まれる子供の数である。住戸配分で高い子供密度を許容している場所や、とくに家族世帯がそのニーズに合わない形式の建物に住む場所では、バンダリズムや反社会的行為の起こる可能性が高い。過去の研究で、6～16歳の子供は、住宅開発地人口の25～30％を上限とすべきだと指摘された（HDD, 1981, p.5)。建物形態や管理水準に柔軟性があることは、それらがともに子供密度による影響を軽減できる可能性をもつため、施策の面からも望ましい。子供が運動場で遊ぶとは限らず、機会があれば、階段、アクセスデッキ、車庫など、どこにでも集まること

図 3.35　囲われた広いバルコニーは屋外の部屋である。スウェーデン、イェーテボリのヘステ

を忘れてはならない。したがって、大家族の住宅をひとまとめに過剰集中させるのは避けることが大切である。

設計計画と賃貸のプロセス（手順）のなかで、子供密度について考えなければならない3つの段階がある。第一に、概要書づくりと設計計画段階では、住宅の規模配分は適切な子供密度となるよう計画しなければならない。第二に、計画許可段階では、この事柄を可能な限りどこでも考慮に入れなければならない。本当の問題は3番目、土地建物を分譲したり賃貸する段階で起きる。ハウジング・アソシエーションであれば、ある程度の制御もできようが、家々の累積効果を考慮せず個別の「一軒一軒」の原則で賃貸されると、問題が容易に積み重なる可能性がある。民間分譲や民間賃貸の場合には、もっと配慮されない恐れがある。エセックスの警察の防犯設計指導官はそうした問題について概説しており、それを第4章で紹介する（p.205）。

[密度と文化]

誰のために住宅地と環境がつくられるのかを理解することが、最も大切である。この観点から、住むことになる人たちの根本的な社会的・文化的相違をよく理解せず、英国ならびに他国のモデルに頼ることに建築家はあまりにも陥りやすい。都市居住のヨーロッパ・モデルは英国のものと大きく異なる。歴史的に見て、ヨーロッパでは集合住宅居住が最も一般的であった。一方、英国では伝統的に、形態はさまざまだが、地上階レベルで各戸にアクセスできる家が標準パターンだった。

図3.36 国内犯罪発生率が英国よりはるかに低い日本では高密度住宅地が一般的である。京都のコーポラティブ住宅、ユーコート

　日本は特別な教訓を示している。日本の都市は英国より、はるかに高い人口密度であるが、国内の犯罪率は、英国よりかなり低い（p.2表1.1）。日本人は密集した住宅地に、軒を接するように住むことに伝統的に慣れ親しんできた。現代の言葉で、それは高密度低層住宅地と、30階を超す「超高層住宅」棟を意味する。連絡通路のある4階建以上の新しい住棟が整然と配置され、開放的に景観設計された環境のなかに建つ。冬場の日照のメリットを最大に得るため、方位は、最も重要な設計上の評価基準である。駐車については、1台の車がもう1台の車の下に入る方式の、2段式の機械式駐車場を設けることが少なくない。周囲は、落書きも、ばらまかれたゴミもない。持ち主が近くの店に行く場合、自転車を柵にチェーンでつなぐ必要はない。国内のレベルで、人々が隣人や、隣人の所有物に敬意を払っているとみられる文化があればこそ、可能なことである。日本人が西洋の影響を受けるにつれ、とりわけ若い世代の間で変化の兆しはある。しかし、日本の都市居住の持続可能性は、新築住宅内とその外部環境の双方で達成できている設計の質の高さと仕上がり水準で、裏付けられてきた（図3.36）。日本人は新築物件を評価するが、これは、英国の15万戸という数字に比べてはるかに多い、毎年100万戸を超える新築住宅があることによるものである。

## 高齢者のハウジング

　特別なニーズのある高齢者その他グループは、たやすく略取されると考えられる。この問題を避けるため、シェルタード・ハウジング（p.95）に住むことを選択する高齢者もいる。第1種シェルタード・ハウジングは1つ以上の半公共的スペース周辺に平屋建か2～3階建集合住宅を配する形で設計される。第2種シェルタード・ハウジングは通常、暖房付き中廊下で住戸群と共用施設群をつなぎあわせ1棟型の建物形態をとる（図3.37）。シェルタード・ハウジングは隔離すべきではない。犯罪予防の観点から、周りの家々から自然な見まもりを受けることが可能になるよう、他の住宅や一般住民に十分近く配置しなければならないということになる。

　少数の戸建住宅で1つの集合体を構成する場合は、外部スペースを塀やフェンス、生垣で囲い、集合体の境界をはっきりさせることが望ましい。ただし、砦のような感覚をつくりだすのは避けなくてはならない。各集合体への入口は1ヵ所とし、プライバシーを象徴的に示すゲートを設け、境界を明示すべきである。個々の住宅に塀やフェンス、ゲートがどの程度必要かは、設計計画の性格による。一般に、公共的スペースに接する場所では必要であろう。高齢者には各戸に設けた小さな裏庭やテラスが喜ばれる。もし高齢者たちが自分の庭の手入れをするのが難しいなら、その庭をいくつかつなげて共同花壇の形をつくり、共同で世話をすべきである。その場合でも、そのスペースが、各住宅集合体の私的領域と感じられるようにしなくてはならない（図3.38）（Town, 2001）。

## 道路と歩行者路

　道路の質は、人々が場所をどう感じるかということに影響を与えるが、全体の質を軽視し、道路が住宅環境を支配してしまうことが多すぎる。英国では近年、次の副首相府の記述に示されるように、新しい見解が浮上してきた。

　　「ほとんどの人が街路沿いの家に住み、街路は都会居住に欠かせない構成単位になっている。街路を改善してゆくことは、単に設計上の問題ではない。街路をよくするということは、もっと幅広く社会的問題を取り扱うことである。個人と社会の連帯感を促すことを通して、より安全な環境を獲得してゆくことである。すなわち、公共空間を社会の所有にし、個人やコミュニティのニーズをまったく考慮しない街路が助長する物理的、文化的孤立の軽減に資することである」（ODPM/CABE, 2002b, p.8）

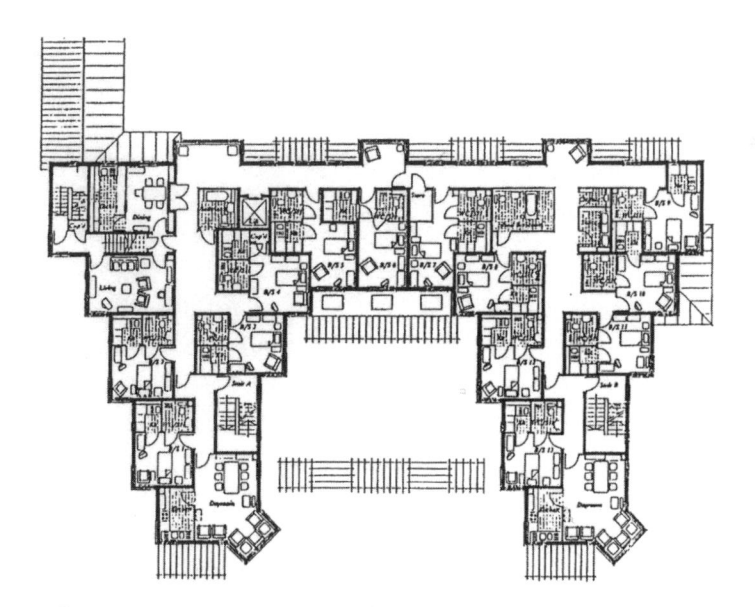

2 階

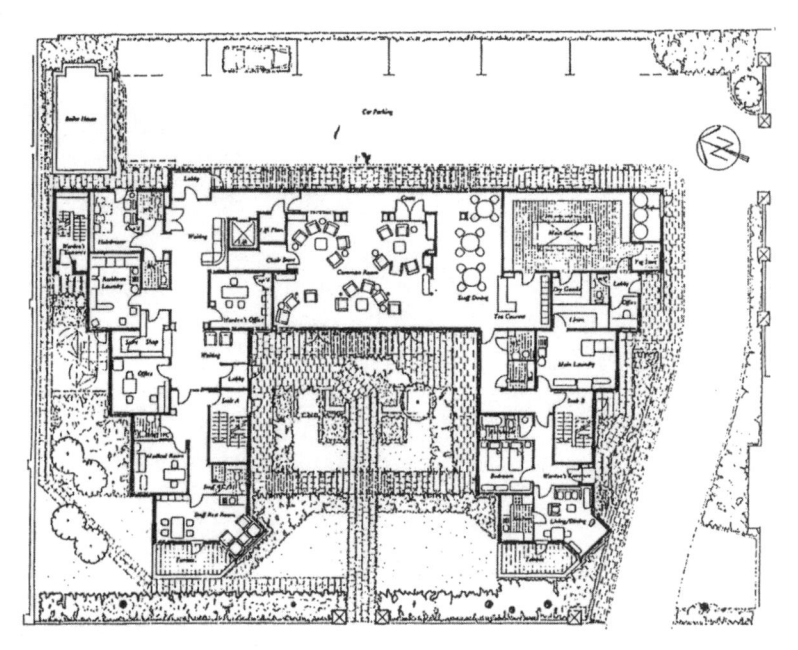

1 階

図 3.37 高齢者向けの第 2 種シェルタード・ハウジングの 1 階・2 階平面図、ロンドン、セント・マークス・ロードのアラン・モーキル・ハウス。建築設計事務所：PRP アーキテクツ

この記述で大切な言葉は、「公共的空間を社会の所有にすること」であり、それをつくりだすことで、住宅地の犯罪削減に劇的な変化をもたらすことができる。

今では、街路の特性が、ドライバーや犯行者の振る舞いに影響するということがわかっている。建物できっちり囲まれた街路の感覚は、広いオープンスペースを通り抜ける街路の感覚と異なる。それを考慮すると、塀や生垣、植込みで道幅を狭めたり、遠くまで見通せないようにするといった方法で、ドライバーが知覚する道路の幅を狭めることにより、交通速度を制御することが可能である（図3.39）。街路に対する理解を変えると、ハンプやシケインを用いるよりずっと効果的に交通速度に影響させることができる（p.128の時速20マイル（32km/h）のゾーン参照）。ハンプやシケインの手法は、配置構成だけでは低速度が達成できない場合のバックアップ手法と考えなくてはならない。それらは街路の使われ方を何も変えないし、街路周辺の住民たちに街路が自分たちのものだという感覚を生み出すこともない。ティム・ギルは、「道路の機能を明らかに変えるためには、速度を時速10マイル（16km/h）以下に落とさせるよう道路特性を変えるなど、もっと厳しい措置が必要だ。いずれにせよ、

図3.38 各戸にテラスを備えた共用の裏庭。ヨーク、Osbaldwick Laneのキャンベル・コート。建築設計事務所：ヨーク大学デザイン・ユニット（テリー・ビーチー）

標準的な交通静穏化対策の目玉であるハンプや鉄柱門は、どうしても優れた街路景観の要素にはならない」と述べている（Gill, 2001, pp.38-39）。

［アクセシビリティと通り抜けの良さ］
　この数年、アクセシビリティと通り抜けの良さ（permeability）を確保するという原則に沿って、住宅地の配置は、クルドサックを主とした形式から通り抜け道路の形へと大きく変わった。

クルドサック
　20世紀への変わり目に、英国のガーデンシティ（田園都市）運動から現れた。ロンドンのハムステッド・ガーデン・サバーブと、ロンドンのおよそ25マイル（40km）北に位置するレッチワースの設計計画にあたり（図3.40、3.41）、建築家バリー・パーカーとレイモンド・アンウィンが用いたのは、当時としてはユニークな街路配置だった。平行の街路が角でつながる従来パターンの代わりに、ここでの街路は、広幅員の通過道路から短く狭い連絡街路によって小さなクルドサックに至る階層構成で整えられた。クルドサックは長さを150メートル未満、幅5メートル未満で建設するため、特別

図3.39　道路と植栽、建物が結び付いて調和のとれた街路景観をつくりだしている。ウォリントン・ニュータウン

第3章　都市のプランニングとデザイン　105

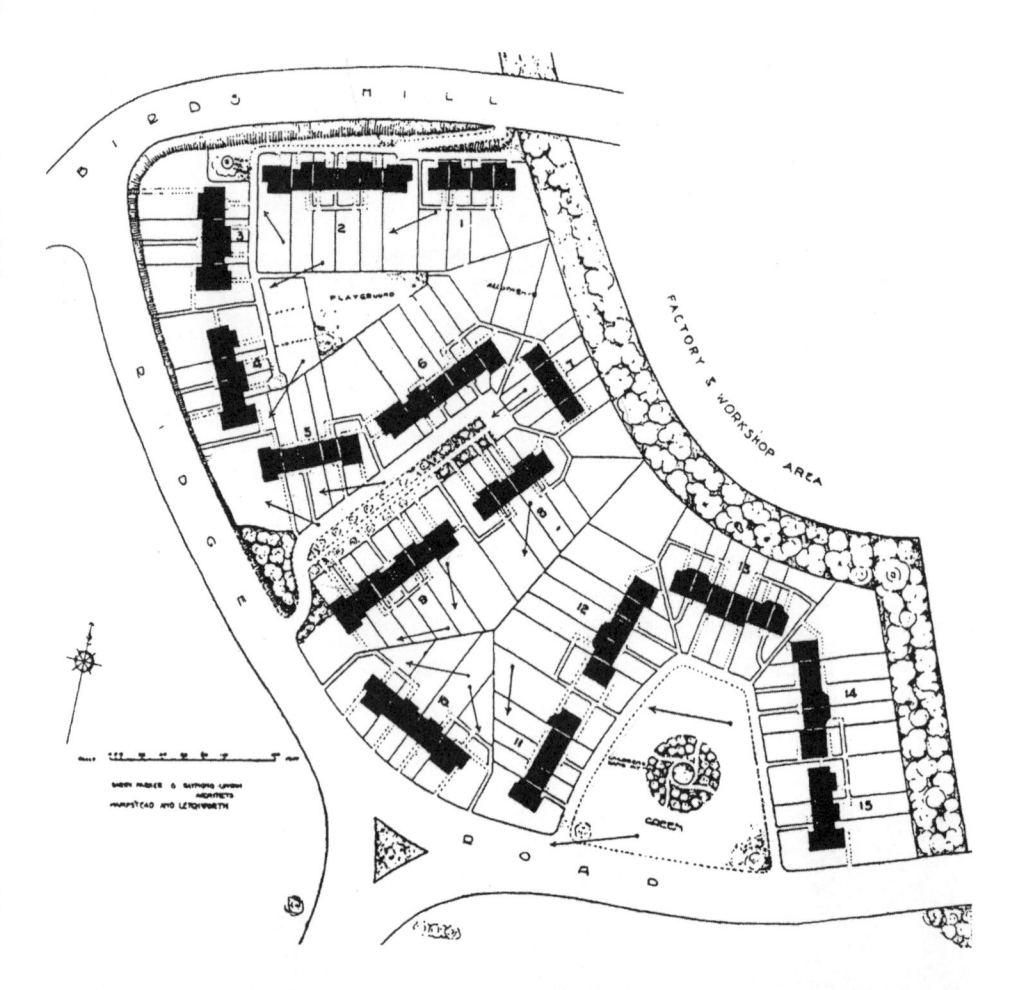

図3.40　レッチワースのバーズ・ヒル地区。クルドサックと小さな植込みの周りに住居群が不規則に配置されている。バリー・パーカー、レイモンド・アンウィン（The Art of Building a Home, 1901）より

の法制定を必要とした。国会は起こりうる交通問題を憂慮し、1エーカー当たりの戸数を8戸（20戸/ha）と規定した。

　ガーデンシティの概念は大西洋を越えてアメリカに渡り、その考えが、車への高い依存性と所有志向を含む米国流の生活様式と結び付いた。この概念は1928年に建設が開始されたニュージャージー州のラドバーンの設計に反映され、それ以降第二次大戦前までに現れた他手法とともに、1960年代まで多くの国の住宅地計画・設計理論に影響した。ラドバーン方式のおもな特徴は、住宅地から不要な交通を排除するように階層構成で道路を設計し、自動車交通を歩道システムから分離したことである。各住宅は、道路かクルドサックに面するように配置され、そこに車庫や駐車場が置かれた。正面玄関は反対側の歩道に面していた。

　クルドサックはラドバーン・システムの一部として推奨された。

図3.41 レッチワース内のパーカーとアンウィンによる住宅地

1939年のマニュアル「小世帯のための近隣地区デザイン」で、米連邦住宅局は次のように見解を述べている。

「クルドサックに沿って建つ住宅は……、とくに幼い子供のいる家族にとって明らかにメリットがある。交通事故の削減に加え、そのような開発地をつくることは、買い手とデベロッパーの双方にとって、他にも多くのメリットがある。街路整備の費用も大きく削減できる可能性がある」(Colquhoun and Fauset, 1991a, p.36)

1960年代、英国の多くの公営住宅団地で採用されると、ラドバーン・システムは、入口の混雑と、子供たちが緑地より道路際で遊ぶという理由で、不人気なものとなった。その設えが、住戸の両サイドで犯罪発生の可能性も生じさせた。また、英国で採用されたやり方では、ラドバーン原則の主要な1つを欠いていた。「公共の土地を管理し、規則を取り決め、レクリエーションやデイケア施設のような付加サービスを提供する」コミュニティ組織の開発である (Colquhoun and Fauset, 1991, p.36)。当時、英国では、地方自治体がその必要性をまったく認識していなかった。米国では、多くのラドバーン型開発が行われ、その独特の特性をよく尊重した管理が行

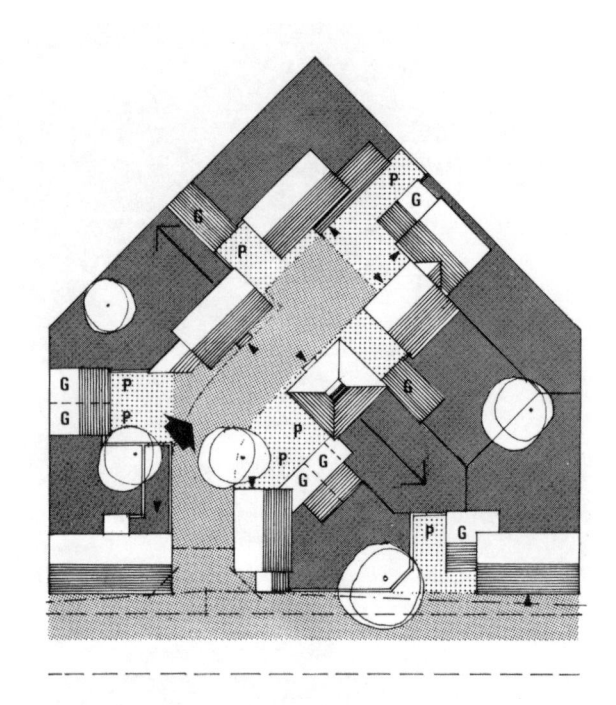

KEY
- 図 4.151d の視点の位置
- P 駐車スペース
- G 車庫
- ▲ 正面玄関
- → おもな眺望
- 2 メートルの塀
- 中庭に必要な最小限の公道空間
- 私的ゾーン
- 公共的ゾーン
- 公共的ゾーンに採用された公道

図 3.42 (a) エセックス設計ガイド初版のミューズ・コートの配置
(Essex County Council Planning Department, 1973, pp. 96-97)

＊9 （訳注）袋小路の先にある中庭

われてきた結果、今も美しい状態で残っている。

クルドサックの概念は、1990年代まで英国の設計ガイドに収録されていた。エセックス設計ガイド（1973年）は、そのなかでいち早く刊行されたものである。ガイドでは、歩行者とごく低速度で走る車のための短いミューズ・コート＊9 （図3.42 (a)、3.42 (b)）を囲んで、住戸群をこぢんまりと凝縮して建てることを奨励した。また、デザイン・ブリティン 32 "Residential Roads and Footpaths, DOE/DOT（住宅地の道路と歩道), 1977" も歩行者用、自動車用それぞれの進入路とミューズ・コートの周囲に、それらを共用する小規模な住宅群を配置する設計を奨励した。この配置構成は、住人と「仕事上」必要がある人々だけが通りに入るように街路を設計し、犯罪を起こす可能性のある者の侵入を防ぐことが、犯罪を減らすために効果的であるという考えを反映している。当時は、敷地境界線や自然の見まもりより、アクセシビリティを制限することのほうが、安全面で寄与すると考えられた。クルドサックと短い馬蹄型ループ道路を導入することで、好ましくない通りすがりの者の進入を最小限に抑えることが可能であった。

クルドサックは、おそらく、次のような特徴を備えた中庭の形が最も良く説明できる（Guinness Trust, 1996, p.15）。

- 少数の住宅群に囲まれた場所（最大25戸、通常はもっと少数）
- アクセス、出口は1つ
- 幅員を絞り込んだ入口通路
- 部分的に駐車スペースにも使える歩車兼用の舗装
- 質の高いハード面、ソフト面の景観処理

図3.42(b) ミューズ・コートのスケッチ（Essex County Council Planning Department, 1973, p. 97）

　中庭の親密さが鍵となるため、住宅の混合には慎重な配慮が必要となる。とくに、大家族の極端な集中は避けるべきである。一般に中庭は、小家族向けの家や集合住宅に適しており、大家族向けは主要道路沿いが良い（図3.43、3.44）。

　しかし、大型のクルドサックの配置には、解決し難い設計上の問題がある。クルドサックの家の裏庭に使われる塀とフェンスは、周囲とサービス道路の外観を威圧しがちである。幹線道路の技術者は、集配道路に沿う視線を広げることを主張し、より問題を大きくする。これが、利用されない緑地帯をつくってしまう。さらに、慎重に計画しないと、歩行者は集配道路に沿って最も直接的な経路を見つけてしまう。

図3.43 中庭の整備。ヨーク、ブレットゲートの敷地配置。建築設計事務所:ヨーク大学デザイン・ユニット(ジョン・マクニール)

図3.44 建物と中庭の設計の調和が図られている。ヨークのプレットゲート

## 通り抜けの良さ（Permeability）

　通り抜けの良さが、これらの問題に対応できる。オックスフォード・ブルックス大学の建築家、都市設計家、景観設計家のチームが出版した"Responsive Environments（応答する環境），1985"では、これが主要なテーマであった。同書はジェーン・ジェイコブスとオスカー・ニューマンが、先駆けて見いだした設計計画の原則に着目したが、大切なことは、生活環境の中を通過するのに複数経路のネットワークをつくることで、道の階層構成を減らせるということだった。このテーマについては、ギネス・トラストの"Housing Design Guide（住宅設計ガイド），1996"のなかに、的確にまとめられている。

　「伝統的な町や近隣地区は通り抜けが良い。街路、広場、中庭が互いにつながってネットワークを形成し、地区のなかで早くてわかりやすい道筋や経路を簡単に見つけられるようになっているのである（図3.45）。近隣地区と公共的空間は合流し、とぎれのない統合された居住地を形成する……クルドサック配置は、それが他の手段で提供できない選択肢を用意し、かつ対象地の条件への適合性を示せない限り、受け入れられない。とはいえ、クルドサックは、通り抜け

図3.45 通り抜け良く配置構成された小住宅街区群は、まとまった大街区配置より多くの通過ルートを提供する。左図の例では、大街区はAとBの間を後戻りせずに行ける代替ルートがわずか3つだけである。小街区群の場合は9つの代替ルートがあり、しかも公共的空間を通るルート長も多少短い（Bentley et al., 1985, p.12.）

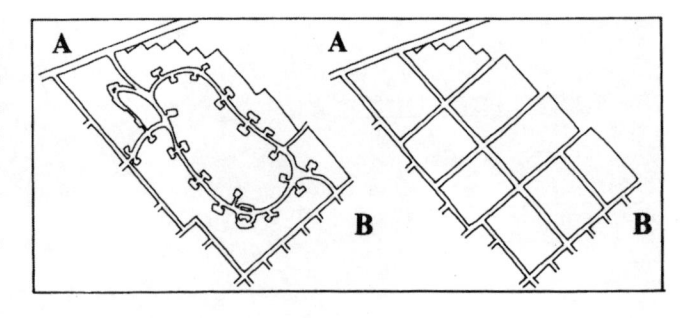

の良い配置にとって代わりうるものでなく、通り抜けの良い配置構成に付加されるべきものなのである」（Guinness Trust, 1996, p.13）

英国環境交通地域省（DETR）のために"Places, Streets and Movement（場所、道路、移動），1998"を著したアラン・バクスター・アソシエイツ社のデヴィッド・テーラーは、当時は警察と設計理論家の間に意見の相違があったため、わざと通り抜けの良さやクルドサックの問題を避けた、とコメントしている。その代わりに、「設計の早い時期に地元警察建築指導官（ロンドンでは防犯設計アドバイザー）に相談し、潜在リスクについて事前評価を行うべきである」と勧めた。リスクの程度は地域により大きく異なる。ある場所で不可欠の犯罪予防手法が、他ではさほど必要ないかもしれない。優先すべきことは、地域事情をよく理解し、安全と他の問題のバランスをとることである。たとえば、クルドサックに対するいくつかの条件が、ある場所の特性には適していても、他の場所ではまったく不適かもしれない。民間開発に有効な配置原則が、公営住宅にはあてはまらないこともあるだろう。街路は隣接する住宅地に属するように見えなくてはならず、まったくの第三者、すなわち幹線道路管理当局に帰属するように見えてはならない。自分たちの街路は人々自らが管理すべきであって、道はもはや単に移動のための廊下だと見なされてはならない。言い換えると、そのことがより大きい安全を提供することになる。

ロバート・コーワンは、"Connected City（連結都市），1997"のなかで、20世紀後半につくられた味気なく雑然とした郊外開発の大部分とクルドサックを関連付け、率直に述べている。彼によれば、英国の建設業者はクルドサックを好むという。

「都市の他の場所と最小限の結び付きしかないということは、建設業者の市場担当者が、コンピューターでつくった標準的住宅タイプと標準的レイアウトを、都市デザインとまったく無関係につなげら

れる、ということを意味する。同じ理由で、いくつかの地方自治体もそれを好む。計画申請書が簡単であるほど、計画承認のゴム印を押すのがより簡単なためである」(Cowan, 1997, p.20)

また、建設業者は安全な住まいとしてそうした住宅地を売り出す。居住者は侵入者を識別できる。しかし、コーワンは、「通常クルドサックが孤立主義的な方法でつくりだす安心感は、住民たちだけのものであり、通りすがりの罪のない人たちが歩行者ルートに沿ってクルドサックを通るとき、すぐ脇に見通しのきく塀やフェンスがあることや、窓から直接見まもられる状況がないと安心はできない」と主張する (Cowan, 1997 p.20)。彼の解決策は「連結都市」であり、連結されずに広がる都市（図 3.46）においても、新しいルートや開発地のつくり方でつなぎ合わせることができるとしている。

英国政府のために交通地域省（DTLR）が作成した「設計計画でできる、もっと住み良い場所——PPG3 関連ガイド」(2001) でも、さらに具体的に通り抜けの良い配置を勧めている。「ルートは人々が行きたい場所に通じていなくてはならない。最適で変化に富んだ道筋は、結び付きの良い配置構成であることを意味する。内向きに行き止まりになった配置は人々が移動手段、とくに徒歩や自転車、バスを利用したいと考えるときに選択肢を狭める」。

1997 年発行のエセックス設計ガイドの第 2 版では、次のように、通り抜けの良さと犯罪低減を関連付けている。

「歩行者と自転車は、狭いところでも広い場所でも、配置構成されたあらゆるところで自由に行き来できるようにすべきである……より通り抜けの良い配置構成は、ルートの選択肢を歩行者に与える。この選択肢は、より高い視覚的メリットを提供し、また、それによってより高レベルの歩行者活動と、結果的に安全を生み出す。これまで以上に多くの歩行者が街路周辺にいれば、自然に人に出会うことが増え、目の届かない車や家に窃盗犯が近づく機会が減ることになる。自由な行き来ができるために、小住宅街区による変形したグリッドとすることが理想的である」(Essex County Planning Officers' Association, 1997, p.11)（図 3.47)

エセックスでは、現在、通り抜けの良い配置構成が一般的に受け入れられているが、その計画事例のいくつかを第 4 章で紹介する。

この調査と出版にもかかわらず、「通り抜けの良さ」の優位性がクルドサック配置を上回るかどうか、依然として不透明である。英国の平均的な住宅購入者が、クルドサックでの生活をより安全な選

ショッピング・センター

1970年代の公営
団地の集合住宅棟

クルドサックと民間団地

学校

結節性のない都市の広がり（左）
は新しいルートと再結節すること
ができる（右）

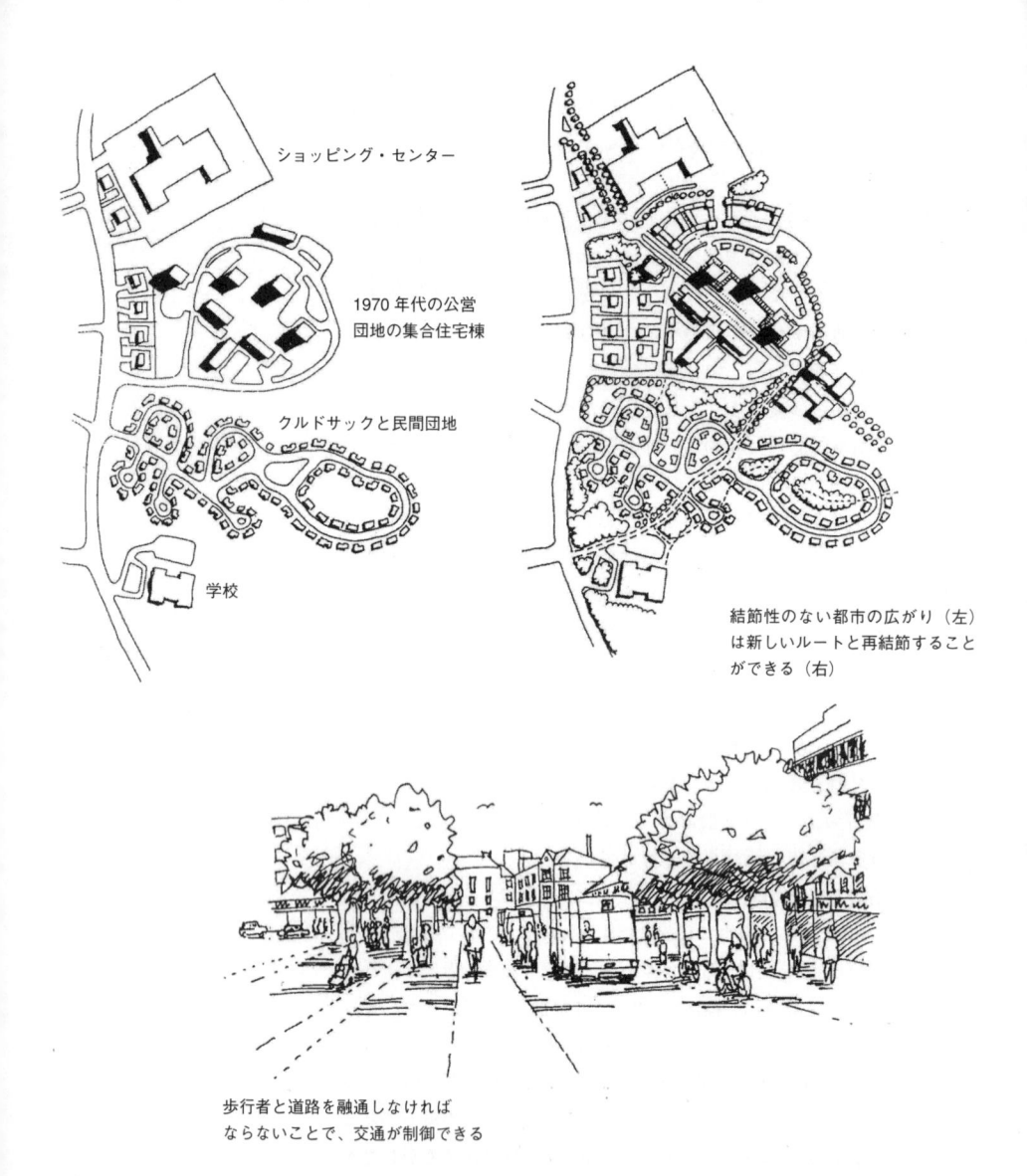

歩行者と道路を融通しなければ
ならないことで、交通が制御できる

図 3.46 結節性のない都市の広がり（左上）は新しいルート（右上）で再び結接することが可能になる。新しい道路が周辺環境を統合する (Cowan, 1997, p.22, 27)

択肢と考えていることに疑いの余地はない。彼らは、子供を安全に遊ばせられる場所としてクルドサックを認識しており、少数住宅群をグループ化する社会的メリットなどは重要でないのである。これは理論と実際の間に違いがあるということだろうか？　ロンドンのカムデン警察発行のガイダンス「SBD セキュアード・バイ・デザイン（設計計画による安全確保）」では、クルドサックを活用する可能性を残している。調査によると、クルドサックでの侵入盗の発生は、通常、以下の要素が1つあるいはいくつか組み合わされた場

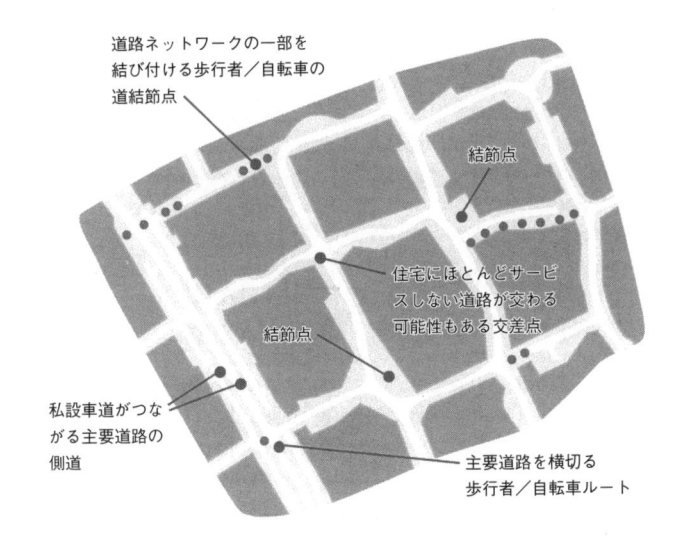

図3.47 自由な移動を可能とするのに、小住宅街区のゆがんだグリッド構成が理想である（Essex Planning Officers Association, 1997, p.1）

合に顕著であるという（Camden Police, 2003, p.3）。
- 空地や線路、運河沿いの道などと背中合わせになっている
- 非常に奥行きが深い。すなわち、枝分かれのクルドサックになっている
- 路地によって互いにつながっている

さらに、テームズ・ヴァレー警察の D. スタップスは「設計による防犯設計協会（DOCA）」誌の記事で、「これらの調査は、すべて高密度市街地周辺部やインナーシティ住宅地に焦点をあてたものである……（郊外開発地では）ジェーン・ジェイコブスの言う『遭遇率』、すなわち他の良心的な人たちに会ったり見かけたりすることが妥当なレベルになるには歩行者の行き来があまりに少ない、という現実が残る」と述べている。また、「都市」と「郊外」の環境には違いがあるという。人が住み、働く町や都市にある道筋と、主たる土地利用が住宅で、近隣店舗や学校、コミュニティ・センターと離れた地区では、移動パターンが大きく異なってくる。彼は、通り抜けを良くするためにクルドサックをつなぐ通路や自転車路に対してとくに批判的で、「あまり使われずに、地元の若者がたまり場として占拠してしまうだろう」と述べている（Stubbs, 2002, pp.11-19）。

正解は、先決めを避け、周辺環境の文脈のなかで敷地ごとの利点を熟考するなかで得られるだろう。

[トラッキング]
　トラッキングとは、住宅地の道路設計を、優れた都市デザインと

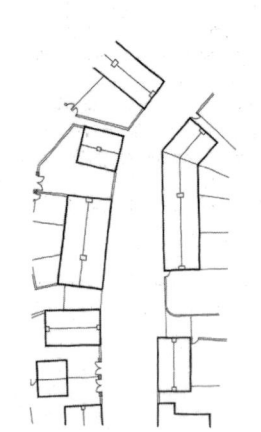

4.8m wide vehicle tracking zone

街路の囲みを形成するために配置された建物

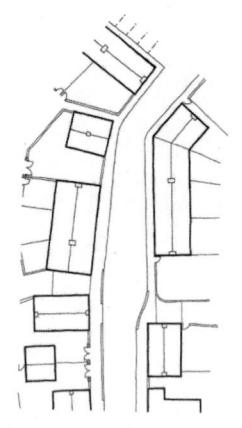

建物の正面に配置された歩道は、空間と囲みを補強するのを助ける

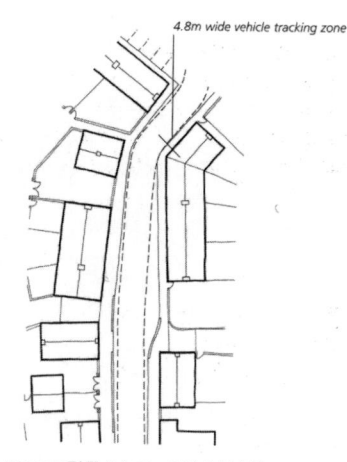

DB32で引用されている最小幅を用い、車の通過経路を配置図に書き込むことで、車道の幅がチェックされる

図3.48 「トラッキング」(DETR, 1998b, p.55)

結び付ける新しい考え方である（図3.48）。道路設計の出発点は、幹線道路の技術要件を取り入れることでなく、建物と空間のアレンジを、まず初めに考慮することでなくてはならない。道路形状は、創出される空間に応じて、さまざまに設計することができる。次に、空間の大きさと形を、幹線道路の技術要件に照らし合わせてチェックしなくてはならない。このようにすることで、舗装と縁石で空間の境目を区分し明確にすることができ、都市の形状に合う住宅地の配置構成ができる。道路の結節点は、場所をはっきりさせるのに役立ち、地区を通過するルート上のランドマークと見なすことができる（DETR, 1998b, p.55）。

［車の駐車］

計画政策ガイダンス・ノートNo.3（PPG3）は、車の所有形態が、収入や年齢、家族形態、住宅形態、立地によりさまざまに異なることを認識したうえでフレキシブルな対策をとることを奨励しており、英国都市計画部門における標準的アプローチを変えた。とりわけ、公共交通へのアクセスに恵まれている都市部では、自動車乗り入れ禁止の住宅地への需要があって駐車場のニーズがない場合には、デベロッパーや入居予定者が必要とする台数以上の駐車場設置を要求すべきでない。世帯向け住宅地より駐車需要が少ない可能性のある高齢者向け住宅地に、とくにこれがあてはまる。

どこにでも可能ということなら、駐車場を宅地内に設けるのが最も良い。図3.49と3.50に示すプロジェクトでは、住宅の建物構成

図 3.49 宅地内に駐車した車。ロンドン ニコライ・ロードの個人注文住宅地。建築設計事務所：アーキタイプ

図 3.50 身体障害者のための宅地内駐車場：マンチェスター、ヒューム再開発のロール・クレッセント。建築設計事務所：ECD

図3.51 柵や植込み、樹木で囲まれていても監視が行き届く、中央広場に駐車した車。ヨーク、スケルダーゲートのビショップ・ワーフ。建築設計事務所：クリース・エドモンズ・ストリックランド（デヴィッド・ストリックランド）

の中にうまく車を隠している。宅地内に駐車場を設けることが難しい場合は、小規模にグループ化した駐車場を、周囲の家からの自然な見まもりを妨げない樹種と高さの植栽で仕切った場所に設けるべきである（図3.51）。

［パウンドベリー］

　イングランド南西部ドーチェスターのパウンドベリーでは、配置構成の原則としての通り抜けの良さがうまく取り入れられている。レオン・クリエがマスター・プランナー、アラン・バクスターがリード・コンサルタントを務めた。このプロジェクトは、ウェールズ皇太子の建築に対する考えが組み込まれたことで、多くの議論の的となった。開発全体はおよそ3,000戸の住宅からなり、すべての建物が完成するまで25年を要するが、これによって開発が有機的に発展してゆくことが可能となる。住宅地、仕事場、雇用や買い物の用途が複合する「アーバン・ヴィレッジ」（p.138）が想定されている。第1期は、250戸の住戸を含むが、うち50%はギネス・トラストの所有である。外見からは、その部分と分譲住宅の見分けはつかない。団地のイメージを避けるため、第1期には15人以上の建築家が関

図3.52 パウンドベリー。伝統的な町の通りの再生

わり、それぞれが小さな区域を設計した（図3.52）。

　開発の形態は、アーバン・ヴィレッジの原則を反映したものとなっている。通り抜けの良い配置（図3.53）とは、交通を「結びあわせる」ことであるが、つまり、交通の排除や静穏化でなく、ドライバーが加速しがちな長い見渡し空間を避けるようデザインされたヒューマン・スケールの都市空間のなかで、「交通を文明化する」ことを目的とする。合流地点は速度を落とさせるよう曲率半径を小さくしており、また、限られた視界でドライバーに減速させるか停車させる。1戸当たり2台に来訪者を加えた分の駐車施設が、広幅員道路の駐車帯と、住宅裏手の車庫や中庭駐車場の組み合わせで提供されている（図3.54）。一般に極めて犯罪にさらされやすいこうした中庭に面して、自然な見まもりを行うことで侵入盗の可能性を減少できるよういくつかの住宅がつくられる。住宅棟のほとんどが混ざった所有形態で構成され、それが異なる種類の自然な見まもりをもたらすのである。住宅群がオープンスペースに隣接する場所は、住宅からそこがよく見渡せるように設計されているか、さもなければ堅固な塀で裏庭のプライバシーを確保することになる（図3.55）。

　基幹的ツールとして「トラッキング」を用いる「プレイス・メイキング」*10 のプロセスで、街路は、家の外壁から街路を挟んで向かい側の家の外壁まで首尾一貫した空間として設計されている。

*10 （訳注）人が特定の活動を行うのにふさわしい場、利用者にとって魅力的な場をつくろうとするデザイン・コンセプト

第3章　都市のプランニングとデザイン　119

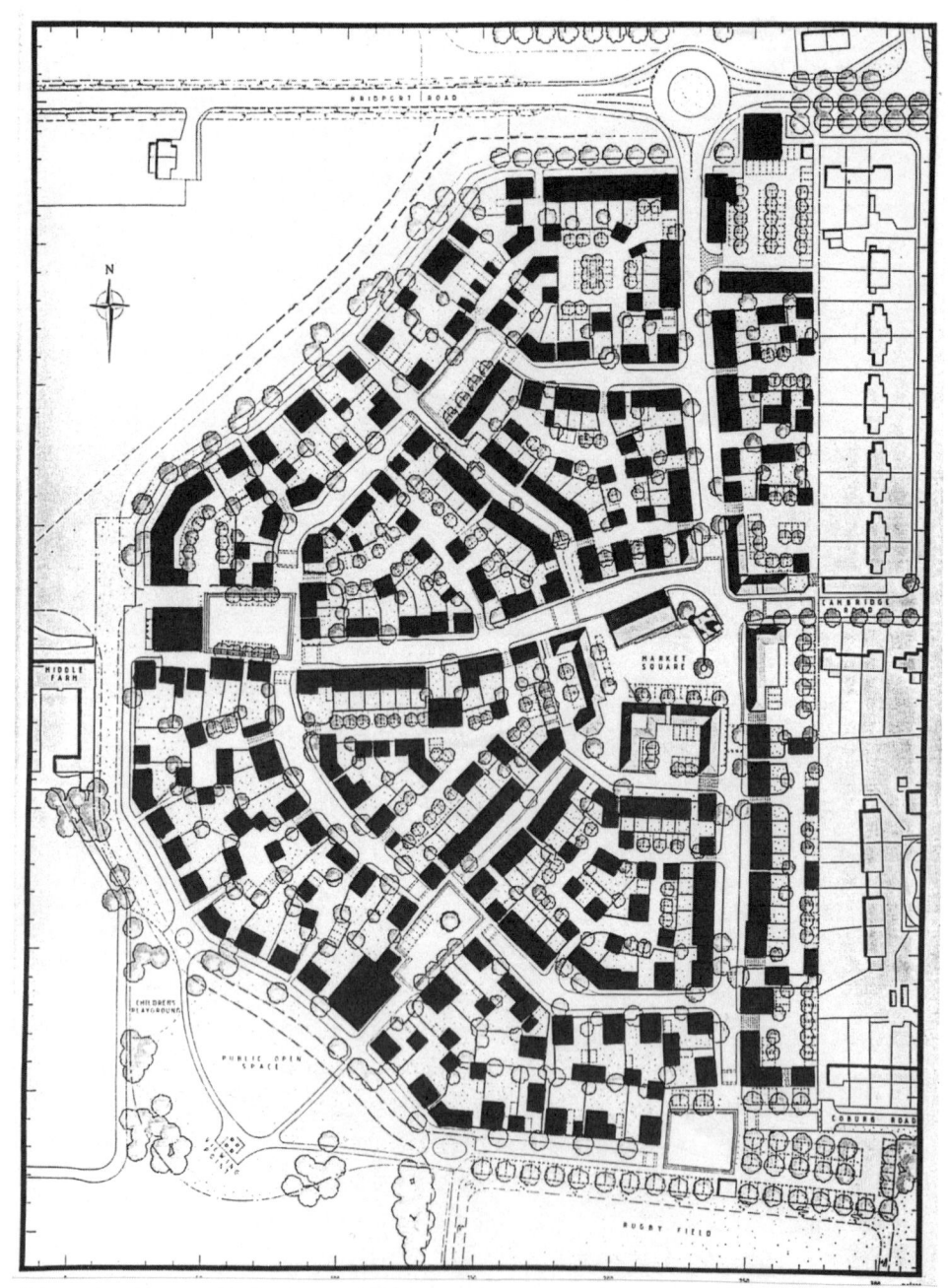

図3.53 パウンドベリー。第1期の配置は、自動車がフルにアクセスできる空間ネットワークをつくりだす。マスター・プラン、レオン・クリエ。リード・コンサルタント、アラン・バクスタ・アンド・アソシエイツ

図 3.54 パウンドベリー。自然な見まもりを確実にするための住宅裏手の中庭

図 3.55 パウンドベリー。オープン・スペースに隣接する住宅地

居住者は家の外壁面に面した細長い土地を、草木や花、丸石を使ってデザインし維持することで、この空間の質の保持に貢献する。アラン・バクスター・アソシエイツ社のデヴィッド・テーラーは、街路デザインの考え方を完全に転換する必要があるとの信念をもつ。街路デザインは、広範な社会問題を視野に入れて捉えるべきであり、活動、照明、植栽、子供の遊び、安全、安心といった環境を構成するすべての要素を一体的に考慮しなくてはならない。

[ホリー・ストリートの再生]

　ロンドン、ハクニー区のホリー・ストリートも通り抜けの良さのコンセプトで設計されており、英国の公的住宅地の衰退と再生の最も良い例の1つである。当初の再開発は1971年に完了したが、できて5年もしないうちに団地を衰退に追い込んだ。ホリー・ストリートは、4棟1,187戸の高層住宅棟と、植栽のある中庭を囲むように配置された5階建住棟群で構成されている。5階建住棟では、騒音と害虫発生という特別な問題も発生し、その問題の除去に費用がかかった。中廊下は長くて暗く、いつも落書きがあった。団地はハクニーで最も貧しい人々の集中につねに悩まされ、いくつかの住戸には不法占拠者が住みついた。ハクニー区役所は1980年代、問題改善のためさまざまな試みを行ったものの、財政不足に悩まされ続けた。1993年にレヴィット・バーンスタイン・アソシエイツによる新しい設計が始められた。960戸の世帯用、単身者用住宅をとりまぜ、1971年以前の街路パターンを大幅に復活させた環境（図3.56）のなかに組み込むというものである。自治体、ハウジング・アソシエーション、持家住宅を組み合わせた、混合所有形態のものである。

　物理的変化と手を携えていくための社会的・経済的再生の必要性が認識されるなか、包括的なコミュニティ開発プログラムが導入され、地域の経済的機会の拡大が後押しされた。子供たちと若者たちの利益は「子供と若者の利益グループ」の創設を通して保障され、第三者的立場の若い勤労者がグループ構成員に任命された。広範囲にわたるコンサルティングが地元住民による政策立案への貢献を確かなものとし、その結果がさまざまな報告書に記述された。1998年、ハックニー・エステイト・マネージメント・アンド・デベロップメントの委託を受けたアップワードリー・モバイル社は、住民が新しい団地をとても気に入っていることを発見した。最も肯定的な発見は、かつて経験した衰退と絶望の下向きのらせんが逆になったことであった。まぎれもなくコミュニティ意識が向上したのである（図

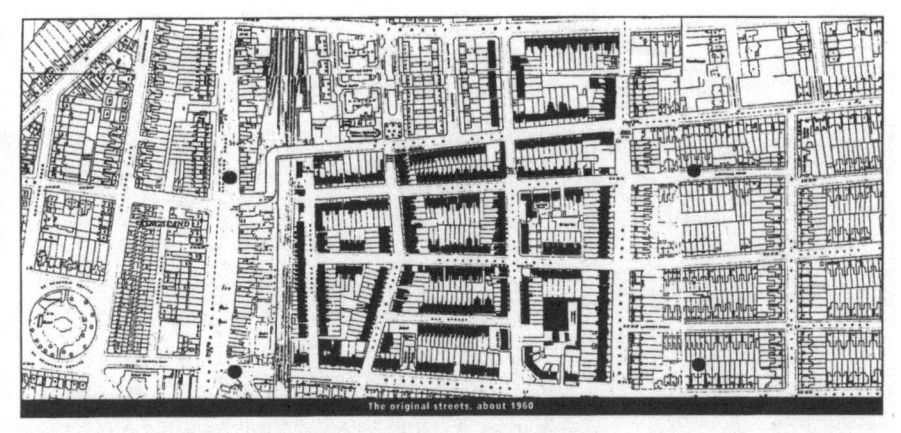

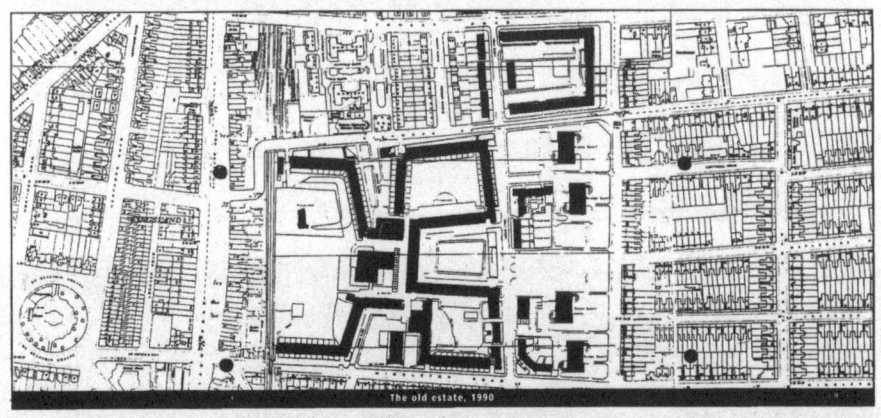

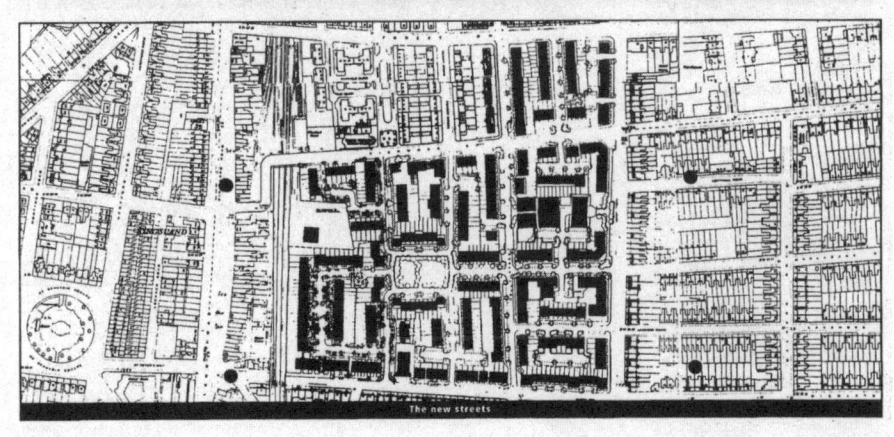

図 3.56 ロンドン、ダルストンのホリー・ストリート。1960 年以降に開発された 3 つの段階。建築設計事務所：レヴィット・バーンスタイン・アソシエイツ

3.57)。

　個人的にも、社会的にも安全性が向上したことは、以下に示す、1人の居住者の言葉に要約されている。

　　「そこは本当に地獄でした。コンクリートの階段と長い暗い通路。ただそこに立っているだけの人たちの集団が、いちばん怖かったです。仮に5番目にその集団の前を通りかかったら、彼らの賭けのために蹴られたかもしれないし……私はよく階段を上がって、なかに入って、それから窓のところへ行って娘に向かって手を振ったものです。自分が無事に着いたことを知らせるためです……今はとても良くなって、時々ここにいることが信じられないくらいです。ただなかに入って、玄関のドアを閉めるだけ。ここは居心地の良い場所です。もう、近所で恐ろしさを感じるなんてことは、まったくありません」（Wadham and Associates, 1998, pp.9, 10）

　新しい近隣地区は今、かつてのように車で巡回する警察官でなく、昔ながらの巡回区域をもつ「おまわりさん」とコミュニティ警察によって治安が守られている。古い住宅から再入居した住民の

図3.57　ホリー・ストリートにおける新しいヒューマン・スケールの都市住宅地

60％が、以前その地域で危険や恐怖を感じたと報告していた。新しくなったホリー・ストリート近隣地区では、1996年夏には、その割合が16％にまで低下した。1999年には、コミュニティの安全性についてまだ何か心配事があるとした居住者は、わずか5％だけになった（Colquhoun, 1999, pp.79-81）。

[街路デザイン、ボン・エルフ、ホーム・ゾーン]
ボン・エルフ

　設計計画で交通速度を落とすために現在英国で用いられるおもな方策は、1968年以来のオランダのコンセプト「ボン・エルフ」である。ボン・エルフはオランダで市街地環境の質の向上に大きな役割を果たしただけでなく、住宅地域での路上犯罪や犯罪への不安感の低減にも大きく貢献した。「ボン・エルフは、隣人愛を強め、『通り魔』に対する恐怖を弱め、高齢者の孤立を減らした。また、街路のさりげない見まもりが増えて、犯罪が低減した」（Ward, 2001, p.4）。ボン・エルフの信念は、道路を居住者に委ねることで、より高い生活の質（QOL）をもたらすことができる、というものである。オランダでは、2006年までに、適用可能性のある国内住宅地のすべてを対象に時速18マイル（29km/h）の速度制限を導入し、交通静穏化計画を計っている（図3.58〜3.60）。

ドイツのボン・エルフ

　ドイツでは、道路と歩行者空間を、歩行者と車両の動き、駐車にうまく対応できるようなやり方で使用するのが一般的である（図

図 3.58　アムステルダム、アントレポドックの「ボン・エルフ」。路面は車と通行人、駐車車両、自転車が共用している

第3章　都市のプランニングとデザイン　125

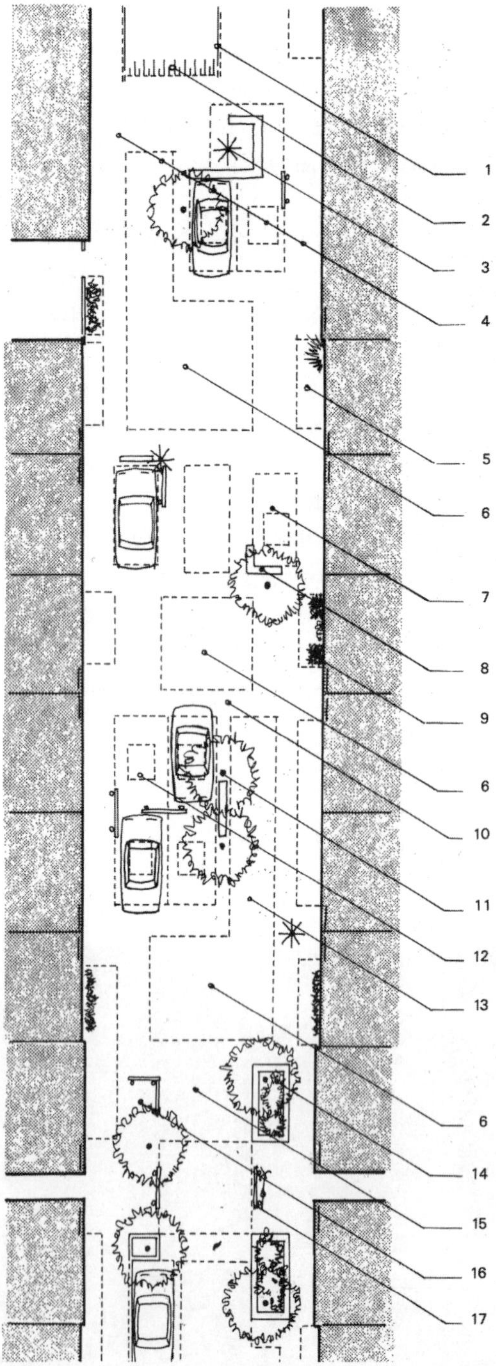

図 3.59 ボン・エルフの設計の詳細。ANWB（王立オランダ自動車協会）の厚意により転載（Colquhoun and Fauset, p.195）

1. 連続した縁石がない
2. プライベートアクセス
3. 低い街路灯を囲むベンチ
4. 変化に富んだ舗装材料の使用
5. プライベート通路
6. 車道の屈曲部
7. 空き駐車場：腰を下ろしたり遊んだりできる
8. ベンチ／遊具
9. 要望に応じて：建物前の植込み区画
10. 舗装に目印をつけた不連続な車道
11. 樹木
12. はっきり目印をつけた駐車スペース
13. ボトルネック
14. プランター
15. 建物ファサード間の遊びの空間
16. 障害物で隔てた駐車スペース
17. 駐輪場などのためのフェンスの設置

図 3.60 ボン・エルフのループ。ANWB の厚意により転載(Colquhoun and Fauset, p.194)

図 3.61　ドイツ、ケルンのボン・エルフ。空間を最大限に活用するために設計された街路

3.61)。植込みの陰になっていても車は監視できる。図 3.62 はボン・エルフ内の歩行者専用区域を示しており、ここでは車は緊急車両だけが通行できる。ドイツでは、新たな住宅地を計画し設計する際に、環境を通じた犯罪予防が一般に受け入れられている。これはシュレスヴィヒ・ホルシュタイン州（デンマークに近い）がドイツ初の犯罪予防協議会を設立した 1990 年、ささやかに始まった。現在州内で 65 の組織が設立されている。ドイツでは、1,700 に及ぶ地域レベルの犯罪予防協議会があり、全 16 州の推進機関がこれらの組織を支援する。国レベルでは、「犯罪予防のためのドイツ・フォーラム」が毎年、全国大会を開催し、2001 年には 1,300 人が参加した。その成功の鍵は、十分な政策面からのサポートと総合的取組みの採用であった。自治体と地域コミュニティによる草の根レベルの参加に焦点が置かれている。

### ホーム・ゾーン：英国におけるボン・エルフのテーマ

　英国では、「ボン・エルフ」の概念はゆるやかに取り上げられただけだった。それは、歩行者と車が共存する空間の設計に反映され、中でもイズリントン区のオールド・ロイヤル・フリー・スクエアは

図3.62 ケルンのボン・エルフ。歩行者専用空間は、消防車のための緊急車路となる

優れた例である（図 3.67）。ボン・エルフは、制限速度時速 20 マイル（32km/h）のゾーンにも見られるが（図 3.63）、最も大切なことは、それが「ホーム・ゾーン」の中核となったことである。対象住宅地の住民たちが所有する車を管理することになる、極めて想像力に富んだ街路創出の手法を提案しているのである。ホーム・ゾーンは、2000 年交通法により権限を付与された地方幹線道路当局が指定する。ホーム・ゾーンとは車の運転者でなく、基本的に歩行者と自転車のために設計計画された一連の道である。詳細は場所により異なるが、その考え方は「車道」や「歩道」をなくし、あらゆる利用者が共存できる段差のないものに置き換えることである。車は時速 10 マイル（16km/h）に制限され、駐車は厳しく規制される。交通静穏化、駐車場、樹木と灌木、腰掛ける場所などは、通行を徹底的に低速にさせる提案の一部である。入口と出口に設けられる明確な標識は、これらが別種の街路であるという強いメッセージをドライバーに伝える。この手法の目的は、住宅地の街路を交通のためだけではなく、人々のための場所にすることにより、街路の使われ方を変え、生活の質（QOL）を向上させることである（Ward, 2001, p.4）。

計画と設計のプロセスに住民を巻き込むことが大きな成功の鍵で

図3.63 制限速度20マイル（32km/h）区域の入口。ノース・ハル・ハウジングアクション・エリア。まとまりのない街路設置物に注目

ある。これはコミュニティ活動を生むことにつながり、犯罪不安を減少させることにも波及効果を及ぼす。プロセスとしては、コミュニティ・ミーティング、戸別訪問調査、設計ワークショップなどがある。車の速度は警察の助けを得て記録され、小学生さえそれに関わる。住民は資金調達のための入札など、自分たちのための手法を学ぶため、簡単な講習への参加を勧められる。

1999年以来、交通地域省（DTLR）は、ホーム・ゾーンの発達を導くため3,000万ポンド（約60億円）を英国中で支出してきた。この額は、1968年以来6,500のプロジェクトが実施されたオランダや、多くのプロジェクトが行われたデンマーク、ドイツ、オーストリアに匹敵するものである。この概念は、米国のいくつかの都市における「スマート・グロース」の混合用途街路に反映されている。

英国での実践的な公式出版物として、幹線道路法人技術者協会による「ホーム・ゾーン：デザイン・ガイドライン」（2002年）がある。おもな設計原則（pp.90-91）は次のようになっている。

- ホーム・ゾーンが実行可能なコミュニティを形成するのに十分な数の住民がつねにいなくてはならない。
- 車は、ホーム・ゾーンの道に沿って400メートル以上走行しないようにしなくてはならない。

- ホーム・ゾーンは、子供が遊んだり、人と車が混雑する午後のピーク時に、100台を超す交通量があってはならない。
- 自然な見まもりの良い機会を得るため、また街路に対する地元の「所有」意識を育むため、住宅建物の主開口面(すなわち、居室の窓やドア、玄関)を人の気配のある街路に面するようにすべきである。
- ホーム・ゾーンは、区域の性格の違いがあらゆる道路利用者にわかるように、入口部と出口部をはっきり表示しなくてはならない。
- ホーム・ゾーンは、住民相互の高レベルの社会的交流と活力を、住宅地街路で促すよう設計計画されなくてはならない。
- ホーム・ゾーンは、子供たちに友達と会ったり遊んだりできる屋外の安全で魅力的な場所を与えなくてはならない。
- 遊具を含め、どの共用施設も住民の邪魔にならないよう注意して配置しなくてはならない。
- ホーム・ゾーンの車路部分は、スピードが時速10マイル(16km/h)を超えないよう、可能な限り狭くしなくてはならない。
- ホーム・ゾーンは、身体障害者にとって歩きやすく、視覚障害者にわかりやすくなければならない。
- 連続した高い縁石は、通常は設けてはならない。
- 路上駐車は、街路の視界を妨げずホーム・ゾーン内の諸活動に影響しないように配置しなくてはならない。新規開発地区の駐車場の台数は、住戸の数とタイプ、適切な駐車場基準に従い決定すべきである。
- 勝手に車を駐車させる機会は、設計計画やストリート・ファニチュア、植栽などの配置により排除すべきであり、指定区域内にのみ駐車できるようにしなくてはならない。
- 道の路面素材や質感を変化させることと合わせて、ホーム・ゾーンの入口部にゲート付き通路をつくるのもよい。これによってドライバーに規則に従って行動しなければならない特別な場所に入ったことを知らせる。道路ハンプを入口部に設け車道を狭くしても、ドライバーに同様の効果を与えることができる。

[マンチェスター、ノースモアのステイナー・ストリート]
　マンチェスター市役所、マンチェスター・メソジスト・ハウジング・アソシエーション、アーバン・ソリューションズ(マンチェスター・エンジニアリング・デザイン・コンサルタンシー)、イアン・フィンドレイ・アーキテクツによって設計・施工されたノースモ

アのホーム・ゾーンは、マンチェスターのロングサイトにある、数百万ポンドを費やした1,400戸の小さなヴィクトリア調テラスハウス街区の再生事業の一部である。その実験地区には4つの通りがあるが、沿道の住宅には前庭がなく、小さな裏庭だけがあった。そこは、スピードを出す車、侵入盗を呼び寄せるゴミだらけの路地裏、ほんのわずかだけの子供の遊具施設、見捨てられたイメージが募る空家群、高レベルの犯罪発生が見られた。駐車場需要は少なく、住居に対し35〜40%程度だった。

新たな設計計画の特徴（図3.64）は、以下の通りである。
- 道路両側の並列駐車を雁行駐車に変更
- 入口ゲートから地区内に向かう時速20マイル（32km/h）表示の設置
- 街路を魅力的に仕上げる。すなわち、連続したアスファルトの表面に、街路の出入口を示すパターンを施し、道沿いの住宅と

図3.64 ステイナー・ストリートのホームゾーン。マンチェスター、ノースモア

の関係が見てとれる小さなエリアをつくり出す
- 新しい街路照明
- 高木の植樹とストリート・ファニチュアの設置

　マンチェスター市役所とマンチェスター・メソジスト・ハウジング・アソシエーションは、開発を通じて「緑」の街路をつくるため、新規建設の3階建住棟からよく見渡せ、監視の行き届く住宅群を取得した。

　住民は提案の企画立案に最初から最後まで参加した。1999年、自治会のクリスマス・パーティーでホーム・ゾーンのビデオが上映された時が始まりだった。住民はニュース・レターとリーフレットにより情報を受け続けた。提案は「モデル内覧会」と娯楽イベントの日に提示された。モデルは空家内に展示され、2週間、昼夜ともスタッフが常駐した。どのようにホーム・ゾーンの提案が役立つかを説明するのに、模型、計画図、写真が用いられた。訪問者はアンケートに記入するよう求められた。

　娯楽イベントの日には、通りの1つが終日閉鎖され、バンドの生演奏の見物席が設けられた。サーカスの軽業師、ストリートゲーム、フェイス・ペイントやバーベキューもあった。「上2、下2」と呼ばれる4スクリーン・シネマが空家に準備された。ホーム・ゾーンが実際にどう機能するのかを見るため、ホーム・ゾーンの概念を示す実物大模型が用意された。道路の一部は樹木に覆われ、灌木も加えられ、緊急車両のアクセスに対する設計のテストをするために消防車が用意された。

　プロジェクトは、地方交通計画、単独の再生予算、ハウジング・アソシエーション、住宅公庫から資金提供を受けた。このプロジェクトは英国都市再生協会から2001年の最優秀実践賞を受賞している。

[リーズ、チャペル・アラートンのメスレーズ]
　これは、背割り配置住棟を含め、全住宅が道路グリッドの1つに面するという、307戸のヴィクトリア様式のテラスハウス群と、その他集合住宅2棟からなる、近隣地区のホーム・ゾーン構想である。個人所有と民営賃貸、多様な世帯向けの住居施設が混在していた。居住者調査の結果、世帯当たりの平均人員は2.1人、自動車保有台数は0.86台であった。

　この構想は、リーズ市役所幹線道路・交通部によって設計され実施された。おもな手法には次のものが含まれていた（図3.65）。

図 3.65　メスレーズのホーム・ゾーン。リーズのチャペル・アラートン

*11　（訳注）速度抑制ハンプ上部の幅が広いものを指す

- メスリー・ドライヴを歩道レベルまで幅広く使い、半円形の植栽スペースをつくって道路を落ち着いた雰囲気にし、車の通行スピードを下げた。地域住民は煉瓦積みの広いスペースに自分たちのデザインと名前を刻み込んだ。
- 周辺の脇道には、道幅を狭くし幹線道路とは表面色を変えて通路がつくられた。
- 速度は時速20マイル（32km/h）に抑えられた。地区内の主な「抜け道」に、スピード・クッション*11 が設けられる。
- 地域の人たちが一緒にデザインしたホーム・ゾーンの標識は、地区の特性をはっきり打ち出し、時速20マイル（32km/h）の制限速度を知らせる。

　住民はホーム・ゾーンの原則を支持するかどうか質問したアンケートに回答することで、提案の作成に参加した。子供の視点を把握するため別のアンケートが行われた。回答率は45％で、ほとんどは好意的な回答であった。しかし、街路内に特定の遊び場を指定するのに、遊び場街路法を使うという提案にはやや疑義が出た。
　このプロジェクトには15万ポンドが費やされ、2001年11月に完了した。

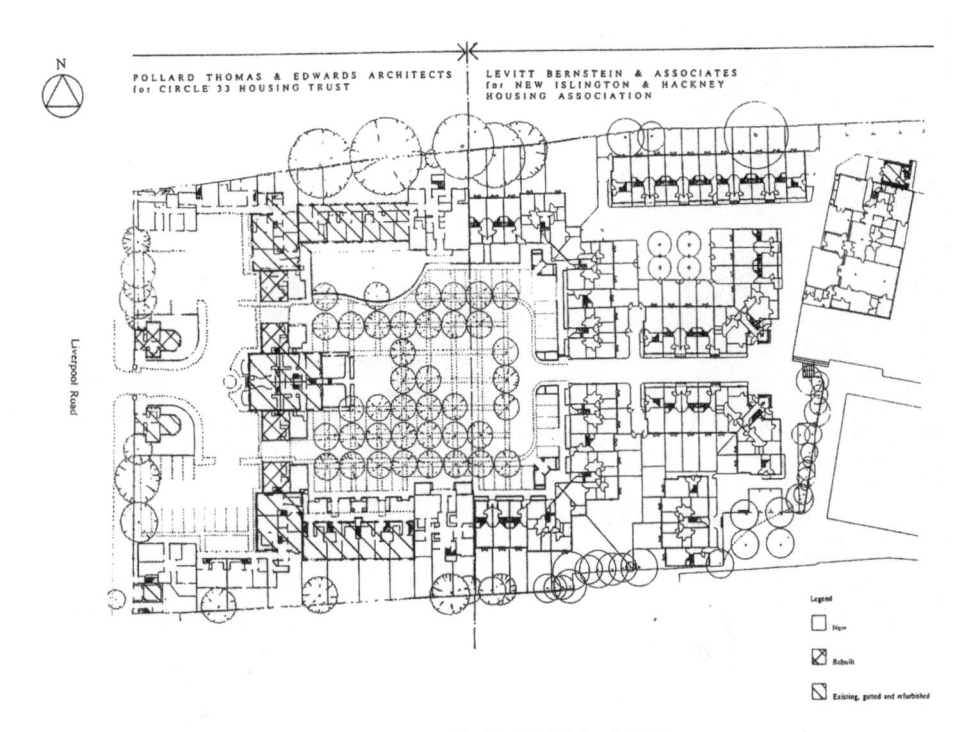

```
           POLLARD THOMAS & EDWARDS ARCHITECTS    LEVITT BERNSTEIN & ASSOCIATES
           for CIRCLE 33 HOUSING TRUST            for NEW ISLINGTON & HACKNEY
                                                  HOUSING ASSOCIATION
```

```
                                                            Legend
                                                             □ New
                                                             ◩ Rebuilt
                                                             ◲ Existing, gutted and refurbished

        SITE PLAN              OLD ROYAL FREE                    1:1000
                           RESTORATION & REGENERATION
```

[ロンドン、イズリントン区のオールド・ロイヤル・フリー・スクエア]

　この計画はホーム・ゾーンとして設計されたものではないが、ホーム・ゾーンの設計原則をとても良く示している。以前敷地にあった病院が1986年に閉院し、サークル33ハウジング・トラスト、ニュー・イズリントン・アンド・ハックニーハウジング・アソシエーションズが住宅開発の目的で購入した。2つの建築設計事務所、レヴィット・バーンスタイン・アソシエイツとポラード・トーマス・アンド・エドワーズがこのスキームの設計計画を行い、1992年に完成した（図3.66）。新規開発と古い病院建物のコンバージョンを組み合わせたものである。これらの住宅は、家族やカップル、単身者、身体障害者のための生活の場を提供する。敷地端のリバプール・ロードの新規開発は、公共的スペースから半公共的スペースへの変節点を強調するよう設けた団地エントランスのどちら側の玄関通路とも均衡する、病院建物のスケール感を反映したものである。設計のポイントは、地区の周りの19世紀風のデザインを用いた新しい広場づくりである（図3.67）。広場には、住民たちが、子供や、彫刻家ジェイン・アクロイドと共同でデザインした柵とゲートで囲まれた庭が

図3.66　オールド・ロイヤル・フリー・スクエア。敷地配置。建築設計事務所：レヴィット・バーンスタイン・アソシエイツ、ポラード・トーマス・アンド・エドワーズ

図 3.67　オールド・ロイヤル・フリー・スクエア。質の高い都市空間

ある。敷地のアッパー・ロード端部の広場の向こう側には、狭い通りを囲むように2階建、3階建の住宅群が立ち並ぶ（図 3.68）。

　この計画がつくり出した都市の質は傑出している。歩行者と車が共存する地面のブロックの扱いが設計の要であり、周辺の住宅からよく見渡せる。明らかに人々に帰属する環境がつくられた。見知らぬ者が来れば、居住者、とくに通りで遊ぶ子供が気付く。2つのハウジング・アソシエーションが共用道路の維持責任を快く引き受けたからこそ、こうした設計が可能となった（Institute of Highway Incorporated Engineers, 2002, pp.60-61）。

［歩行者路と自転車路］
　一般に時速20マイル（32km/h）以下に速度を制限して設計された街路は、歩行者や自転車にとって安全である。歩道と自転車道を本当に分離する必要があるのは、歩行者や自転車が1つの場所から別の場所まで行くのに、道路を利用するより直接的で安全なルートを提供するときだけである。それらのルートはアクセスしやすくダイレクトに利用でき、店舗、バス停、学校、その他のコミュニティ施設に通じるべきである。それらのルートは高密度地区の優美な並

図3.68 オールド・ロイヤル・フリー・スクエア。狭い空間が大きい中央広場と対照をなしている

木道の場合もあれば（図3.69）、シンプルな舗装の場合もある。ルートに沿って視界の広がりがなくてはならないが、長く延びる一本道の主要な交通ルートより、関心を引くようコントラストを見せる連続的空間のなかにはめ込むべきである。人が危険に感じる狭いオープンスペースに長い歩道をつくらないことが大切である。道路体系と分離された歩道は、緊急車両が使うことを考慮すると（図3.70）、少なくとも幅3メートル必要であるが、自転車路付きなら、さらに幅広にする必要がある。車両、とくにバイクの進入を防ぐため、適切な間隔で障害物を設けなくてはならない。

　歩道と自転車路に隣接する植栽は、縁石の横に地被植物、その後ろ側に少し背の高い植物や樹木を配する設計とすべきである。建物沿いの主だった歩道では、通行人が窓の中を覗かないように何らかの囲いを設ける必要があるが、植栽が自然な見まもりを妨げてはいけない。高齢者や体の弱い人たちが、おもだった歩道のどこでも座れるのはありがたいが、それが迷惑の原因になるかもしれない。腰を下ろせる場所の設置にあたっては、若者のたむろやバンダリズムが周辺の住宅に影響を及ぼしうることを、つねに考慮しなければな

第3章　都市のプランニングとデザイン　　137

図 3.69 パリの Manin-Jaures 地区にある新築住宅と学校の間の洗練された設計の歩道。建築設計事務所：Alain Sarfarti

らない。こうした場合、数メートル間隔で一人掛けのベンチか腰掛けを設置することで、老人に座る機会を提供しながら、若者が群れることが防げる。場所によっては、ベンチの代わりに腰掛けバーを使うことも考えられる。空間に余裕がある場所では、ベンチを後ろに後退させ歩行者とたむろする人の間に空間を設けることもできる（カムデン警察、2003 年）。

### アーバン・ヴィレッジ、ニュー・アーバニズム、スマート・グロース

郊外へのスプロール化と車に支配された風景への反動として、より高密な住宅地を求める英米両国では、同種の関心から、1980 年代後半から 1990 年代初期にかけ、英国ではアーバン・ヴィレッジが、米国ではニュー・アーバニズムとスマート・グロースが出現した。これは、環境のなかで犯罪と犯罪不安を減らす方法であるようにも見受けられる。米国では、人口の多くが住宅に特化した地区に住み、単独立地した商業ショッピングセンターへ買い物に出かける。大半の人たちは、この隔離されたパターンがより安全なのだと信じ、満

足しているが、そのパターンが、人々が考えるほどに安全かどうかについて疑問の声が上がっている。残念ながら、統計的な方法で明快な答えを出した調査結果はない。

[アーバン・ヴィレッジ]

　アーバン・ヴィレッジのコンセプトは、1990年代前半、英国の将来の環境を案じたチャールズ皇太子から多くの支援を受けた（Aldous, 1992）。各ヴィレッジは、30ヘクタール（100エーカー）、居住人口5,000人の混合用途開発となっている。住宅地はヘクタールあたり50～60戸（エーカー当たり20～25戸）の平均密度で建設される。開発地の一部に職場を設けるなど、公共交通と車の利用削減に重点が置かれている。デベロッパーと土地所有者にはアーバン・ヴィレッジの原則を保証することが期待され、居住者は「コミュニティ・トラスト」の創設を通してヴィレッジの管理に参加する。ドーチェスターのパウンドベリー（p.118）は最初の実証プロジェクトだったが、ブラウン・フィールドに建設するという点が最も強調された。ロンドン・ドックランズのシルバータウンとグラスゴーのクラウン・ストリートもよく知られた事例である。

図3.70　公共サービスと緊急車両を考慮して設計された歩道。高齢者のためのシェルタード・ハウジング。イルクリー、ベン・ライディングにあるグランジ団地のバレー・ロッジ。建築設計事務所：ヨーク大学デザイン・ユニット（ジョン・マクニール）

第3章　都市のプランニングとデザイン

[グラスゴーのクラウン・ストリート]

　全体コンセプトは、都市生活の、活力のみならず品位と平穏を保つことができる「住みやすい都市」をつくることである（Colquhoun, 1999, p.307）。その構成要素は、伝統的なグラスゴーの街路パターンと街区であり、街路側の正面は明らかな公共的空間、裏は完全な私的空間である（図 3.71、3.72）。もう 1 つの大切な要素は、建物自体にある。この計画（CZWG による）はスコットランドの、とくにグラスゴーの伝統的建築形態を考慮したものとなっている。建物は現代生活に必要な条件を満たしている。住棟は 4 階建で、1、2 階部分は各戸専用の玄関、裏口、裏庭をもつ 3 寝室メゾネットで構成される。3 階、4 階には 1 寝室、2 寝室、3 寝室のフラット型住戸があり、共用階段でアクセスする。開発地全体を通して、駐車場は並木の大通りとしてデザインされた街路中央部に設けられている（Colquhoun, 1999, pp.308-309）。

[ロンドンのウエスト・シルバータウン・アーバン・ヴィレッジ]

　ロンドンのロイヤル・ドックスにあるウエスト・シルバータウン・アーバン・ヴィレッジは 11 ヘクタール（27 エーカー）に 1,000 戸の住宅がある。新規開発の 3 分の 2 はウィンピー・ホームズが建設した民間住宅であり、残りはピーボディ・トラストとイースト・ロンドン・ハウジング・アソシエーション（ELHA）が供給した社会賃貸住宅である。敷地内に住宅所有形態を混合させることを通し、設計計画上、サステイナビリティ（持続可能性）に向け本格的な取組みがなされた。樹木の並ぶ街路、クレッセント、中庭で構成されたグリッド・パターンの配置は、通り抜けが良い（図 3.73 〜 3.75）。計画の戦略として主要な地点のランドマークが含まれており、その 1 つがテムズ川を見渡す中央広場を囲むよう配置された「クレッセント」である。フラット型住宅 53 戸があるが、そのなかに 1 階店舗上部の 5 層分に設けられた高齢者住宅 20 戸が含まれる。

[ニュー・アーバニズムとスマート・グロース]

　ニュー・アーバニズム運動とスマート・グロース運動は、小規模敷地で構成される高密住宅地で、「歩いて暮らせる」近隣地区をつくることに関心がある。こうした考え方への変化は、米国の人口や、文化の変化を反映している。現在、米国社会では高齢者が増え、子供のいる世帯が少なくなった。このことは一部の高所得層で都市的ライフ・スタイルを指向する動きをつくりだした。おそらく、さらに重要なことは、各地域で従来型車依存の郊外が物理的に衰退し、住

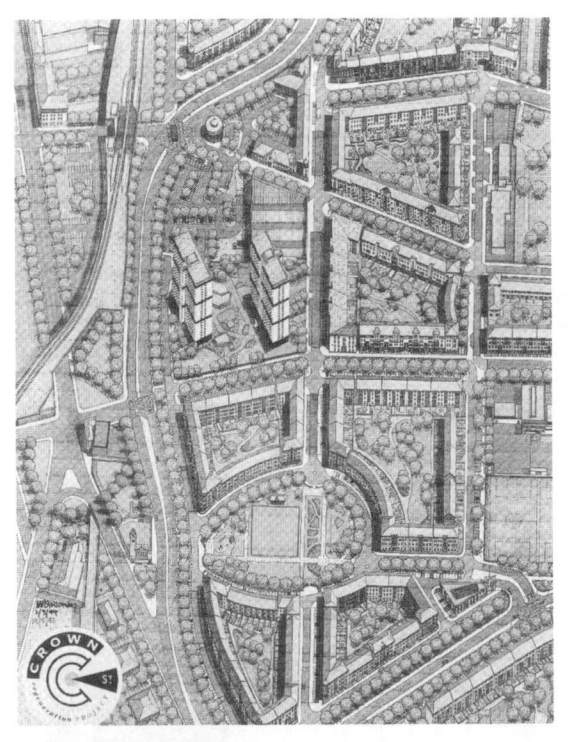

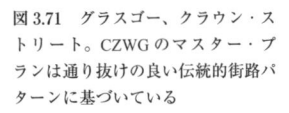

図 3.71 グラスゴー、クラウン・ストリート。CZWG のマスター・プランは通り抜けの良い伝統的街路パターンに基づいている

図 3.72 グラスゴー、ゴーバルの新しい共同住宅。駐車場は街区間の街路中央にある。建築設計事務所：クーパー・クレイマー・アソシエイツ

第3章 都市のプランニングとデザイン

住宅所有形態

■ 民間住宅

■ 社会住宅
　ピーボディ・トラスト

■ 社会住宅
　イースト・ロンドン・ハウジング・
　アソシエーション

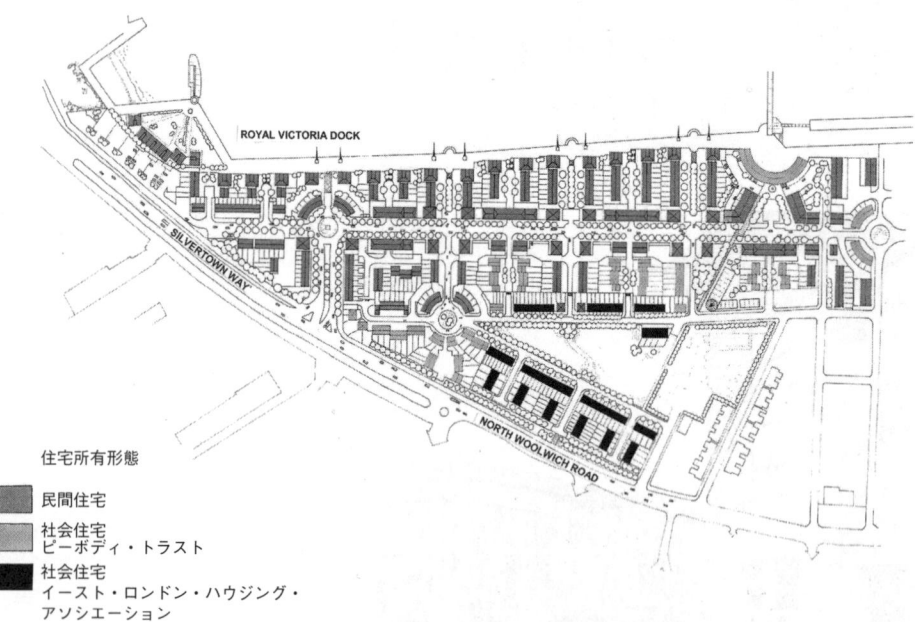

図 3.73　ウエスト・シルバータウン・アーバン・ヴィレッジ。通り抜けの良い街路配置（上）。クレッセントの眺望（下）。建築設計事務所：Tibbalds Monroe Ltd.

図3.74 ウエスト・シルバータウン・アーバン・ヴィレッジ。街路沿いの並木がしっかりとした都市形態をつくる

図3.75 ウエスト・シルバータウン・アーバン・ヴィレッジ。クレッセントが街路景観に多様性を与える

宅購入者にとって以前ほど魅力的でなくなっている点である。住宅価格の低迷に加え、郊外の交通事情はますます耐え難いものとなっている。

　ニュー・アーバニズムは、こうした新しく歩きやすい用途混合型近隣地区をつくるための、一連の都市デザインの原則である。ニュー・アーバニズム会議（CNU）は建築家、都市プランナー、公務員、デベロッパーで構成される組織である。1996年に打ちだされたニュー・アーバニズム憲章は、各都市で雇用と住まいをバランスさせる地域政策から始まり、近隣地区レベルの用途混合・所得層混合の開発という原則や、街路に面して建物を建てるという地区

の建築原則に至る一連の原則を、1つの規約にまとめている。おもな基準は次の通りである。

土地利用
- 近隣地区内でのバランスのとれた用途混合
- 近隣地区の中心に行くほど住宅・商業の利用密度を上げる。各500戸で構成される近隣地区のすべてに街角店舗を1つ設ける（必要があれば助成金支給）
- 各近隣地区センターに公共的空間（広場、ショッピングセンター、緑地）を設ける
- 各近隣地区センターには、人目を引き、誇りがもてる場所を1つ備えなくてはならない

街路設計
- 自然条件で必要でない場合はクルドサックを避ける
- 街区長辺は200〜300メートル以下とし、四周合計で700メートル以下とする
- 近隣地区内の街路はすべて、人力交通を除き、無目的な通過路とせず住宅を面させる
- 街路形状は、幹線道路で時速50キロ（31マイル）、地区道路で時速35キロ（22マイル）に速度制限するよう設計されなくてはならない
- 一方通行路は、中心地区で極めて必要性が高い場所以外は避けなくてはならない
- 車庫は隠し、玄関は正面に奥まって設ける

街路景観
- 緑を考慮する。すべての街路に、在来種樹木を10メートル以下の間隔で植えなくてはならない
- 路地を除き住宅地区の全街路の片側は、幅1.5〜2メートルの舗道にしなくてはならない
- すべての屋外灯とストリート・ファニチュアは、建物正面を構成する表通りのベンチを除き、並木の位置から出てはならない
- よりソフトで、より歩行者に親しみやすい街路灯の設計（ICA Journal, 2002, p.1 and 7）

これらの設計計画の原則は、犯罪や犯罪不安の抑制に大切だと考えられる。アル・ゼリンカは次のように述べている。

「近隣地区内での住宅形式の混在を含め、用途が混合し歩きやすいコミュニティは、さまざまなバックグラウンドの人たちの共存を可能にし、もしくは、近隣地区の人たちが容認する振る舞いに、形式ばらず順応することを可能にする……歩行者にやさしい街路や、年齢や所得、文化の違いのある人たちが互いに知り合う多様性を含めた設計計画により、コミュニティの警備がずっとやりやすくなる。郊外を警察が車で巡回するのは非常に効率が悪いが、こうした地域の多くでは警察を見かけることがまったくない。計画やデザインの施策を通して共存できる多様化の機会を提供できなければ、犯罪活動を誘発する均質パターンが生じる」(Zelinka, 2002a)

　スマート・グロースは、ニュー・アーバニズムと価値観を共有しているが、計画プロセスにおける、コミュニティと利害関係者の協働を奨励する原則や、すでにインフラが整備された既存コミュニティ向けに開発を導く原則を加えている。

[ピッツバーグのクロフォード広場]
　このスキームは、ニュー・アーバニズムが米国で大きな影響力をもつようになる前の1990年代中頃に構想されたが、設計計画とコミュニティの持続可能性の原則をよく表している。また、荒廃し犯罪の蔓延する米国都市の近隣地区について、どうすれば息を吹き返せるかを示している。18エーカー（6.5ヘクタール）の開発地区はピッツバーグの繁華街の外れに位置し、開発の際、元からあった街路パターンを変更した（図3.76）。2～3階建の集合住宅、連棟住宅、戸建住宅の混合で、1エーカー当たり28戸（76戸/ヘクタール）の高密度が実現された。各街路の設計は、ピッツバーグの建築設計事務所UDAが出版した都市デザイン・ガイドラインを参考にして慎重に検討された（図3.77）。出窓、屋根窓、玄関、フェンスなどの意匠ばかりでなく、材質と色も指定した。1階住戸にはすべて、前庭と裏庭がある（図3.78）(Colquhoun, 1995, pp.53-54)。
　幅のある所得層世帯の混在入居を意図したこのスキームは、350戸の賃貸住宅と150戸の分譲住宅で構成されている。都市住宅開発省（HUD）の助成金を利用して比較的低所得の世帯が住宅を借りたり買ったりできるようになっている。資金は地域で設立した開発協会を通して運用された。また、コミュニティ開発と協働メンテナンスを組織的に行うためのコミュニティ協会があり、少額の負担金の強制徴収が行われている。
　新規地区の建築は、特徴においても規模においても典型的なピッ

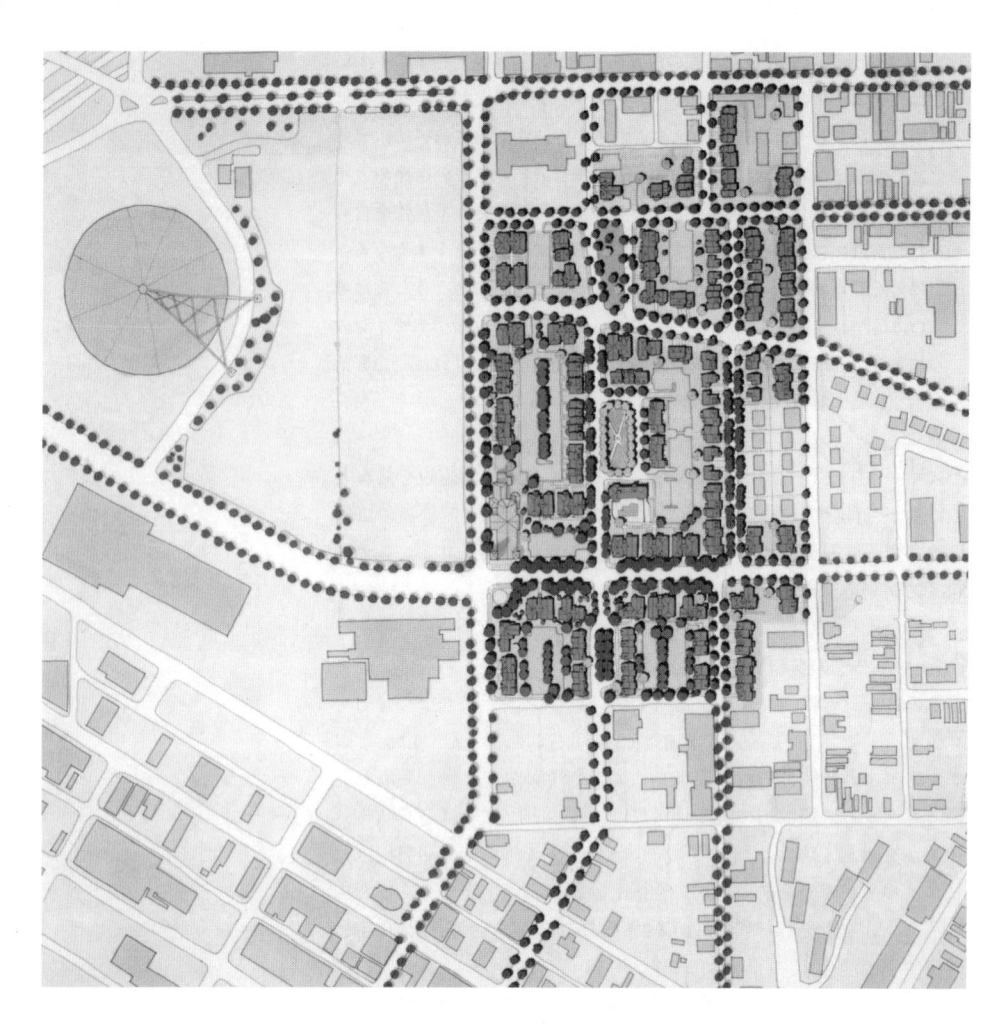

図3.76　米国ピッツバーグのクロフォード広場。街路パターンは既存の都市のグリッドを延長している。建築家：UDAアーキテクツ

ツバーグの近隣地区のスキームを生みだした。典型的なピッツバーグの住宅として、建物すべてが同一の基本形態をもち、街路ごとに独自の特徴を備える。建物の多様性と個性が、開発というより近隣地区としてのスキームをつくり上げている。

[ウィスコンシン州マディソンのミドルトン・ヒルズ]

　ミドルトン・ヒルズは「ニュー・アーバニズムのボキャブラリー」による新しい住宅地開発で、アンドレ・デュアニーとエリザベス・プラター・ザイバーク（DPZ）が設計した、「過去の記憶をもち、何が人々をくつろがせるかを明確に捉えて建設された、未来型の近隣地区」である（Zelinka, 2002a, p.1）。400戸の戸建住宅、連棟住宅、集合住宅および併用住宅で構成される（図3.79）。日常ニーズを支

図 3.77 クロフォード広場。建築デザイン・ガイドライン。屋根窓、出窓、装飾的な窓枠、あるいは装飾窓など外観の特徴が、街路のファサードを整えるため推奨された

図 3.78 クロフォード広場。新設住宅地はピッツバーグの繁華街への新しい結び付きを形成した。写真：トム・ベルナルド

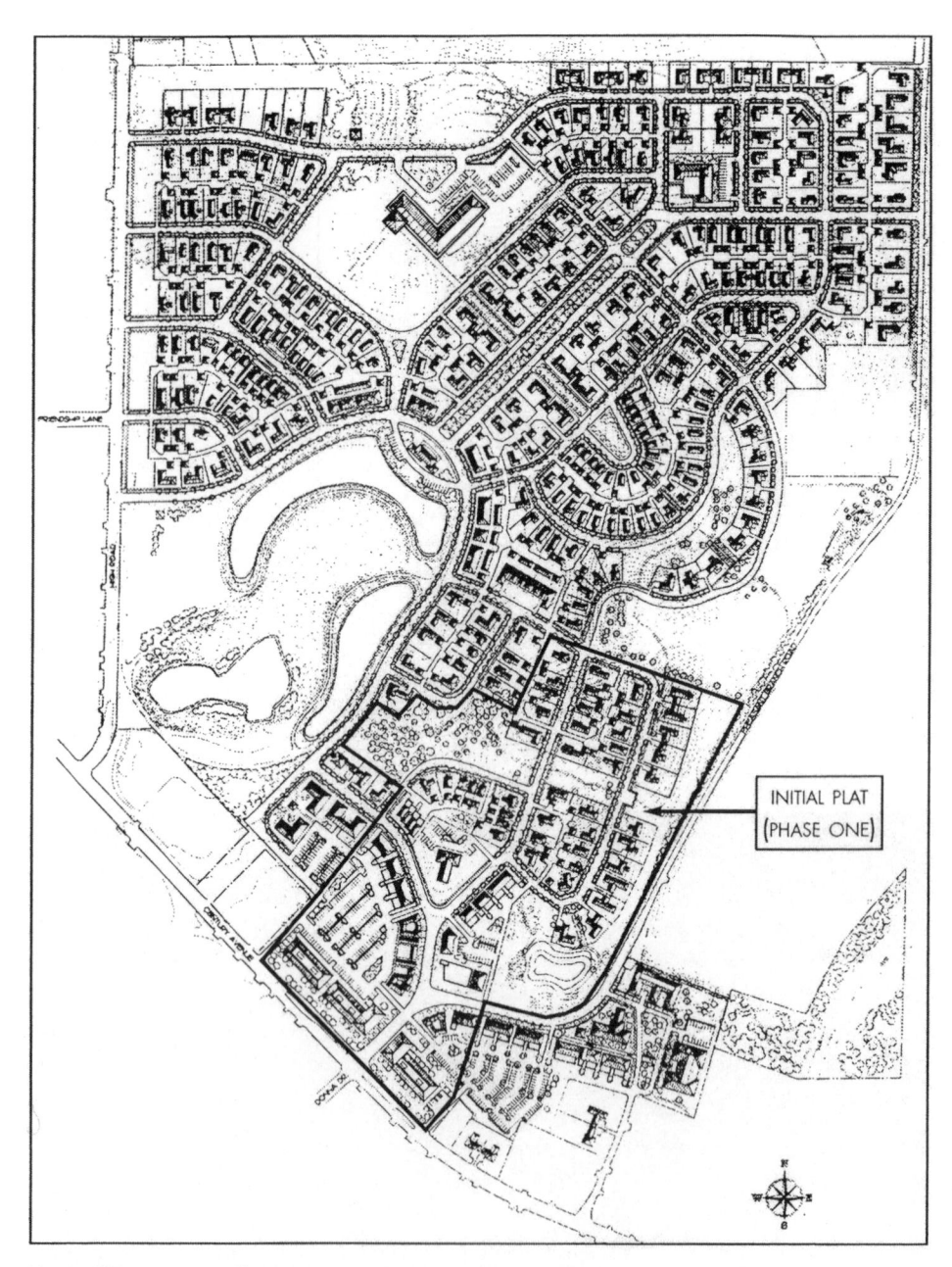

図3.79 米国ウィスコンシン州マディソンのミドルトン・ヒルズ。地域の「ニュー・アーバニズムのボキャブラリー」で設計された新しい住宅地。建築家DPZアーキテクツのアンドレ・デュアニーとエリザベス・プラター・ザイバーク

図3.80 ミドルトン・ヒルズ。近隣店舗のパースは、フランク・ロイド・ライトの設計の影響を示している

え、地元雇用を提供する小さな店やビジネスの存在は、近隣地区になくてはならないものである（図3.80）。この設計は、低密度住宅地開発や、ゾーン分けしたショッピングセンターや産業団地の発展によって米国が失ってしまった連帯感を、再発見するものとなった。ニュー・アーバニズムの原則に従って設計されたすべての住宅地と同じく、人々や、自給自足型近隣地区の生活の質（QOL）が重要視されている。

　建物設計は、地域の伝統のプレーリー・アーツ・アンド・クラフツに基づいている。そのスタイルは、フランク・ロイド・ライトと同世代の中西部建築家たちの建築に影響されている。近隣地区での建築的特徴の確立は、まとまりがある「村」の雰囲気をつくりだすために不可欠である。コミュニティの建築的、視覚的な品位を確保するために設計基準がつくられた。イメージは犯罪を最小限にするために極めて重要だと考えられる（AIA（米国の建築家協会）の建築家ブライアン・A・スペンサー氏の厚意による情報）。

## オープンスペース

　緑のある空間は、人間の心の安らぎに欠かせないものであり、個々人の視点、コミュニティの視点いずれから見ても重要である。クリストファー・アレグザンダーは、『パタン・ランゲージ』のなかで「人は、自らの心に栄養を与えるため、緑のオープンスペースを訪れることが必要である。身近にあれば、人はそれを利用する。しかし、緑が3分以上離れた場所にある場合、必要性は距離に負けてしまう」と書いている（Alexander, 1977, Accessible Green Pattern）。彼は「緑」という言葉を、少なくともそのなかにいると自然に触れ、喧騒から

離れることができるくらいの十分な大きさを持つ場所、と定義しており、緑で「1つあるいはそれ以上の、部屋のような空間」を形づくることを勧めている。それは道路や自動車ではなく、木や塀、建物によって囲まれるべきなのである（Alexander, 1977, p.309）。

英国において、オープンスペースは、政府の「計画政策ガイダンス・ノート17：オープンスペース、スポーツ、レクリエーションの計画」（PPG17）のテーマである。これは質が高く、維持管理の行き届いたオープンスペースを奨励するものであり、質の高いスポーツやレクリエーション施設は、住む場所への満足感を高めるために大切な役割を果たすとしている。「コミュニティ活動の見える中心点に、恵まれないコミュニティにいる人たちを集め、社会的交流の機会を提供することができる」（PPG17, p.4）。それらのことは、健全な暮らしや予防衛生の推進にも、また、遊びやスポーツ、他の子供との交流を通じたあらゆる年齢の子供たちの社会的発達にも、欠かせない役割を果たす。

2002年発行のガイダンス・ノート最新版は、人口1,000人当たり6エーカー（2.5ヘクタール）のオープンスペースをという長年の義務的基準を削除した。現在、地方自治体は、オープンスペースやスポーツ施設、レクリエーション施設に対する監査の実施を通じて、スペースの量より質に重きを置く独自基準を設定できるようになった。これまでより質の高い設計や維持管理でオープンスペースの利用増加が見込めるかどうかを見極めるため、質についての監査がとくに重要となる。しかし、0.2ヘクタール以上の開発事業の計画申請では、スポーツ・イングランド（ならびに英国内の類似組織）の推挙を得なければならない、という要件がある。計画政策ガイダンス・ノートでは、広大な公共的オープンスペースについての分類基準が示されている。子供やティーンエイジャーのために提供する遊び場、スケートボード公園、屋外バスケットボール場、その他の形式張らない空間(たとえば溜まり場や10代の子供たちのシェルター（避難所））などが含まれる。

犯罪発生の恐れや犯罪の感覚を回避できる設計計画が最も難しい市街地環境の1つがオープンスペースである。オープンスペースが居住者に評価されるためには、安心感と信頼感を与えなくてはならない。人々は自らが不安を覚えるようなところに、私財を使うことはありえない。このことは、自分の家に対して考える場合にも連鎖反応を引き起こす。以下の要素が、オープンスペースの犯罪の心理的不安を助長する。

- 公式または非公式の監視の不足
- 反社会的行動の可能性
- 薬物常習者を含む若者グループの集会場所にオープンスペースが使われるという社会的要因
- バンダリズムの潜在性
- 地区構造のわかりやすさの欠如と標識の欠如
- 周囲の音が聞こえない隔離された状況
- 屋外照明が十分でない場所
- 人が隠れているかもしれない場所の通り抜け
- オープンスペースの配置や、問題の通報先についての情報不足
- 誤った種類の植栽
- 不適切な休憩場所しかない、もしくは腰を下ろす場所がまったくないこと
- 行き届かない維持管理

　リスクの問題については、とくに女性がオープンスペースを利用する場合の問題点がよく知られている。女性は一般に、実際のリスクが少なくても、男性より自分の安全に不安を強く抱き、その不安が日没以降オープンスペースの通り抜けの忌避につながっている。

　大きなスペースは、レクリエーション向けの緑地、遊び場、スポーツ施設、自然保護区、遊歩道やサイクリング・コース、教育施設といった、あらゆる種類の活動を促す（図3.81）。共同のイベントや活動、たとえばジョギング、自転車路、気楽に球技ができる場所などの導入は、自然が豊かなオープンスペースの人気を高める。ティーンエイジャー向けの特定レジャー施設や、椅子やベンチ、子供の遊び場などの機能を取り入れることもできる。

　一方、住宅開発地区内の小さなオープンスペースは、共同で維持する場合、もしくは管理会社が維持する場合のいずれでも、それぞれが独自の役割をもつよう空間システムの一部として構成すべきである。目的をもたない小スペースは、住民への迷惑行為や不安要素の源となりうる。スペースがどう利用されそうか、熟慮しながら設計しなければならない。大事なことは、オープンスペースが機能を提供し、自然で制約のない方法で利用されるものだという点である。だから、安全と感じるように設計しなくてはならないのである。たいていの人にとって、安全の判断要素はその規模と自然的特徴であるが、決定的な要素は他の利用者がいるかどうかである。森林は、よく樹木の陰に犯罪の恐れのある者が身を潜めることになるため、安全でないと思われる。助けてくれる人がいないという孤立感もま

図 3.81　近隣公園への入口。マンチェスターのヒューム

た問題である。CCTV は、出入口付近や子供の遊び場など狙われやすい場所は別として、有効な助けにはならない。

英国での実践は、各地域のデザイン・ガイドに記されている。エセックスのデザイン・ガイドでは、最も効果的な公共的オープン・スペースは「大きく、多目的の、堅苦しくなく監視された公園」であると推奨するが、さまざまな街の景観をつくるため、付加的で、小さく局所的なオープンスペースの役割にも注目している。景観がよく整い、管理の行き届いた、ジョージアン・スクエアのようなオープンスペース形態をとらなくてはならない（図 3.82）。持家の住宅地は、デベロッパーが準備し、全住民が登録する管理法人により維持保全を行うべきである（Essex County Council and Essex Planning Officers' Association, 1997, p.15）。

ノッティンガム市ガイド「住宅地でのコミュニティの安全」（Nottingham City Council, 1998, p.13）にもオープンスペースについての役に立つ助言が述べられている。図 3.83 は、クルドサックで設計された住宅地のオープンスペースを連携させるための、ガイドに示された提案である（Nottingham City Council, 1998, p.13）。住棟沿いの歩道幹線に面し、オープンスペースに隣接する住宅地における、

図3.82 エセックスのグレート・ノトリー「ジョージアン・スクエア」

効果的な端部の処理を図3.84に示す。

カナダのトロント市は、長年にわたり防犯性を踏まえた都市デザインの最先端にあり、優れたガイダンスを発行している（p.230）。オープンスペースに関する勧告は、以下の通りである（City of Toronto, 2000, p.38）。

- 自然な見まもりができるよう、住宅をオープンスペースに面するようにする。
- 場所の構造のわかりやすさが安全性を増す。自分のいる場所の物理的配置構成がはっきり理解できないと、利用者の心細さと不安感が増す。
- 良好な屋外照明が安心感を高め、しっかりした夜間監視を可能にする。
- 設計の多様性により、適切な利用をより強く惹き付けることができる。（比較的大きいスペースでの）まとまった活動だけでなく、景観要素の形態・色調・質感の多様性が、楽しい環境づくりに貢献できる。
- 自分の居場所や行きたいところへの道筋がわかると、人は自分で環境をコントロールできると感じるので、比較的小さい公園では、地図や説明標識があると安心感が高まる。
- 空間の秩序だった利用は監視力を高め、特定グループの専有を

第3章　都市のプランニングとデザイン　153

## 公共的オープンスペース　良い設計

**a.** 境界柵で囲むことで、オープンスペースへの自動車の乗り入れを防ぎ、道路から子供を遠ざける

**b.** 物理的手段は、1つのクルドサックから別のクルドサックに車が動き回るのを防ぐことを含まなくてはならない

**c.** 住宅妻側の主な窓からオープンスペースを見渡せる

**d.** 住宅妻側の高い境界塀は長さが制限される

**e.** 柵は外壁境界フェンスから人を遠ざけ、脇庭のように守りやすい空間を提供する

**f.** オープンスペースの設計は、主要な歩道ルート上あるいは住宅地との境界に、隔絶された空間が決してできないようにしなくてはならない

**g.** 敷地境界沿いに設けられた、犯罪抑止用の灌木植栽

**h.** まっすぐ好きなところに行け、オープンスペース外周沿いに周回できるようにデザインされた歩行者路

**i.** シケイン、道路の狭さく化、速度制御のための屈曲、舗装仕上げの変更など、住宅地の通行路で活用される交通静穏化対策

**j.** 見通しを良くするために選択され、一定の間隔を空けられた外周の植樹

**k.** 外周道路は、歩行者のためにより安全な代替ルートを提供する

**l.** プライベートの車路またはクルドサック端部は、家々をオープンスペースに面するようにする手段となる

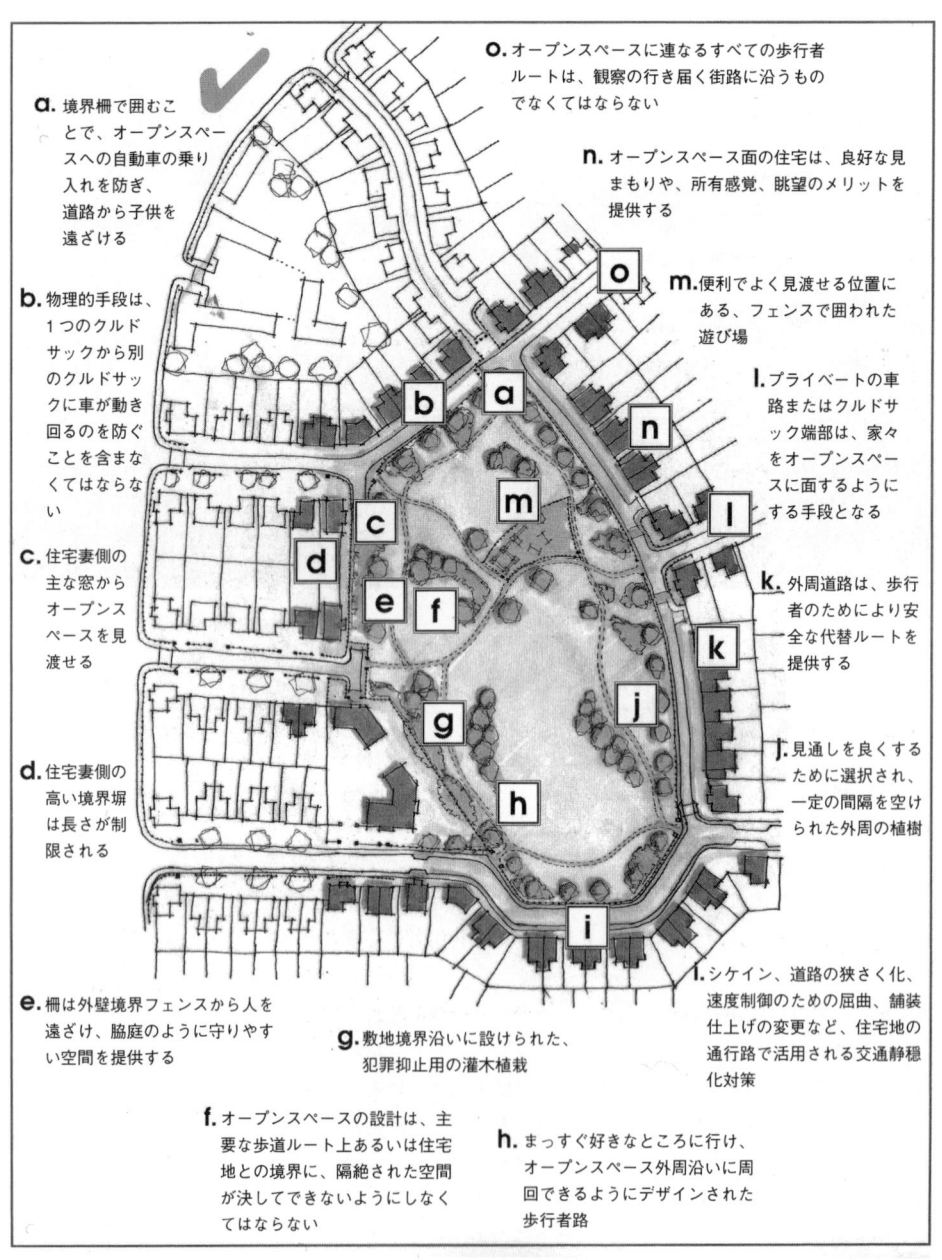

**m.** 便利でよく見渡せる位置にある、フェンスで囲われた遊び場

**n.** オープンスペース面の住宅は、良好な見まもりや、所有感覚、眺望のメリットを提供する

**o.** オープンスペースに連なるすべての歩行者ルートは、観察の行き届く街路に沿うものでなくてはならない

図3.83　公共的オープンスペースのための設計ガイダンス（Nottingham City Council, 1998, p.13）

制限し、不適当な行為の可能性を減らすことができる。
- 居住者が空間の設計計画、運営・維持に参加することで、所有意識と誇りを育み、空間の安全に関心を寄せる利用者の支持基盤が築かれる。

図3.84 海岸の遊歩道を見渡す住宅地。スウォンジー・マリタイム・ヴィレッジのフェラーラ・キー、マリナ・ウォーク。建築設計事務所：ハリデー・ミーチャム・パートナーシップ

## 子供の遊び

たとえ遊び場や休憩場所、物干し場などが犯罪や、犯罪不安、反社会的行為を生む可能性があるとしても、子供にとって遊びは学習に不可欠の要素であるため、近隣地区や住宅地の設計計画では遊びについて真剣に取り扱わなくてはならない。開発計画と設計計画の役割は、あらゆる年齢の子供たちが元気になり安全であるものとする一方、遊びが他の人たちの迷惑とならない環境を提供することである。とくに、住宅団地であまり考慮されない年長の子供たちは、遊び場にたむろし幼い子供たちが使えないようにするだけでなく、周辺に住む大人たちを口汚くののしる。

遊びの形態は、偶然の遊びといった性格のものから、設備の整った遊び場やスケートボード場、ユース・シェルター（若者の避難所）といったものまでさまざまである。設計にあたっては、年齢層

で異なるニーズをよく考慮すべきである。たとえば、幼児の玄関先での遊び（図 3.85）、年長の子供たちの騒がしいゲームや探検活動（図 3.86 ～ 3.89）、大人の干渉を感じないたむろの場所が必要なローティーン層の仲間付き合いなどである。11 ～ 15 歳の年齢層はとくに満足させるのが難しく、統計でみると、バンダリズムを行う者のなかで高い率を占める。近くの居住者が敵視され、妨害されることなく適切な監視ができるところに、この年齢層向けの形式ばらない集会所やシェルターを設けることは検討に値する（図 3.90）。次に、隣接する歩道や自転車路の利用者が嫌がらせを受けたり、恐怖に置かれることがないように設置しなくてはならない。球技のための区域は重要だが、さらなる騒音源となる年長の子供たちを引き寄せるため、住宅地から離して設けなくてはならない（図 3.88）。破壊や、落書き、悪用を防ぐため、遊び場に夜間施錠すべきか否か、慎重に検討すべきである。

戦略は地区の問題に携わってきたコミュニティ開発運動や若い労働力を通して立案されなくてはならない。現存施設を最大限に利用することが大切である。学校、とくに中・高等学校は、夜間や休暇中の施設利用が可能である（p.160）。放課後のクラブ活動（p.160）、

図 3.85　玄関口での遊び。マンチェスターのヒューム。ホーム・フォー・チェインジ *12

* 12　（訳注）第 5 章では「ホームズ・フォー・チェインジ」の名称で出てくる

図3.86 ケルンにあるこの住宅地の中庭で子供たちは卓球や他のゲームをするが、午後9時には全員家に帰るという決まりがある

図3.87 ロンドン、ベクスレー区のスレイド・グリーン。住宅地から目の届く範囲にあるが、離れた場所に騒々しい遊びができる場所を設けている

図 3.88 スレイド・ガーデンの球技スペース

図 3.89 2つの並行する街路の間で遊ぶ子供たち。ロッテルダムのノールデーレイ地区の近隣地区再生

図3.90 スレイド・グリーンのユース・シェルター（youth shelter：若者がたむろできるあずまや）

遊びのスキームやその他の方策で、若者のエネルギーを吸収するような創造的な方法が提供できよう。これには費用がかかるが、犯罪やバンダリズム、反社会的行為の減少に与える効果を長期的に考えれば、その額は大したものではない。

## ランドスケーピング（造園）

　大規模住宅地開発地区では多くの場合、設計計画のなかで2つの主要レベルの植栽がある。骨格をつくる植栽は、必要な個所で、開発地を周辺地域からまもり、主要道路や歩道の形状をはっきりさせる（図3.91）。強風にさらされる場所では、防風林の役目も果たす。開発計画において建物づくりと造園計画は、造園スキームのなかで明確な役割をもたせつつ、1つに統合されたデザインのなかで部分を形成しなくてはならない。そうすることで開発地の囲い込みや個性的な空間の創出を支え、開発地区全体の空間の質に貢献させなくてはならない。植栽は、犯罪の抑制効果を生み出したり、あるいは防犯性を高めることができるので、門構えを構成し、段階構成空間のなかで重要な部分を際立たせることも可能である。オープンな配置構成では、植栽自体が空間を形成できる。植栽で自然な見まもり

図3.91 骨格をつくる植栽は、都市デザインのコンセプトを強調する。ヨークの New Osbaldwick Village。マスター・プラン：PRP アーキテクツ

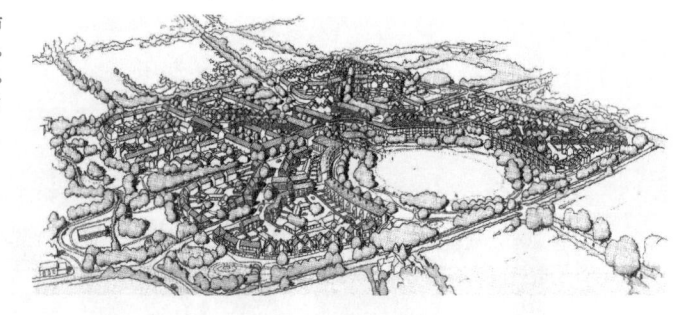

が妨げられてはならず、隠れ場所ができてしまう可能性をはらんではならない。植込みは、私的エリアや半私的エリアへのアクセスを防ぐのに便利だが、防御のための植栽は、状況に応じ適切な樹種を選ぶことが必要となる。たとえば、枝先が広がる円柱状の樹木は、監視が大切となる場所に最適である。つる性植物は落書きされやすい壁を覆うのに有効であり、とげのある植物は狙われやすい場所で人を遠ざけるのに役立つ。

景観づくりは、維持管理を念頭に設計することがとても大切である（図3.92）。小さなスペースに芝を植えるのは、維持費が高いためまったく不適当である。全体的な効果を確実にするには一定の適切な割合で常緑樹を用いることが効果的である。植栽は、まばらに植えるのでなく、効果が大きくバンダリズムへの対抗力のある場所に、まとめて植えるべきである。適切な監視が確実にできる高さに保てない灌木は、犯罪を誘発する。こうした問題をプロジェクトの完成段階まで先送りしてはならず、開発計画の設計計画期間に、全体的な景観計画の一部として考慮すべきである。可能な限りどこでも居住者が設計計画と樹種選定に関わるべきであり、それにより公共的空間の所有意識が促され、将来の手入れと管理が確実なものとなる。

### 学校

学校のオープンスペースと運動場はコミュニティの大事な中心施設であるが、犯罪やバンダリズムの可能性を防ぐため設けたフェンスの後ろに、建物を後退させて建てることが非常に多い。学校は遠く離れているように見え、物理的にコミュニティの一部になっていない。校舎と住宅地、店舗、その他のコミュニティ施設を結び付けて、広場や共用緑地をつくるという考え方は、なくなって久しい。かつては「デュアル・ユース」(重ね合わせ利用)[13] の運動場には、放課後コミュニティの人々がアクセスするための付属スペースがあ

* 13 （訳注）dual use：学校としての利用と、コミュニティの人たちの利用を重ね合わせることを意味している

り、一定の管理や監視を行うため、学校内に住み込む管理人がいたのである。

　近年、英国の多くの地域に広がる校舎への放火によって、校舎をフェンスで囲うことの十分な理由になっているが、もっとほかに代替手段があるに違いない。エセックス・デザインガイドは、さりげない監視が行えるよう住宅から学校の運動場が見渡せるようにしなくてはならない、と勧告する。また、運動場は当然緑地体系の一部であるべきで、歩行者や自転車のネットワークの中心になるべきである、としている（Essex County Planning Officers' Association 1997, pp.15-16）。ロンドン・グリニッジのニュー・ミレニアム・スクールは、整えられた周辺景観に合うよう入念に設計され、安全が明確な論点だったようには見えない（図3.93、3.94）。サルフォード大学とシェフィールド・ハラム大学がマンチェスター、ディズベリーのパーズ・ウッド・ハイ・スクールで行った調査は、安全性に関わる問題の多くが、設計計画で減らせることを証明した。新しい学校を設計する建築家たちは、校長と綿密に打ち合わせをした。校長は、学校を犯罪被害に対して強いものとし、子供たちを好ましくない侵入者から守り、いじめをなくしたいと考えていた。生徒の安全は、1ヵ

図3.92　ウォリントン、オークウッドの管理の行き届いた植栽。建築設計事務所：ウォリントン・アンド・ランコーン開発会社。チーフ・アーキテクト、ヒュー・カニング

第3章　都市のプランニングとデザイン　161

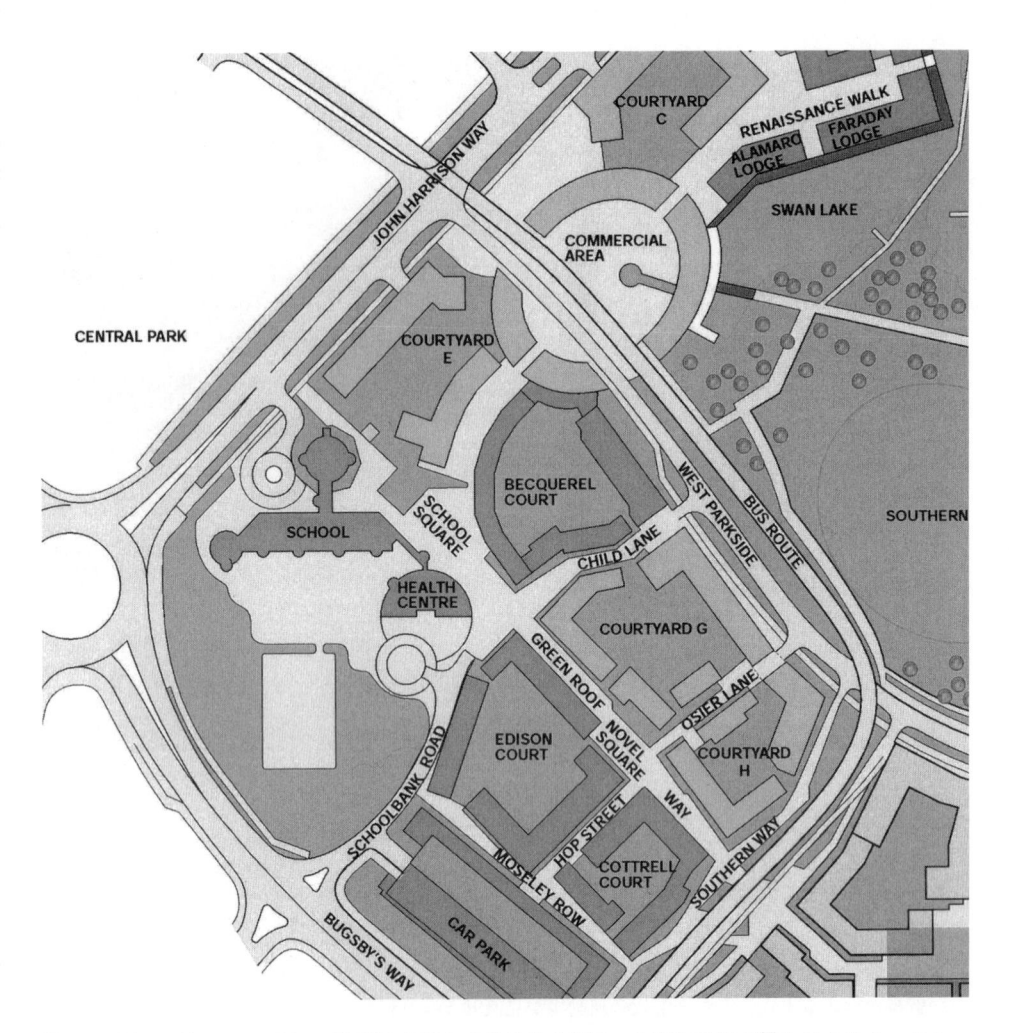

図 3.93 グリニッジ、ニュー・ミレニアム・ビレッジの新しい学校は、住宅地と保健センターと合わせて「学校広場」を形成するよう設計された。イングリッシュ・パートナーシップ提供の計画図

\* 14 （訳注）curriculum centers：生徒が部屋を移動する特別教室などの意味

所だけ玄関と中央受付を設け、生徒と教師が異なるカリキュラム・センター *14 に向かうときにそこを通ることで達成された。この学校には外周にフェンスを設けなかった。その代わりに、侵入盗を防ぐため 40 台の CCTV カメラが敷地周囲に設置され、守衛によって監視されている。この措置はよく機能し、24 時間体制の安全監視がなされるという条件であれば、継続が可能である（Davey et al., 2001）。

他に考えられる解決策としては、建物の共同利用部分を放課後に利用できるようにし、それによって犯罪やバンダリズムのリスクを減らせるよう、学校側が地域コミュニティに積極的に働きかけるのを促すことである。学校は、施設をコミュニティの利用に供する見返りに、貴重な収入をあげることができる。2002 年の教育法は学

図 3.94　グリニッジ、ニュー・ミレニアム・スクールの玄関口

校の地域コミュニティへのサービス提供を行いやすくした。「エクステンデッド」スクール（延長学校）は、登校日以外に生徒やその家族、より広いコミュニティのニーズを満たすのを支援するためにさまざまなサービスと活動を提供するものである。

　いくつかの学校では託児、成人教育、コミュニティ向けスポーツプログラムを含むエクステンデッドサービスを提供することで、すでにこの利点を活用している。わずかではあるが、保健・社会介護サービスを開始した学校もある。どのようにしたら地域のパートナーたちと協力して学校がこうしたサービスを提供できるかについては、それを説明した教育雇用訓練省のガイダンスが入手可能である。他のグループや機関と協調して取り組む、より柔軟な開放時間を設けるといった、実用性を対象に運営するやり方で、学校はいくつかの変革を行う必要がありそうである。そうすることで、学校は、より活気ある社会の中心になり、犯罪にさらされることも減る（こうした可能性のより詳細な情報は、www.crimereduction.gov.uk/activecommunities27.htm および www.teachernet.gov.uk/extendedschools を参照）。

　学校建物の設計計画そのものが、犯罪削減に重要な役割を果た

図3.95 マンチェスター、ディズベリーのバーズ・ウッド・ハイ・スクールは、フェンスで囲わずにCCTVカメラによりまもられている

す。バリー・ポイナーが、著書『デザインは犯罪を防ぐ』(邦訳は(財)都市防犯研究センター、1983年)で設計に関して行った助言は、今日でも意味をもつ。学校での侵入盗とバンダリズムの予防を促進する、彼の6つの助言は以下の通りである。

- 学校の建物および運動場はきちんと、十分に維持しなければならない
- 学校は、人通りの多い場所の近くに位置させなくてはならない
- 学校は、街路や周りの家からよく見渡せなければならない
- 学校のデザインはコンパクトにし、犯罪者が隠される凹凸は避けなければならない
- 屋根によじ登れないようにしなくてはならない
- 学校の配置デザインは、管理人が見回りしやすいようにしなければならない

### 地元商店と施設

どこの近隣地区でも、ほんのわずかな店舗やその他の商業施設が、地区センターに活気ある用途混在の環境をつくるので、近隣地区の持続可能性にかなりプラスとなる。商店や他の施設が当初から整備

されない場合、将来に備えて用地を取得し、初期段階では未開発のままで残すことも検討に値する。

　商店や他施設で構成される地区センターは、犯罪不安を軽減する効果がある。しかし、夜間、若者の非行グループに支配されたりすると、その影響はまったく反対に作用する。したがって、地区の店舗は作業スペースとして裏の荷降ろし場を設けたりせず、単純な配置で住宅地に溶け込ませるのが最も良い。店舗と周辺建物の間に、広い駐車スペースがあると無人地帯のような感覚を生むので、避けるべきである。一般に、公共領域と駐車スペースを見渡すCCTV監視を導入することが勧められる。

　ドア、窓、錠、ガラスを頑丈にすると、侵入盗やバンダリズムのリスクを低減できる。迅速な修理が大切であり、そうしないと、故意の破損が続くようになる。

### シャッター

　シャッターは、市街地環境のなかで、砦（とりで）のような雰囲気をつくりだす。その設置は自滅的であり、地域に「廃れた雰囲気」を与える。シャッターは落書きの場所を提供し、犯罪に対する地域の脆弱性のシグナル発信となるだけでなく、一般の人たちにそうした場所の利用を控えさせる。その結果、自然な見まもりがなされる利点を失ってしまう。同様に、活動が少なくさびれて見える場所は、犯罪者には摘発されにくい場所だと感じられ魅力的に映るかもしれない。格子状のシャッター[15] は、通常の営業時間帯に敷地側から街路を照らす照明になるうえ、場所を魅力的にするのに役立ち好ましい。このタイプのシャッターは、通りから中が見えるので犯罪を思いとどまらせるのに役立つ。

[15] （訳注）パイプシャッター

### バンダリズムや落書きが生じない設計計画

　バンダリズムや落書きにとくに遭いやすい場所は、建物その他の表面仕上げの損傷リスクを最小限に抑えるため、よく考慮した設計と仕様書が必要になる。以下の事項について、とくに配慮をしなければならない。

### 素材

- 垂直面のタイル張り、下見板張り、広い平面のシート素材は、被害を受けやすい場所では使用すべきでない
- もし、リスクの高い場所で木材を使用するのであれば、十分に防腐処理を施した木目の細かいものにすべきである

第3章　都市のプランニングとデザイン

- 小さい敷石や舗装ブロックを使う場合、取り外されないよう埋め込まなくてはならない

### 表面仕上げ
- ごつごつした仕上げは、一般的に、きめ細やかなものに比べ落書きされにくい
- はっきりと柄模様をつけた仕上げや大胆な補色の壁は、比較的落書きされにくい。柄模様は大きすぎてはならない。さもないと、1つの柄のなかに落書きされることがある
- 表面色が下地の色と大きく異なる場合、表面仕上げ材への損傷が良く目立つ
- 表面仕上げの下地に使用される素材は、極力丈夫にしなくてはならない

### 構成材と設備
- 屋外照明器具は、手の届く高さに設けるべきでない
- 壁付けの屋外照明器具は、壁に埋め込むか、可能であれば隠すべきである
- とくによく利用される場所近くの縦樋は、隠すか埋め込まなくてはならない
- すべての設備配管や電気配線は、可能な限り隠すべきである

### 街路照明
[良質な屋外照明の効用]

　効果的に設計された街路照明は、多くの人が感じる日没後の外出の不安を減らすことができる。照明の規格を引き上げると、街路照明の技術者が通常使うレベルのものより費用がかさむ可能性はあるが、犯罪低減に関する効果は非常に大きい。最近の英国での好事例は、ストーク・オン・トレントとダッドリーに見られ、世帯への犯罪が前者で25％、後者で約41％減った。人々が安心感をもつようになり、夜間に街路を利用する歩行者が劇的に増加したことで、より多くの目と耳が街路に注がれるようになり、街路をすっかり安全なものにした（Webster, 2003; Painter and Farrington, 1999）。

　ケンブリッジ大学犯罪学研究所のケイト・ペインターは"Regeneration and Renewal（再生と再開発）"に発表した論文"Ray of Hope（希望の光）"のなかで、次のように述べている。

　　「良い屋外照明から、住宅や教育といった自治体業務のあらゆる分野に幅広い利益が得られる……住宅、教育、社会福祉、警察関係予

算を、組織間の『一致協力した』環境の下での公共照明に振り向ける価値はある」(Painter, 2003, p.23)。

彼女は、街路照明は路上犯罪を減らす費用のかからない対策であり、市民に何ら悪影響はないと指摘する。ハダースフィールド大学のケン・ピーズは、利点を次のように要約する。「街路照明にターゲットを当て、それを増やすことで、一般に犯罪抑制効果が得られる。街路照明の整備は夜間の犯罪だけでなく昼間の犯罪も減らすが、これは、照明がコミュニティのプライドや帰属意識、見まもりを増やすからではないかと推察される」(Parker, 2001, p.18)

[屋外照明への要求]
　街路照明は、自動車だけでなく、歩行者にも便利なものでなくてはならない。単に明るくするだけでなく、夜間（そして昼間も）の空間の質を高めなくてはならない（図3.96）。従来、技術者は街路照明の規格とコストを交通量と事故防止に関連付けてきた。現在は、よりレベルが高く、より設置場所の特性に合う屋外照明による犯罪と犯罪不安の抑制も優先されるべきだ、という見解が出てきて

図3.96　ロンドン、キングス・クロスのクローマー・ストリート。街路灯は、この歩行者空間向けに特別に設計された

いる。街路照明の整備は、犯罪を減らすだけでなく、自然な見まもりが増えることで犯罪の機会の低減にも役立つのである。

[カナダでの経験]

トロント都市安全ガイドライン（2000年）には、次のような簡単な質問が満載されており、住宅地の街路照明デザインの実用的チェックリストとして使える（City of Toronto, 2000, p.38）。

### 最低基準

屋外灯は道筋やその周囲を見やすく照らしているか？ 屋外灯は小道や奥まった空間、入口、出口への通路、標識をしっかり照らさなくてはならない。屋外灯を適切に配置するには、暗い曲がり角や奥まった空間が最小限になるよう、建物と景観要素がつくる影を考慮しなくてはならない。

### 屋外照明の一貫性

照らされる部分と陰の差が少なくなるよう、屋外照明は一貫したものになっているか？ 暗い部分をつくらないことが不可欠で、それがあると犯罪者に真っ暗闇と同じくらい多くの機会を与え、人々により多くの不安を与えることがある。人の顔つきがゆがんで見えたりせず、できるだけよく判別でき認識できるように、あらゆる努力をしなくてはならない。

### 屋外照明の適切な設置

街路照明は、街路や窓でなく歩行者路を照らしているか？ 屋外灯の配置基準は、樹木や灌木の成長後の最終的な高さや幅など植栽の影響や、その他の光を遮る可能性のあるものを、考慮しておかなくてはならない。

### 屋外灯の保護

照明器具は、いたずらから守られているか？

### 維持管理

屋外照明器具は良好な状態に保たれ、電球が切れたり割れたりした際にその都度交換されているか？ 照明の維持費用は設計段階で算出されなくてはならないし、維持責任が受け入れられなくてはならない。

夜間利用の計画

　建築図面には、屋外灯の位置、数およびタイプを含め夜間の利用について記載しなくてはならない。その設計（計画）は、街路照明の技術者だけに託されるべきでない。

[設計計画のプロセス]

　優れた屋外照明計画を行うための一般的手順は、次の通りである（Genre, 2002, pp.3-4）。

- 見え方の役割について、最初に意思決定する
- 見る必要があるものを、まず照らし出す（通常は、光源ではなく対象物）
- 照明の質の高さは、主に設置場所の良しあしの問題である。ギラギラとしたまぶしい光を減らすことや案内誘導することだけが目的ではない。警備上の理由で設ける足元照明のような下からの照明は、一定の照明角度になると脳に不快感を与える。人は上からの光を知覚することに慣れているので、これは概して危険なことである
- 多くの場合、直接光と拡散光の組み合わせが最良となる。この組み合わせで奥行きの知覚を増す
- 大きな輝度差は避けるべきである
- 質は量より大切である。光の質と対象表面の反射要素が重要となる。明らかに白色光が望ましい

　公共的空間の屋外照明は、ある程度の距離に別の人がいるときにも、良く見えるようにしなくてはならない。おそらくその距離は、12〜15メートル以内である。ある程度は照明が多いほうが有効であるが、あまり多いとギラギラとまぶしくなる。この観点で、小道の照明の明るさを考えることが大切である。一般論として、屋外灯は道筋を示すのに十分な明るさが必要であるが、歩行者がそこから暗い部分を見て困るほどの明るさではいけない。光の漏洩が害を及ぼす場所もあるので、地区の事情に見合う適度な明るさとなるよう考慮すべきである。

　建物設置の屋外灯は、夜の景観性を向上することができるが、寝室の窓からは離れていなくてはならない。よく目立つ位置の屋外灯は、場所性を明確にし、空間性を演出するために使うことができる。たとえば、道路の両端に設ける2つの屋外灯は、エントランスの効果を演出するのに役立つ。注意深く設置された屋外灯は、周囲の家々

に対し、空間の所有意識を創出する助けとなる。照明器具の選定が大切であるが、地方自治体の街路照明技術者は、伝統的にメンテナンス・コストを最小に抑えることを求められてきた。それは理解できるが、最低の仕様では、地域の質を高めるのにほとんど役立たないかもしれない。

街路照明は、樹木が光を妨げることがないよう、樹木が最も高くなった状態を考慮して景観設計されなくてはならない。

街路照明のない共用道路を含め、自治体が維持管理の責任を負わない道は、安全性の問題が起きる可能性がある。また、駐車場や車庫への屋外灯のない裏側アクセス路も問題を起こす可能性がある。多くの住民は街路照明設置の財政的手段をもたず、また自治体は責任を引き受けようとしない。利用可能な限られた交付金はあるが、ケイト・ペインターが述べているように（p.166）、犯罪削減から屋外照明の設置・運営に至るまでの経費を節減するための連携した考えが必要となる。

### CCTV

現在、英国中で約250万台の監視カメラが使用されており、その数は急増している。それだけCCTVが日常的な光景になってきているため、「その大半は、下水、ガス、上水、電話、電力供給と同じく、別の公益事業になっている。この整備には設計者が関わる必要がある。しかし、それは人の代用になるわけではない」（Parker, 2001b, pp.17-18）。

機器監視の利用増大は重要な問題を提起している。内務省ガイダンスは、CCTVの設置が決して普遍的な解決策でなく、総合的な犯罪予防策の一部としてのみ有効であり、うまく運用するには細心の注意を払う専門的管理が欠かせない、と強調する（図3.97）。さらに、多くの場合CCTVの設置には計画許可を必要としないため、その使用と設置地点をめぐってはほとんど国民的な議論ができていない。いくつかの国で、CCTVは踏み込みすぎであり、個人の自由や市民の権利を制限するものだと認識されている。EUと最近の英国の「人権」法制（2000年人権法）や「情報保護」ではかなりの利用制限を行うことができ、利用者は適切な使用基準と手順で導入する必要がある。オランダとデンマークでは、公共の場所でのCCTV使用はまれであり、利用は主として私的スペース内に限られている。米国でも英国ほどは使われていない。

CCTVの設置と運営には費用がかさむので、次のように、うまく運用する可能性を最大限に高めることが大切である。

図 3.97　ロンドン、キングス・クロス団地アクション・エリアのベルグレイヴ通りに設置された CCTV カメラと標識

- 対処すべき問題の正確な評価を行うことが不可欠である。問題になる場所は、一貫して犯罪発生率が高く、犯罪には1つのパターンが見られるか？　質の高い最新の犯罪データはあるのか？　時には一般市民の犯罪不安が極めて高いことが理由で、CCTV導入が必要になる。しかし、もし、CCTVオペレータがあらゆる動きを逃さず、直ちに警察に電話するものだと期待しているとすれば、現実には落胆につながる可能性がある。
- そもそもCCTVが有効なツールかどうかを評価することが大切である。そこでの犯罪は監視に影響されやすいものか？　そして、地域住民の同意がなくてはならない。
- 同様に重要なのは、警察との連携である。警察は監視室からの呼び出しに高い優先度で対応するか？　住宅地にはあてはまらないかもしれない。CCTV設置の意味をよく理解することも欠かせない。それには、運営管理への関与と、関係する費用分担の問題が伴う。
- CCTVカメラ設置には交付金利用が可能かもしれないが、管理全般とシステムの運営には無理である。したがって、ランニング・コストが適切で持続可能であることが不可欠である。

　英国政府の犯罪削減プログラムの一環でスカーマン・センターが実施したCCTVの最新評価によると、最良の結果が出たプロジェクトは、犯罪や秩序違反の問題発生がすでに確認された場所において多く見られた。あまり成功しなかったプログラムでは、プロジェクトの統計的要件に合わせて地域が指定されていた。技術知識を持つ人を最初から参加させることが大切である。何よりも大切なことは、CCTVが問題の最良の解決策であることを確かめるコミュニティとの対話である（Scarman Centre, 2003）。

## ゲート付きの路地
[路地管理者の手引]
　ロンドン首都圏警察ガイド「ゲートをつけた路地のためのアリゲーターズ・ガイド（路地管理者の手引）」によると、国内の全侵入盗のうち、侵入経路が正面の玄関や窓であるのはわずかに15%だけである。侵入盗は、姿が見られない裏か妻面のドアや窓から侵入しようとする。連棟住宅では、裏へ回るのに、しばしば路地、路地道、狭隘路（snickets）、通り抜け路（ginnels）、通路、あるいは地域によって違った呼称のある狭い路を通る。犯行者たちは道路を越えて次の

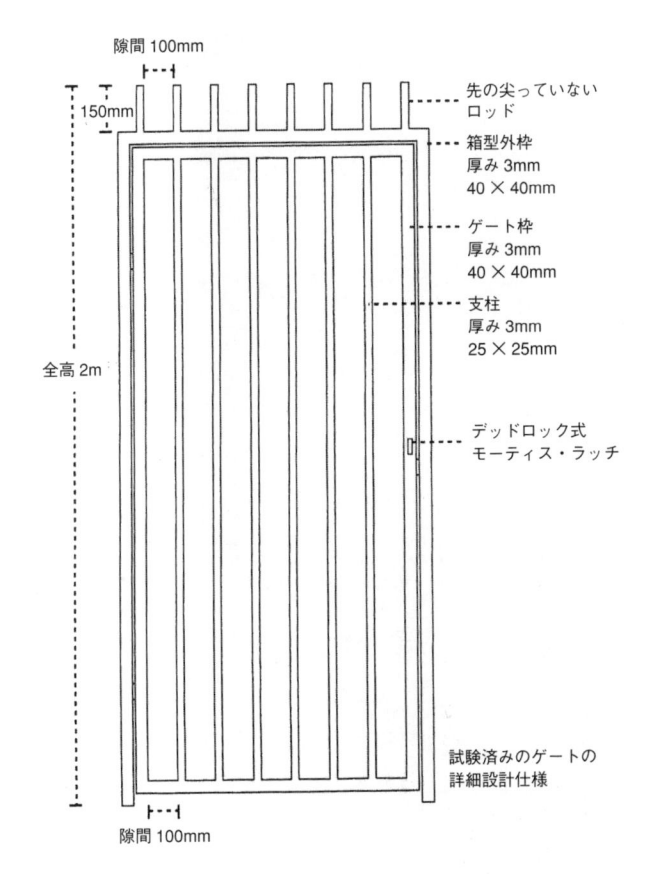

図中ラベル:
- 隙間 100mm
- 150mm
- 全高 2m
- 隙間 100mm
- 先の尖っていないロッド
- 箱型外枠 厚み3mm 40×40mm
- ゲート枠 厚み3mm 40×40mm
- 支柱 厚み3mm 25×25mm
- デッドロック式モーティス・ラッチ
- 試験済みのゲートの詳細設計仕様

仕様
- ゲートは内側に開くべきである
- すべての部分は最小3mmの厚みの鉄鋼にすべきである
- ゲートを囲むのは、40mm×40mmの箱型外枠（ドアフレームのようなもの）である。この頭頂部には150mmの先の尖っていないロッドが付く。ロッドは、フレームの代わりにゲートの先端に溶接することができる

図 3.98　路地のゲートの詳細
(Beckford and Cogan, 2000, p.11)

路地に行くときだけ人目に触れるが、それ以外は真昼間でも人に見られずに路地が使えるのである。彼らが地域の路地網を熟知していれば、逃亡ルートにも使える。日中人家に侵入し、盗んだ物を路地に隠し、夜になると闇に紛れてそれを集める侵入盗もいる。

　よじ登ることができない施錠可能なゲート（図3.98、3.99）は、侵入盗の数を低減するのに役立つ。ロンドンのいくつかの地区で、ゲートが裏からの侵入盗を最大90％減らせることが立証されている。ゲートを設置することのメリットはほかにもある。ゴミの投げ捨てや、犬のふんで路地が汚れるのを防ぐことができる。路地で子供が安全に遊べる。また「街路沿いに住む人々が自分たちの路地を取り戻すのを助ける」（Beckford and Cogan, 2000, p.4）。ゲートのデザインは大切である。よじ登れないものでなくてはならない。水平のバーやその他侵入盗が足を掛けられるものが中央部にあってはならない。ゲートは共用路地の先まではっきり視線が確保され、強固なものでなくてはならない。木製より金属製がよく、ロックすると

図 3.99　中庭へのゲート設置。ロンドンの
キングス・クロス団地アクション・エリア

きにバタンという物音がして、自動でデッドロックが閉じる彫込み錠がよい。暗闇のなかで誰かがよじ登るのを照らせるよう、ゲート上部に照明を設けなくてはならない。

[ハーレムでのオランダの経験]

　居住者が路地へのゲート設置を全面的に支持すれば、極めて効果的なものとなる。オランダのハーレム市は、疑いの余地なくこのことを証明している。1990年代、同市は裏道からの侵入盗に対する抑止力を高めるため、ゲート設置の促進を決定した。一致団結して裏道の安全を守る計画を実施する準備が整った住民グループが、費用の50％を市が負担するパイロット計画の対象に選ばれた。この計画には、ゲートと屋外灯の設置による通路の安全確保が含まれている。最初の計画は、1年後に572軒を対象に検証されたが、結果は極めて良好だった。住民の85％は、採用された対策に非常に満足だと述べた。住民の48％が、その対策が講じられる前には危険を感じていた。87％の人は、対策がとられた後、はるかに安全になったと感じた。対策前は、年間35件の侵入盗があったが、翌年は15件となり、57％減少した。侵入盗のリスクが大幅に減り、安全性の認識がはっきり高まった。パイロット・プロジェクトが大成功と見なされたことから、その後、さらに大型の助成プログラムが立ち上がり素晴らしい効果をあげたのである（Wallop, 1999, pp.3-4）。

図4.1 ロッテルダムのコップ・ヴァン南。オランダで典型的な、質の高い高密度住宅のデザイン

# 第4章：

# デザイン・ガイダンス

## はじめに

　本章では、政府、警察および地方自治体側で作成した資料からデザイン・ガイドを眺めてみる。「環境デザインによる安全確保」は、1989年に始まった警察主導の取組みである。オランダの警察認証制度はここから展開したものである。

　各地方当局では、市街地環境の犯罪抑止を考慮した設計計画についての情報を含めたデザイン・ガイドを作成してきた。エセックス州役所は、最初にこれを作成した機関であった。ノッティンガム市などでは、とくに防犯に関連したガイドを作成している。カナダのトロント市は、環境デザインによる防犯の分野の施策効果で、国際的名声を博している。欧州議会暫定案の「都市計画、都市デザインによる犯罪予防」は、EUの人々の犯罪のない環境での生活を享受したいという関心を反映している。

　本章では、これらの刊行物から設計基準の概要を規定する主要な原則を選びだして述べる。

### 英国政府のガイダンス
[環境省、通達5/94「プランニングによる防犯」]

　1994年以来、この通達は市街地環境での防犯性をふまえた都市デザインに対する、政府ガイダンスの主なよりどころであった。犯罪とバンダリズムの要因は複雑なものであるとしながらも、環境が果たすべき役割があると忠告する。荒涼とした、不毛で平凡な周辺環境が、不安や疎外感、そして匿名性を生み出しかねないことを認めている。

　通達では、計画の許可申請を決定するとき、犯罪予防が自治体計画部門で配慮されるべき要素となりうることが立証されている。設計計画の段階で犯罪予防に焦点を合わせることの重要性が強調されている。すなわち、ひとたび開発が完成すると、犯罪予防の手立てを組み入れる大切な機会が失われるということである。犯罪抑止が、広範な手立てを必要とすることも強調されている。たとえば、住宅

団地に取り組む場合、幅広い問題（犯罪自体だけでなく）に対応でき、さらにはプランニングなどを行う諸機関を巻き込む一括した手法に基づく必要がある。他の手法と組み合わせられる場合には、プランニングの貢献 1 つがとても重要なものになりうるのである。

通達ではまた、「ある開発の視覚的な質の高さと、防犯の必要性とを調和させる設計の手法があってしかるべきである」としている。また、「このプランニング・システムは、慎重に使われて初めて、魅力的で良好な環境をつくる道具となりえ、反社会的行為を抑止させる環境にもなりうる」とも述べている（p.1）。

この通達で、警察の建築指導官（防犯設計アドバイザー）たちと地方自治体計画当局との間で、プランニング業務へのコンサルテーションが確立した。また設計計画による安全確保についても言及している。

通達では、次のような犯罪低減の原則が打ち出されている。

- ミクスト・ユース（用途混在）開発。衝突を生む恐れのある対立的な土地利用は避ける
- 都市計画当局、デベロッパーおよび設計者の間の議論は、設計の初期段階で行わなければならない
- 配置構成は、人や物への犯罪リスクが減るよう設計されなくてはならない

[犯罪と秩序違反法 1998]

1998 年まで、英国では防犯への法制上の支援は何もなかったが、「犯罪と秩序違反法 1998」第 17 項で修正された。この法令で、犯罪は、その根本原因に対処することでしか阻止できないものであるということを認め、コミュニティが、犯罪不安のなかでの生活を甘受するようなことではならないとする明確なメッセージを打ち出した。さらに、地方当局と各警察部局には、職務に犯罪の考察を含むことが法的に定められた。すなわち、「当然となる役割を行使することで、当該地域の犯罪や秩序違反を防ぐためになされるべきことをすることができるのである」。

したがって開発を監督する機能を組織立てるに当たっては、犯罪や治安問題への配慮義務が、都市計画当局により大きくかかってくる。これは、地方当局に、他の配慮事項に対し治安要素に力点を置いた判断が期待されているように、治安への配慮が常に優先されることを意味するのではない（DETR, 1998b, p.47）。

同時期に、いくつかの**コミュニティ安全パートナーシップ**が設立された。これらは警察を、自治体当局と、最近では保健当局と連携

している。安全基金は、自治体により支えられており、その資金は犯罪低減の物理的改善にも利用できる。

[都市計画方針ガイダンス・ノート（PPGs）*1]

「防犯性を踏まえた都市デザイン」は英国政府の計画ガイダンスの、次のような一連の事項のなかに見られる。

PPG1、大綱と原則：

持続可能な開発の原則をまとめている。付章Aは、「設計上の問題の取扱い」に関するもので、提案される新規開発の設計を考えるなかで、地方の計画当局、デベロッパー、設計者は、環境省通達5/94に盛り込まれた勧告を考慮しなくてはならない。

PPG3、住宅地：

新規開発に当たってはスケールや形態において、地域文脈の大切さを重視する。地方当局は、安全や公衆の健康や防犯、コミュニティの安全性などを考慮した設計や配置構成を推進する施策を取り入れなくてはならないと述べている。

PPG7、農村部、環境的価値と社会経済の発展：

農村部の土地利用計画に対し、住宅や新規開発の施策を含むガイドを提供する。

PPG12、開発計画と地域計画ガイダンス：

地域の文脈を受け入れ、開発計画のなかで代替交通を促進する必要性をまとめている。開発計画に対応した適切な社会的配慮の1つは、（よりよい設計の達成を含め）犯罪抑止の手段をよく眺めてみることである。

PPG13、交通：

持続可能な開発の達成に資する統合化された交通政策の必要性を強調する。住宅に関する主な提言は、「住宅開発は、どこであろうと可能な限り、他の施設への交通手段に選択肢が提供されるよう立地しなくてはならない」とする。それには、「デザイン性、安全性、混合開発性」という側面も含まれ、開発の設計や配置構成を通じ、地方当局は犯罪や犯罪不安をいかにして最小限に減らすか考慮すべきであると述べている。

これをさらに進めると次のように説明できる。よく機能している場所は、コミュニティのあらゆる人が、安全に、また安心して使えるように設計計画されており、多様な目的に、高い頻度で、昼間も夜も一日中使えるようになっている。自治体当局は警察と連携し、（路上での安全と人への安全の両面から）安全な設計計画や施設の配置構成を促進すべきであり、防犯やコミュニティの安全のための

＊1 （訳注）国の計画行政方針
Planning Policy Guidance Notes

配慮事項に注意を払うべきである。
**PPG15、計画と歴史的環境：**
　歴史的環境の保存に関する政策をまとめている。
**PPG17、オープンスペース、スポーツおよびレジャーの計画**

[防犯性を踏まえた都市プランニングの実践ガイダンス]
　通達5/94の目的と内容は、レウリン・デービス建築計画事務所とコミュニティ安全問題の専門家ホールデン・マカリスター協同事務所が手を加えた現時点の主要課題である。ガイダンス（2003年後半に立案された）は、安全で持続可能なコミュニティの分野での、実践の原則をまとめている。この原則は、固定的規定となることは意図しておらず、各地の個々の場所で考慮されるべきことと、排他的な原理であってはならないことを謳っている。

　ロンドン会議では、CABE（建築と市街地環境のための政府委員会）の専務理事ジョン・ルーズが、設計計画による安全性向上（2003年4月）のために、新しいガイドについて論文を書いている。彼は良い設計計画を用いて、CABEが何をするつもりかを解説している。

- 目的への機能と適合。安全が大切である。もし環境が安全でなければ、機能も果たさず、賑わいもない。
- 持続可能性
- 場所への感性
- 真の価値と効率性
- 美観性
- 革新性
- 柔軟性
- エンドユーザーにとっての利益

　彼の考える安全で持続可能な場所に必要な特性とは以下の通りである。

- 防犯性と、都市圏・農村部再生の間での積極的連携が確立されていること
- 犯罪学的研究に基づきつつ現地特性に合わせた設計計画となっていること
- 何ら慣例規範はないこと
- 地域の文脈を全面的に念頭に置いたものであること

　このガイドには、8つの重要な設計計画の原則が含まれる（Rouse,

2003)。

- **アクセスと移動**：場所ごとに、移動しやすく安全でわかりやすい通路や、空間やエントランスがなくてはならない。開発は、到達しやすく、出入りしやすいものとして、見まもりを可能にしなくてはならない。道筋は、十分に通り抜けの良さがあるものとし、自動車と歩行者・自転車の分離は避けなくてはならない。路地や地下通路は、必ずしも必要なものではない。ヨーロッパで見られるような幅の広い横断歩道が好ましい。また各空間は理解しやすくあるべきで、優れたサイン計画は大切だが、設計計画によって方向感覚を与えるべきである。

- **活力度**：場所は、人の活動レベルが高まることで犯罪リスクが減少し、いつも安全だという意識が生まれるようなところに創出されるべきである。社会施設や商業施設を、開発地区全体に分散させる、あるいは1ヵ所に集中させることのバランスは、警察と一緒に、地域主体で意思決定されなくてはならない。若い人たちに配慮することは不可欠であるが、スケートボードなどは、環境に大きな悪影響を与えることにもなる。

- **適応性**：場所と建物は、変容する時代の要求や安全性の課題に適応できなくてはならない。公共スペースの質が、量よりはるかに重要なものとなる。もしオープンスペースが、周辺の生活者たちに問題を生むとすれば、私有地にしてしまうか、もしくは全部撤去するのが望ましいかもしれない。この点でいうと、クルドサック型配置計画は、ほとんど使わないオープンスペースを、多くつくりがちである。

- **管理と維持保全**：設計計画の説明会の段階では、当該事業計画が、当面および将来にわたり犯罪を抑止するためどのように管理され維持保全されるのかをしっかり確認することが不可欠となる。コンシェルジュ（総合管理人）とか、適所への近隣巡視員配備などの必要性が含まれる。コミュニティは、管理と維持保全に関わるべきであり、苦情が増大する恐れのある居住環境問題だけに傾注するのを避けるために、あらゆる手を尽くすことが必要となる。

- **所有意識**：場所は、所有意識、立場の尊重、領域への責任感、またコミュニティといったものを促進しなくてはならない。所有意識と設計で大切なことは、隣近所が認め合い、互いに知り合うことを通し、「社会資本」を育むことである。公共的スペースと私的スペース、そして共有スペースは、はっきり区画すべきであるが、境界柵が高すぎると不安を招き、安全も損なわれ

る。ゲーテッド・コミュニティは、すべてがうまくいかないときだけに限るべきである。
- 物理的防御：場所によって、必要であれば、うまく考案された安全装備、たとえば、錠前や面格子、その他の安全基準への適合が保証された製品を使うべきである。使用する場所や部品をよく吟味することで、全体的環境への損害を減少させなくてはならない。
- （地区の）骨格：おのおのの場所が、異なる用途で相隣問題が起きないよう、骨格がつくられなくてはならない。そのため、用途と利用者の間で、また周辺地区とコミュニティ内の望ましい相互作用が求められる。また適正な場所での適正な土地利用が求められる。
- 監視性：公道から近づきやすい空間は、安全のため見渡しがよくなくてはならない。それは次の方策の1つ、あるいは複数の組み合わせで達成できるかもしれない。
  - 日常生活者からの「自然な見まもり」
  - 警察や管理人による「組織監視」
  - CCTVによる「機械監視」
  - 適切な屋外照明

### ブラックバーン河岸上地区

　ジョン・ルーズは、荒廃したブラックバーン河岸上インナーシティの改善計画を引き合いに出して取組みの原則を解説している。そこには、2種類の典型的な住宅形式がある。すなわち、平行に並ぶ9本の大通りに、19世紀の間口の狭い庭付き職工住宅、1970年代に歩車分離のラドバーン方式で設計された公営住宅が並ぶ。イングランド南部の同種住宅地と異なり、19世紀の住宅は「高級住宅化による入れ替わり（ジェントリフィケーション）」*2 は生じていないが、自治体による改良事業の対象になっている。公営住宅のほうは、伝統的街路パターンに沿って建て替えることが必要になっている。2000年に、犯罪とその認知レベルを調べる調査が実施され、表1.2（p.8）で示すような結果が出た。これらの問題に対し、レヴィット・バーンスタイン設計事務所とレウリン・デービスによる設計改善案では、図4.2と図4.3のように提示された。裏路地がずっと安全になるようにしながら、街路に沿って大幅に透けて見えるように根本的に再構成している。

　ジョン・ルーズの論文は次のように締めくくられている。
- 防犯性を踏まえた都市プランニングを、主要方針としなくては

*2 （訳注）gentrification：低所得地区や公営住宅団地などの再生で高級化が進む現象。地区のレベルアップにより、低所得層が住めなくなる社会問題が生じる

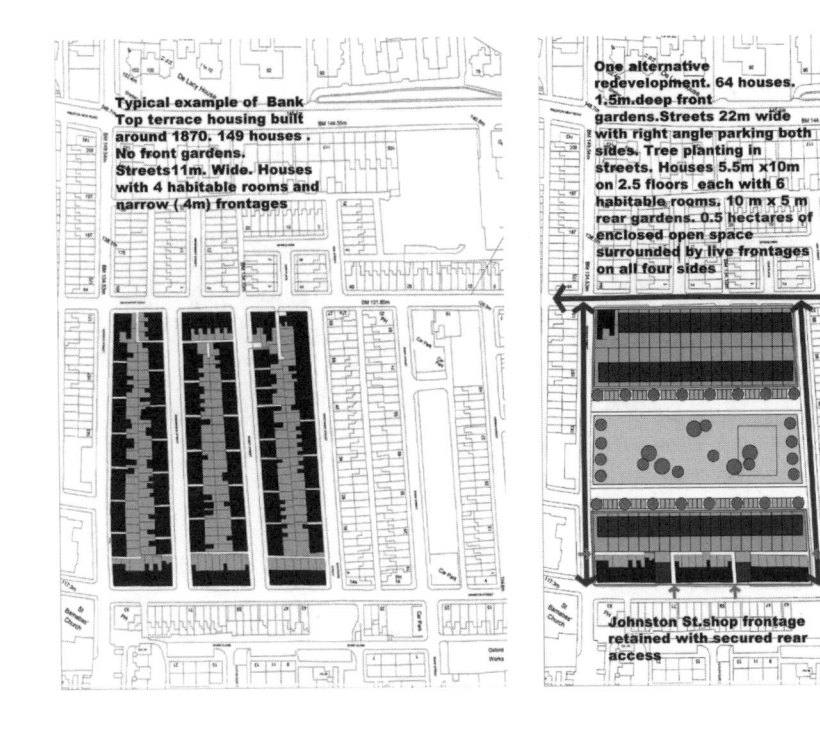

ならない。
- 住民は、近隣地区管理の役割を果たす際には報酬をもらえるようにしなくてはならない。
- 公営住宅の買取り権は、ある場合には制限されなくてはならない。
- 住宅の内部改善だけでなく、住宅地の配置構成改善にも適用できる、基金の弾力的運用がなくてはならない。

図4.2 ブラックバーン、河岸上地域 19世紀のテラスハウスの再生提案。建築家：レヴィット・バーンスタイン設計事務所とレウリン・デービス

## 英国警察ガイダンス
[SBD]

　SBD（設計による安全確保）制度は、防犯性をふまえた都市デザインの原則を支持し、1989年に打ち出された英国警察主導の提案である。この制度は運輸省、地方自治体、行政区（以前は英国地方政府地域省DETR）と、商業・産業組織を含む協議の中からまとめ上げられた。警察署長協会（ACPO）とスコットランド警察署長協会（ACPOS）が支持し、運営管理しているが、内務省の後ろ盾が得られている。その目的は、「政府の主要な計画目標の1つを支えること、すなわち、人々が暮らし働きたいと望む、安全で質の高い場所を創出すること」である。

第4章　デザイン・ガイダンス　183

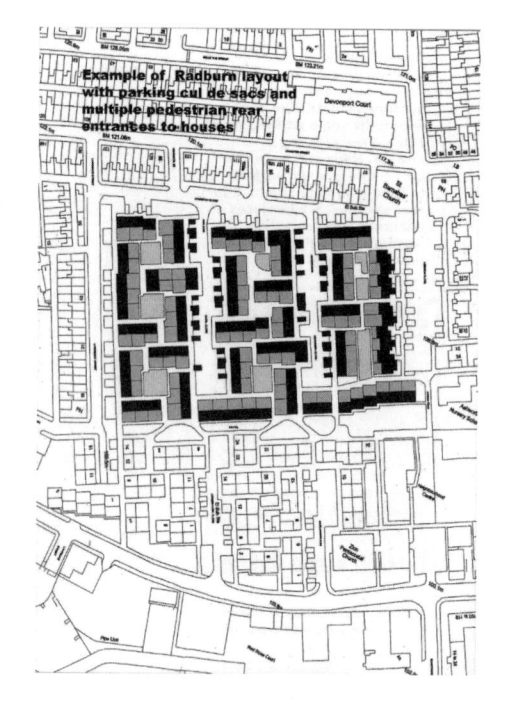

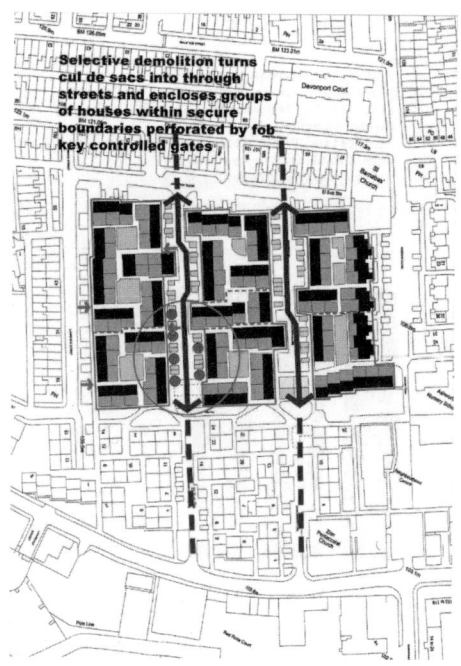

図4.3 ブラックバーン、河岸上地区 ラドバーン型の配置計画は、より伝統的な街路パターンに変えられた。建築家:レヴィット・バーンスタイン設計事務所とレウリン・デービス

SBD（設計による安全確保）のおもな特徴は次の通りである。
- 新規住宅建設や団地再生、シェルタード・ハウス、中高層住宅、また店舗や駐車場の設計を含む、一連の国家警察プロジェクトが一本化したものである。
- 当初は、建設産業が、住宅や団地の設計で推奨される防犯ガイドラインを学び、改善を図り、新規住宅市場で警察認定のロゴ表示を行うために発足した。

それは2つのレベルで機能する。
- デベロッパー表彰とは、地方の警察建築指導官（防犯設計アドバイザー）との協議に従い、ACPOガイドラインに合わせて建築され、犯罪機会を減少させるよう建設された開発に与えられる証明書である。SBDデザイン・ガイドには、設計による安全確保の認証を受ける最低基準が述べられている。
- ライセンス製品。SBDで認証を受ける企業の扉や窓なども含むセキュリティ製品を製造する企業に対して表彰が行われる。その部品は、一定の基準を満たし警察認定仕様として警察サービスの登録試験に適したものとなっている。

SBDは、建築指導官（防犯設計アドバイザー）が推進している。デザイン・ガイドでは、立ち入り制限についてとくに強調し、「区域内にいる者は、そこにいるべき正当な理由をもつことをはっきりさせるように」としている。空き地は、とくに私有地の場合、住民に明確な所有権意識をもたせるようにすることで、境界をはっきりさせられる。自然の見まもりは、明確に区画された公共的スペースと経路によって、より高められる。設計計画による安全確保SBDの原則は、社会住宅払い下げ収益金のコンプライアンスのテストケースとして、住宅登録会社の計画開発基準に組み込まれている。

[SBDデザイン・ガイダンス]
**新しい住宅（地）**
　おもな原則は以下の通りである。
- わかりやすく、まっすぐで、人通りが多く、よく利用される**道路と歩行者路**が望ましい。近隣地区のまもりやすい空間を損なうようではいけない。たとえば、特定の居住者集団やその訪問者の出入りを制限するのが望ましい場合、減速舗装、舗装面の変更（色彩かテクスチュア）、柱の設置や通路幅を絞るデザイン手法などが使われるべきである。そうすることで、心理的にまもりやすい空間がはっきりし、ここから先は私的領域だと印象づけられる。アクセス通路は、緊急車両の使用に十分な幅員としておかねばならない。
- **ランドスケープ（造園）**：植栽は、自然の見まもり機会を妨げず、隠れやすい場所をつくらないようにする。一般的規則として、視界を妨げないように、低木は成長しても1メートル以内の高さに抑え、高木は枝葉が2メートルより下に茂らないようにする。塀と生垣は、扉と窓が隠れないようにし、樹木の位置は家屋によじ登りにくく、また屋外照明やCCTVの視角を遮らないようにしなくてはならない。他人の立ち入りを防ぐとげやいがのある植栽が推奨できる。
- **街路照明**：BS 5489に適合させなくてはならない。
- **共用領域**：遊び場、休憩場所、ドライエリアなどの共有領域は、犯罪や犯罪への不安感、反社会的行為を引き起こす可能性がある。近くの家々からの監視が可能で、行き来する通行人が安全に通れるように設計しなくてはならない。公共的スペースと私的スペースの境界は、はっきり区分すべきであり、オープンスペースへの許可のない車両の立ち入りを防ぐよう措置する。幼

第4章　デザイン・ガイダンス　185

児たちの領域は、安全が確保されるよう設計しなくてはならない。コミュニティ・メンバー、とくに若者のための非公式の会合場所提供を考慮すべきである。それは、監視しやすくなければならないが、あまりの大騒音で区域住民を困らせたりしないように配置しなければならない。さらに、隣接する歩行者路や自転車路の利用者が、いやがらせを受けたり怖い目に遭わないよう配置しなくてはならない。

- **住宅の識別性**：家屋に、わかりやすい名前や建物番号をつけることは、居住者にも救急サービス出動にも助けとなり、不可欠である。
- **周辺案内板**：見やすい位置に、壊されにくいものを設置するよう考慮すべきである。
- **住宅の境界**：公共的領域と私的領域の境界がきちんと区分され明確になっていることが大切である。住宅の正面側は、外が見えるように開放的で、腰壁、フェンスまたは生垣が設置されるとよい。側庭や裏庭など侵入されやすい領域は、より防御的な最低1.8メートルの高さの塀かフェンスが必要となる。さらなる監視を考慮して開放的なフェンスが求められる場合もあるだろう。空き地や路地などに面する庭で危険性が増す場所では、トレリスやとげのある灌木など抑止要素の導入を考慮しなくてはならない。
- 境界塀、ゴミ収納庫、燃料庫、低い平屋根あるいはバルコニーなどは、簡単によじ登って家屋に侵入できないよう設計しなくてはならない。
- 家屋裏手に通じる通路は、できる限り建物表側の近くに、近隣の境界塀と同じ高さで、門扉を設置しなくてはならない。門扉は、がっちりとした鍵付きとし、簡単によじ登ったり蝶番を外されたりしない構造にしなくてはならない。
- **車の駐車**：庭先駐車方式は好まれるが、共用駐車スペースが必要な場合は、小グループ単位とし、よく見えるように開放的にし、夜間もしっかり照明しなくてはならない。車庫は、家屋正面側に設けるべきであるが、自然な見まもりの機会を減じるリスクがあってはならない。車庫の入口は、安全な区域内に設けるよう設計しなくてはならない。

警察建築指導官（防犯設計アドバイザー）は、良好な自然の見まもりを確実にするため、建物妻側に窓を設けているかどうかを常に確認する（図4.4）。また、消防担当官と連携し、防犯性確保と避

図4.4 ロンドンSW9のウィルトシャー・ロード住宅　建物角部一面の窓が、良好な自然の見まもりを提供する。建築家：ランベスのロンドン市庁技術的サービス部

難設備で対立する要請が起きないことを確認することも重要となる。

□ 改築：改築の場合、SBDは、じかに犯罪リスクに接し、提案された安全性改善を実際に体験することになる居住者たちが関わることの重要性を勧告している。また、セキュリティ要素が適切に使われるかどうかを確かめるときも、彼らとの協働が決定的なものとなる。

□ シェルタード・ハウス：シェルタード・ハウスのために推奨すべきことは、侵入者を阻止し、犯罪不安を減じるための、良質な屋外照明の大切さである。これは、とくに高齢者たちに効果が高い。また、屋外照明と門扉の規格についても助言している。

□ 中高層住宅：中高層住宅に向けて、SBD規格は、共用部分や建物周辺の空き地に関連するものとなっている。これらは次の通りである。

■ 公共的領域：各住棟への公共のアクセスは、制限されなくてはならない。アクセス制御システムが導入されるべきである。総合管理人方式、近接アクセス制御（PAC）[*3]　システムやインターフォン・ドア方式、もしくはその両方の組み合わせが考え

[*3]（訳注）Proximity Access Control（PAC）：集合住宅の玄関に設置する入室管理装置で、小さなキーかカードを読み取り機にかざして扉を開けることのできる装置

第4章　デザイン・ガイダンス　187

図 4.5 ロンドン・ウォルサムのノースウッド・タワー　高層団地の改修は、いつも SBD から要請が行われる。建築家：ハント・トンプソン設計事務所

られる。不必要な通路があってはならない。ひそかに侵入したり逃げたりするのに使われるためである。無断での出入りを抑止し、かつ緊急サービスや集配サービスなどを支援するため、わかりやすい標識を設置しなくてはならない。

- **自然の見まもり**：歩廊、共用領域、ドライエリア、庭園、それに車庫や駐車スペースなどを含む、あらゆる公共的スペースに自然な見まもりがなくてはならない。隙間スペースや死角、隠れ場所ができるのを避けなければならない。

- **公式の監視**：主要な出入口にとくに焦点を合わせて敷地全体をカバーする CCTV システムが必要な場合もある。視覚的に立ち入りをコントロールする配慮がなくてはならない。

- **屋外照明**：次のような領域は、夜間照明をしなくてはならない。敷地への進入路、車庫、車庫前庭、駐車場、すべての通路、主

要建物の付属領域、空き店舗、ドライエリア、関連領域、その他敷地内の類似領域。正面玄関扉、勝手口扉、消防避難扉も同様である。すべての屋外照明は、光電セルかタイマーで自動点灯されなくてはならない。器具と配線は、破壊に強いものでなくてはならない。
- 住区境界：接地階住戸の専用庭や中庭、あるいは共用施設は安全に保たれなくてはならない。団地の配置構成は、まもりやすい空地をもち、必要に応じ柵をめぐらせるようにして、各住区を創出しなくてはならない。
- 車の駐車：庭先駐車は、小グループ単位の共同駐車場で、住宅の近くで生活する住民の目がよく届く場合には好まれる。車庫は、自然の見まもりの機会が最大となるよう配置されなくてはならない。

　設計による安全確保によって、侵入盗の50％以上を防ぐことができたことが判明している。したがって、住宅ストック全体で、このスキームを採用したとすれば、120億ポンド（約2兆5,000億円）を超す費用の節約ができる。結果的に、持続可能性に関して言えば、SBD（設計による安全確保）が、理論的にもコスト面でも効果のあることがわかる（Knights et al., 2003, p.7）。

[SBDスキームの西ヨークシャーでの調査]
　2000年にイングランド西ヨークシャー地域で、ハダースフィールド大学応用犯罪学部のレイチェル・アーミテージにより実施された調査によると、SBD（設計による安全確保）ができている団地は、そうでない同種の団地より54～67％犯罪が減少していることが明らかになった。
　この調査鑑定は、西ヨークシャー警察とカークレー・コミュニティ安全パートナーシップから発注され、資金が提供された。150の調査対象団地のうち、75団地で設計による安全確保がなされていた。報告によると、侵入盗発生数が、SBD実施団地では、英国犯罪調査報告の国平均よりもかなり低いことがわかった。加えて、侵入盗の減少が、団地内の他の犯罪に置き換わっていないことも明らかになった。居住者調査では、全体に犯罪と秩序違反が減少したという認識に至っているという結果が出た。SBDは、「単に犯罪統計数値の問題でなく、コミュニティが生活するのに安全で好ましい場所だと感じること」であることが示された。
　この研究では、SBDの要求に対応して設計計画する場合の費用

について、登録社会土地会社（住宅協会）、建築業者、建築家および鑑定士からの情報を分析しているが、その結果、一部のデベロッパー間で、品質でなく、価格で資材や部品を選ぶことが一般的コンセンサスとなっていることがわかった。事例では、SBD 基準に合わせて建てる場合の増額分は、3 寝室型住宅で 1,250 ポンド（約 26 万円）ほどになったようである。いくつかのデベロッパーが、SBD でない典型的な高級住宅を建てているが、この場合だと 3 寝室型住宅でのコスト差は 90 ポンド（約 1 万 9,000 円）に縮まる。登録社会土地会社の場合、すべての居住が計画的開発基準に従わなければならないため、追加出費が地域で 440 ポンド（9 万 2,000 円）となった。住棟ぐるみの改装の場合、600 ポンド（12 万 6,000 円）となる（Armitage, 1999）。

[ブラッドフォードのロイズ再生計画]

西ヨークシャー、ブラッドフォードのロイズ再生計画で、建築設計／都市プランナー WSM（ウェッブ・シーガー・ムーアハウス）は、設計による安全確保に密接に携わり、地域の建築指導官、スティファン・タウンがこの再生計画の全プロセスに関わった。ロイズ地区は、ブラッドフォードの南西端にある団地で、大きな再生事業の対象区域であった。この団地は、1950 年代に 3,350 戸が建設され、1 万 2,000 人が住んでいる。住棟と屋外環境は、補修がきちんとなされておらず、住民の失業率は高く、経済的困窮の状態にあった。ここは、ブラッドフォードで問題のある公営居住者たちを生み出す温床になっていた。犯罪レベルが高く、薬物所持もおびただしかった。1995 年には、侵入盗が国平均の 7 倍だった。

1995 年、ロイズ・コミュニティ協会は、7 年計画で物理的、経済的、社会的再生を実施するため 3,100 万ポンド（65 億円）の SRB[*4] 交付金を確保したが、全体では 1 億ポンド（2,100 億円）を超えている。ロイズ・プロジェクトの最大の特徴は、コミュニティ主体で非常に多くのプランが行われる点にある。このプロジェクトは、SRB 基金活用の責任主体としての役割をもっており、他の多くのプロジェクトで自治体がその役目を引き受けているのと対照的である。24 の強力な協議会からコミュニティ代表が選出され、そこに自治体や地元企業の代表も入っている。

まさに何もないところから、ロイズは、経済、犯罪、健康および住宅問題をカバーする再生への全体的手法を開発したのである。SRB 基金がなくなる時期を予測し、持続可能な地区再生の形をつくりあげた。具体的には、住宅の改修や、不人気な階段型中層住棟

*4 （訳注）Single Regeneration Budget：地域再生資金。英国で 1994 ～ 2000 年にかけて、地方の主体性を尊重した地域振興支援のために設けた資金制度。国がコンペ方式で補助金の使途を決定する。その後、SFF（Single Financial Framework, 2002 ～）に継承されている

の選別除却、それに、分譲住宅の返還やハウジング・アソシエーションの公共賃貸住宅の新規開発という大プログラムを含むものであった（図4.6）。物理的環境の再設計が、犯罪を減少するように行われ、それがうまくいった兆候が表れている（表4.1）。

　経済プログラムは、就業アドバイス、地域ビジネス、経営者クラブなどへの支援を含んでおり、産業団地（エンタープライズ・パーク）を建設し、3つのコミュニティが所有するビジネスを発足させた。経営者クラブは、新規労働者を雇用するのに地元住民を受け入れることを保証しており、ロイズとの契約者は、地元の人々が訓練を受け建設産業に従事したことを確認する手続きを取ることが期待されている。産業団地とコミュニティ・ビジネスは、今後も存続することを目指しているが、他のコミュニティ活動を支える収入の流れをつくりだしながら、SRB基金がなくなった後にも継続して活動することができるだろう。

図4.6　ブラッドフォードのロイズ　既存公共賃貸住宅に、新しい民間住宅を混合した

| 年 | 侵入犯 | 未遂犯 |
| --- | --- | --- |
| 97.4.1 ～ 98.3.31 | 307 | 54 |
| 98.4.1 ～ 99.3.31 | 215 | 30 |
| 99.4.1 ～ 00.3.31 | 133 | 19 |
| 00.4.1 ～ 01.3.31 | 89 | 10 |
| 01.4.1 ～ 02.3.31 | 95 | 17 |

表4.1　ブラッドフォードのロイズ　侵入盗統計

改修された住宅への侵入事例は、1件も見られなかった。
出典：西ヨークシャー警察のWebb, 2003

図 4.7 ロイズの新しい健康居住センターはコミュニティの着眼ポイントである。建築家：WSM、ウェッブ・シーガー・ムーアハウス

社会プログラムは、地域のグランド・プランに合わせて、歯科や健康施設のある健康生活センターをつくることを含むものであった（図 4.7）。この建設の際、協会に役立つ保証された賃貸方式の流れができた。また、2つのコミュニティ・センターも建設され、小さくとも有用な収益の流れをつくり出している。他のプランとしては、教育的作業、訓練、遊び場準備、助言サービス、植樹や手すり、ゲート設置など環境のための作業（図 4.8）、地域の食事サービスなどがある。

## オランダの警察認証制度
[認証の原則]

オランダの「警察認証制度」とは何か？ 最も進化した環境デザインによる防犯戦略のいくつかを示したい。同制度はクリストファー・アレグザンダーのパタン・ランゲージ（p.61）の原則を取り入れたもので、それを安全な都市デザインに適用している。さらに、近隣地区が物理的環境にどのように作用するかという社会的側面にも関係している。英国の SBD（設計による安全確保）とは異なり、要求項目が建物だけでなく、都市開発計画や直接の生活環境に関するところまで拡大されている。中部オランダでの試行実験後、1996年に内務省がその認証を国全体で受け入れるよう命じた。1998年

**図4.8** ロイズのコミュニティ・ゲート

末までには、それがすべて「新しい団地のハンドブック」と「既存建物のハンドブック」に盛り込まれた。

　オランダ方式では、3つの要素が1つにまとめられている。
- 犯罪防止の、より科学的な知見
- 警察の潜在的ノウハウ
- 建設や都市開発、住宅地に関するノウハウ

　このスキームは、3つの部分的認証項目を含んでいる。認証する項目は、「安全確保された住宅」と「安全確保されたビル」、そして「安全確保された近隣地区」についてであるが、完璧な警察認証住宅団地もしくは警察認証住宅既存建物を整備する場合、この3つは、個別に、あるいは組み合わせて適用することができる。認証の目的は、生活環境デザインと運営管理を通して犯罪リスクをできるだけ減少させることにある。これは、確信犯的反社会的行為や犯罪行為（車盗、車上荒らし、自転車盗、バンダリズムなど）を減少させ、犯罪不安を減少させることで達成される。最終的には、「警察認証の安全住宅」が、要求条件に適合していると居住者に保証できる認証の明確な要求条件に連動するかどうかと関連してくる。

第4章　デザイン・ガイダンス　193

このプロセスには、委託団体（住宅公社、開発業者、建売建築業者など）と建築家たちが関わる。彼らは、準備段階で警察建築指導官あるいは外部専門家を含む熟練計画アドバイザーのサポートを求める。建築家は、いかにすれば認証条件が、設計にうまく組み込めるかについて助言を受ける。

このスキームには、玄関扉、窓と開口枠、蝶番と錠前など建築部材の基準づくりも含まれ、基準試験（「防犯性能試験」とも呼ばれる）を受けることになる。大半の製造所の製品が、現在では対応できるようになっている。総合認証は、開発事業の完成時にのみ発行されることになっており、独立した検査が行われてからとなる。警察の助言は無料であるが、検査費用がかかる。警察その他の関連組織は、このサービス提供について責任は負わない。

警察認証の条件は、5つのカテゴリーに分かれる。
- 都市計画と都市デザイン
- 公共的領域
- 配置構成
- ビル建築
- 住宅

上の3つは、居住環境に関するものである。良好な公共の屋外照明、的確な場所の適切な駐車場、それに住宅設計の安全装備が、考慮すべき基本条件となっている。他の条件は、設計計画の自由度を認めているので強制されることはない。

[標準規格]

標準規格は、「設計による安全確保」より、設計と管理の段階では特効性がある。市街地環境に関する記述は以下の通りである。

都市計画
- **住宅タイプや規模、価格、所有形態および建物高さ（低層か高層）の多様性**と、それに伴う対象層の多様性。
- **建物高さと規模**。6層を超えない高さであること。小規模であれば、都市開発事業のなかで目立たせる機能をもつ高層建物は許容される。低層テラス住宅は、住区当たり20戸以上にしてはならない。最大10戸が好ましい。
- **住戸数と交通上の正面玄関**。500戸未満の住宅地は、自動車用玄関を、1つか2つとすべきである。500戸以上の住宅地区は、正面玄関を2～4ヵ所以下としなくてはならない。

- **自転車と歩行者のルート**は、社会的に安全でなくてはならない。しっかりした監視が必要である。
- **オープンスペース**。住宅地区には、レクリエーションや公共的緑地帯、公園、庭園のための十分なスペースがなくてはならない。
- **裏路地**は、よく見通せなくてはならない。近隣施設は、魅力的で、地区の集会所として使えるものでなくてはならない。買い物の時間帯以外でも、そこに誰もいなくて寂れた雰囲気に見えるということはないが、そのことが犯罪や犯罪不安を刺激することになる。「人を大勢呼ぶ」施設は、住宅地区のはずれに位置させなくてはならない。近所でできるだけ迷惑行為が起きないようにすべきなのである。
- **コミュニティセンター**は、近所に住む人がいかなる迷惑行為も避けられるよう配置することになっている。しかしながら、要望により住宅地域のセンターに配置されることもある。その場合、周囲の家々からコミュニティセンター（の全体）が、よく見えるようにしなくてはならない。

## 公共的領域

- **若者のための施設**：各年代の若者のための遊戯施設や集会場は、自然の見まもりが可能な位置に設置すべきである。幼児の遊び場は、周囲の家々の居間から見えるようにしなくてはならない。遊び場には、両親が自分の子を見まもるためのベンチが必要である。ティーンエイジャーのために、フットボールなどのスポーツに適する広場や原っぱのような施設がなくてはならない。ティーンエイジャーの施設は、影響の及ぶ圏内になくてはならないが、必ずしも住宅から見えるところでなくともよい。遊戯施設は、バンダリズムに耐える材質で、管理しやすいものとすべきである。消防車やゴミ収集車などが、きちんと住棟に到達できるよう配置されなくてはならない。
- **外壁・仕上げ材・内部壁と落書き**：何もない外壁や仕上げ材は、落書きの損傷を減らせるよう考えておく必要がある。落書きに抵抗性のある表面処理や表面材を使った容易に消せるものが推奨できる。
- **公共的領域の管理と監督**：居住環境の（安全面での）管理と監督についての協定は、すべての関係者に書き留めてもらうべきである。計画は、「総合的に清潔で安全な生活環境」が続くことを保証する協定を含むものである。またこの計画は、居住者

と関係者たちとの協働やコミュニケーションに関連した手続きを提供する。非公式の見まもりが奨励されているが、必要な場合には、目的にかなった世話係を雇って支援される。

### 配置構成

- **単身者住宅の配置構成と位置**：住宅の公道面と裏側は、はっきり区分する必要がある。その境界を仕切って、侵入盗や部外者の立ち入りを困難にすることが必要である。次のようにして達成される。
    - ☐ 公共的スペースに面した住宅の表側と玄関に対して十分な監視を行う
    - ☐ 住宅の表側はまっすぐなものにするか、張出し部や入り隅部が監視と安全確保の妨げとならないようにする
    - ☐ 住宅は、前庭あるいは妻側の庭を有するものとし、公共的スペースと私的スペースを明確に区分する
    - ☐ 住宅の裏側への立ち入りは、制限しなくてはならない。この目的のための選択肢は以下のようになる
        - －公共的領域に面さない裏庭
        - －建物の間はしっかり閉じる（住宅を連結する、できれば車庫も）
        - －家の裏に（つながる）小道がないようにする

- **住宅建物の配置構成と立地**：すべての住宅地が、よく見まもられ安全になるようにする必要がある。玄関は、はっきり見えるよう、樹木や灌木の植栽や物置など視線を遮る障害物を置かないようにしなくてはならない。出入りする道は、短くし、よく見通せるようにしなくてはならない。屋外駐車スペースは、住区入口から出入りしやすいところに設ける。

- **裏側の小道（基本要求条件）**：いかなる裏側の小道も安全で、見渡すことができ、部外者が入り込まないようにしなくてはならない。道幅は、最低でも1.5メートルとし、まっすぐで、鋭角の曲がりや、ねじれ、分岐のないようにする。道には、（公共の）屋外灯がなくてはならない。小道入口にはポイント照明が必要で、そこから先は15～20メートルごとでよい。行き止まりが望ましい。道の両脇は、最大10戸の裏庭もしくは住宅施設に面さなくてはならない（詳細は別途）。

- **敷地内の柵（基本条件）**：敷地内の柵は、侵入盗に対するバリアーをつくっても、住宅や建物の眺望を遮らないようにすること。一般に、高さ1.8メートルのフェンスもしくは塀が必要となる。

庭と庭の間の柵は、パーゴラや庭垣・塀あるいは生垣でもよい。たとえば、裏側の透視性は、部分的に葉の密生していない垣根を使えば確保できる（高さは 1.2 〜 1.8 メートルとする）。
- **物置／車庫の設置**（基本条件）：物置や車庫は、その位置が社会的に安全で、自然の見まもりが生まれる領域となるように、設置しなくてはならない。

　住宅の標準規格では、すべての住戸が公共的・半公共的スペースを見下ろし、自然の見まもりができるバルコニーをもつことが推奨されている。それは「フレンチ・バルコニー」、すなわち、欄干付きのフランス式開き窓の形態である。

[オランダの警察認証制度の成功]
　今までのところ、この制度は居住者たちから、多くの支持を得てきている。NIPO（市場・世論調査研究所）の行った調査では、90％の人々が警察認証で安全になったと感じ、70％が次の家でも認証を受けることを希望している。すべての基準がよく受け入れられており、とくに改善された公共照明や、改良された玄関ドア、窓回り部品、家屋に付けられる適切な外部照明、表通りや駐車場の見通しなど、そのすべてが大切な要素と考えられる。
　認証制度が 1997 年に始まって以来、国内の侵入盗の被害件数は 12 万件から 2000 年には 8 万 6,000 件まで減少した。被害コストは、年間 20 億ユーロに上ると見積もられていた。1997 年以降（2001 年末まで）の警察認証住宅の成果は以下の通りであった。
- 22 万件の住宅が認証を受けた
- 3 万 2,000 件の新規建設プロジェクトが表彰された
- 安全になった住宅で、侵入盗リスクが 95％減少した
- 依頼者の 70％がこの制度を知っており、地方自治体レベルの認知度は、88％に達する

　警察認証制度は、オランダで見事に成功を収めている。英国より賃貸住宅が高比率であることにもよるが、賃貸住宅のほうが改善は行いやすい。英国の SBD（設計による安全確保）が、もっと居住環境全体を含むようになると、都市プランナーや建築家、デベロッパー、防犯専門家、その他の協同活動家に、より多くの技量が必要とされるようになるだろう。費用はかかるが、犯罪低減による経費節減ですぐに埋め合わせられよう（Hesselman, 2001）。

[オランダ、ホールンのデ・パエレル]

　ホールンの新規開発地区では、オランダの警察認証制度が、設計の質に悪影響を与えないことが明らかになっている。ここでは、基準が目に付くようなことはない。ホールンは、アムステルダム北方約30kmに位置する、イズミール湖畔の港町である。開発地区は、町の中心部に近く、その一方の端からはイズミール湖が眺望でき、もう一方がマリーナになっている。開発は、テラス住宅67戸、集合住宅67戸、ペントハウス住宅13戸の混在から成る。集合住宅は4階建で、湖が見渡せ、テラス住宅は3階建で、地下に駐車場と物置が付く（図4.9、4.10）。住宅地は、小さな裏庭を囲むようにテラスが配置され、裏庭から表側に歩行者路が続いている。設計は、周辺のスケールや街並みに配慮がなされ、建物外観は明るくカラフルなものとなっている（図4.11、4.12）。

　地下駐車場は、原設計では開放されていたが、セキュリティの理由から今は閉じられている。現在、入口はオート・ロックとなっている。警察の防犯調査官は、この現状を見て、最大15台までの駐車とするよう勧告した。調査官はまた、全住宅が持家なので地下駐車でもかまわないが、持家でなければ不適切かもしれないと述べている。バルコニーは、下の通りへの良好な見まもりを提供する。4人が一緒に座って食事できる広さがあり、風が当たらないように設計されている。玄関扉と窓は、良い見まもりができるよう、注意深く設計されている。とくに、コーナー窓は、広い眺望を生み出している。玄関扉には、よく考慮された寸法・位置にガラスがはめ込まれている。その他のディテールや仕様も警察認証基準に適合するものであった。さらにいくつかの仕様基準はこれを上回る目標水準であることを警察の防犯調査官が認めている。

図4.9　オランダ、ホールンのデ・パエレル計画模型。建築家:インボ・アーキテクテン B.N.A

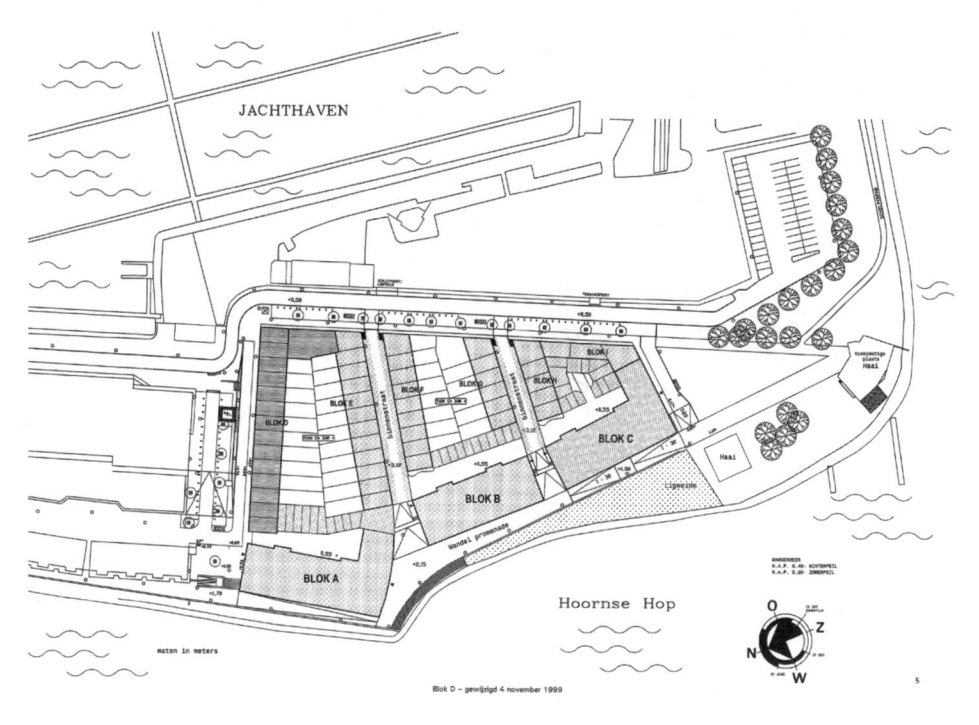

図 4.10 デ・パエレル パース図と敷地の配置構成

第 4 章 デザイン・ガイダンス 199

図 4.11　デ・パエレル：表通りのレベルで自然な見まもりができるよう注意深くアレンジされた窓

図 4.12　デ・パエレル：上側の表通りのレベル。居住者は、自分たちの家の表側に領域性を取り入れた

### 英国の地方自治体のガイダンス

近年、首相補佐官（ODPM）事務局から、どの防犯方策が開発計画方針と追加計画ガイダンスに含まれているのか、また自治体計画当局が都市計画申請承認の重要要素としているかについて大枠を調べる調査が委託された。調査は、イングランドの全都市計画当局と連携し、マンチェスター大学の主導で実施された。進行中の開発計画の5分の3は、「計画的犯罪予防」に沿った明確な施策を含むことがわかった。比較的わずかの計画当局だけが、防犯に関するガイダンスを示していなかった。実施中のところは、追加計画ガイダンスかリーフレットの形にしている。設計計画による防犯は、開発規制業務全体のわずかの部分のみに関連してきた。ガイダンスがあるところは、主として団地の配置構成や駐車場の設計、境界フェンス、造園に関する内容であった。これまで以上に優れたガイダンスで、諸外国の実施例を含めたものができており、閲覧できるようになっている（Williams & Woods, 2001）。

［エセックスのデザイン・ガイド第2版］

エセックスの経験から学ぶことはとても大切である。というのは、エセックス州庁が、住宅地域のデザイン・ガイドを作成し、それを通してデベロッパーや建築家たちと長い間取り組んできた経験を持つ計画当局の先駆けであるからである。ガイド初版が1973年に出版されたとき、アーキテクツ・ジャーナル誌は、ル・コルビュジエのヴォワザン計画の重要性にたとえ、「きっと将来の居住環境に影響を及ぼす」と評した。おそらくコルビュジエが考えたものとは違うが、確かにそう予想できるのである（図4.13）（アーキテクツ・ジャーナル, 1973）。

エセックスは、今日、イングランド南東部の経済成長の先導役を担っており、ミューズ・コリダー沿いに、新しい住宅地が次々と展開している。デザイン・ガイド第2版が1997年に出版されたが（エセックス州都市計画職員協会, 1997）、建築的解決策の最も明快な領域へと導く、実に多彩な勧告を打ち出している（図4.14～4.16）。

### おもな勧告

持続可能（サステイナブル）な開発が創出できるよう組み立てられ、次のようになっている。

- 敷地の査定は、現在1ha（2.5エーカー）を超えるすべての開発地区に求められる。
- 500戸以上の開発では、雇用や小売店舗を取り込むミクスド・

図 4.13 典型的なエセックスのミューズ・コート ブレントウッド、ブレントウッド・プレース。建築家：デヴィッド・ラッフル建築事務所

図 4.14 エセックスの設計計画ガイド。団地イメージを回避する、個々の住宅の高いアイデンティティ

図 4.15　エセックスの設計計画ガイド　農村町（カントリータウン）の街路

図 4.16　エセックスのデザインガイド、ボーリュー公園　開発地区の入口の緑地

ユース開発を導入しなくてはならない（p.9）。
- 1ha を超える開発地区では、持続可能性（サステイナビリティ）の問題に対応しなくてはならない（p.9）。すなわち、次のような多岐にわたる項目に対応することを意味する。
  - □街のセンターもしくは同種施設への近接と公共交通へのアクセス
  - □住居と仕事場の用途混合の必要性
  - □バスルートへ（最大 400 メートル）、小学校へ（600 メートル）そして中等学校へ（1,500 メートル）の近接
  - □開発は、既存の生態系をまもり、自然の生息地を改善し、建物は熱損失を最小にしなくてはならない
- 1ha を超える開発地区の配置構成は、通り抜けがよく、わかりやすくなければならない。延長が 100 メートルを超える道路を含む住宅開発地区は、いかなる場合でも、物理的制限により速度が時速 20 マイル（32km/h）まで下がるよう設計しなくてはならない。
- 居住者が自家用車を持たない協定を結ぶようにしたところは、「カー・フリー・ゾーン」（p.125）として住宅地開発を配置構成することも可能となる。

### ガイドにおける警察の視点

　抜けのよい配置構成についていくつかの保留条項はあるが、エセックス警察では概してデザイン・ガイドを歓迎している。敷地特有の条件が設計計画で考慮されているのに、計画当局のガイドの解釈が硬直的であれば、警察がある程度のクレームを出すのである。
　ときには、通りの裏側に駐車場を設けることを必ずしもよしとしない分別をもつ。建物が立ち並んだ裏側の駐車場は、侵入盗を裏庭に侵入させやすく、そこから家の裏手に入りやすくなるのである。

### 警察による計画案の評価

　警察は、社会がどのように変化しつつあり、どのような問題にコミュニティが遭遇することになるのかについて評価することの大切さを勧告する。それは、犯罪のポテンシャルについての 2 つの共通指標、すなわち犯罪パターンと長期対策計画について考慮することを意味している。
　グリーン・フィールド地区の住宅開発で将来起こる犯罪パターンを評価するため、警察は既往のパターンを参考にして周辺地区をよく眺める。ブラウン・フィールド地区では、地区の過去の記録、

とくに若者の犯罪について調査する。地域全体の長期開発計画の提案を確認し、開発中の地区でも若者の犯罪が環境に与える影響について考慮する。人々の相互作用を慎重に考慮しつつ、開発事業のアフォーダブルの分譲・賃貸の住宅配分をよく吟味する。各エントランス部分が大変重要となるが、それはそこが高齢者向け、家族向け、若年層向けなど、さまざまの住宅への分岐点となるからである。エセックスの実施例では、アフォーダブル住宅が、分譲住宅とは別の駐車場入口をもつ配置構成となっている。デベロッパーは、分譲住宅の販売効果に与える悪影響が減るので、この方式を好む。警察の助言範囲を超える問題であるが、それはコミュニティ創出の観点に照らせば、明らかに疑問を呈すべきことである。

　警察側にとって、長期開発計画の問題を検討することは、地域の開発が経年後にどのように変化するのかを考慮することを意味する。広い視野に立って、「もし変化要因があるとすれば何なのか」と考える。まず、コミュニティで焦点となるのは学校かもしれないが、子供の年齢が上がるとそれは減る。「コミュニティ精神」を人々に押しつけることはできない。居住者組合は価値のあるものであり、その利用が少数の特定者に限定されないのであれば、計画段階からの提案に関わることが求められる。このプロセスにおける女性の参画は、女性が家でもコミュニティでも重要な出資者であるため不可欠なのである。

## 警察からのフィードバック

　成功か失敗かを判定するのに、より古い住宅地を見直すことがとても大切である。まず、小さな子供のいる世帯が開発物件を借りる。子供たちの成長に応じて、どう環境と関わらせるかということが、将来の設計計画の手がかりになる。ティーンエイジャーは、あるタイプの場所、とくにアーチ道の下や遊び場などに集まる。後年、彼らが自分の車をもつことになると、各戸で4台もの車が必要になるが、そのことはファミリー世帯で、とても大きな問題になってくる。

## 密度

　警察は、もし設計計画が長期の土地利用を十分に反映したものでなければ、民間セクターの住宅地密度が問題になると考える。低層住宅が混在する集合住宅は、子供の密度を増やさずに、かなりの高密度でも犯罪に対して安全にすることができる。しかしながら、エセックス警察では、集合住宅がティーンエイジャーに賃貸される場合に問題に遭遇している。個人が賃貸事業用に購入した住宅がどう

使われるかに関してほとんどコントロールできていないのである。大きい車輪付きゴミ容器は、高密度の住棟に組み込むのが難しく、多くが通りに並んでいる。そういったことのすべてが、住宅地管理の質と居住環境に関わるのであるが、民間セクターではつねに最小限しかやらない。問題は、共用植栽の手入れ不足で起きる。低木と植込みは、放っておくとよく茂って高く伸び、家から表通りへの視線を遮ることになる。

学校の周囲の高いフェンスも、学校が役に立っているコミュニティと切り離される点で気がかりである。学校はコミュニティの物理的構成の一部であり、コミュニティの所属であることが目に見えなくてはならない。高さ1.2メートルを超えない二重の生垣であれば、3メートルのフェンスよりずっと威圧感は少ない。

**開発者と建築家の視点**

エセックス警察は、デベロッパーが、SBD（設計による安全確保）による利益について納得する必要がある点を指摘する。デベロッパーたちは、販売資料におけるどんな犯罪の記載も住宅販売効果を減じるのではないかと恐れる。たとえ、より低い保険料の優遇措置を獲得していてもである。建築家たちの一部も同様に、その問題に関する優先度を低く位置付け、やり過ごそうとする傾向がある。

[グレート・ノットリー]

エセックスの設計計画ガイド第2版の原則に基づき設計されたエセックス最大級の開発の1つが、チェルムズフォードに近いグレート・ノットリーである。当初、カントリーサイド・プロパティ社によって開発されたが、形態的には郊外型である。配置構成は、大きな緑地に向かう美しい幹線路が骨格となり（図4.17）、歩行者路と自転車路が景観に配慮した軸線沿いに設けられている。この幹線道路は、さまざまな環状道路やクルドサック路につながり（図4.18）、計画地区全体の主要な交通ルートになっている。住宅地は、団地という印象を取り除くよう、これまでと大きく異なる外観に変貌した。

[ノッティンガム市のデザイン・ガイド：住居地域のコミュニティの安全]

住宅地開発で「防犯性を踏まえた都市デザイン」を行うためのノッティンガムのガイダンスは、1998年に市の「保全と設計計画サービス部」（開発部の一部となっている）によって作成された。新規開発をより広域のコミュニティ内に総合化することに関する助

village centre　　village green

図 4.17　グレート・ノットリー。配置構成の多様性（カントリーサイド・プロパティの厚意により掲載）

第 4 章　デザイン・ガイダンス　207

図4.18 グレート・ノットリー。住宅地中庭への入口

言において、このガイダンスは、警察のSBD（設計による安全確保）を超えたものである。すなわち、「要は、近隣地区全体の環境を考慮することであり、地区内部にできる開発環境だけの問題としない」のである。この目標のなかで、犯罪低減は、維持管理の容易性や、長寿命性、それに可変性の確保によって、さらに持続可能な環境を創出することとも関連してくる。

いくつかの重要な原則を含む「配置デザイン」が推奨されているが、他のデザイン・ガイドではあまりはっきりとしていなかった事項である。とくに、クルドサックを用いる点で、他の最近のガイドとは異なる。それは次のようになる。

- 通り抜けルートや短めのクルドサックを含め、**街路のタイプ混合**がなされなくてはならない。それによって、住宅タイプ設定の選択肢を用意し、どの年齢層やのライフスタイルにも適合できる環境を提供することになり、しっかりしたコミュニティの成立を助ける。街路のタイプ混合が行われた開発地区では、路上の監視性がずっと高まった道筋を通して、クルドサックが賑わいと活動性を提供している。クルドサックは、活動性はあまり促さないが、住民がお互いによく知り合い、他人を知る理由ができるため、所有者意識を引き出すことができる。通過道

路に外接する住区は、外向き側の住棟正面に、どんな形状をつくってもよいし、オープンスペースを設けてもよい。また裏庭は隣同士を連結させるのがよい

- **クルドサックの住戸数**は、住民が互いに顔見知りになれるよう、また外来者の識別ができるよう、16戸以下とすることが望ましい
- **外接住区のクルドサックの数**は、どこであれ4ヵ所以下に制限すべきである。これは、各住区が適切な規模となることを保証している
- **交通制御**は、車の速度低減によって安全性が高まるので大変重要である。住民たちが「テリトリー」の境界を自覚するうちに、アイデンティティ意識をもつことができ、街路に所有意識を持つようになって、犯罪が抑えられることになる。たとえば、もし植栽や街路樹が「ゲートウェイ」の演出に使われるなら、道沿いのシケーンもわかりやすい「境界区分」として役に立つ
- **集合駐車場**は、門扉や自動ゲートで通行制限され一方通行になっている場合や、裏庭につながっていない場合に限って、新規開発で容認される。また周りの住宅からよく見えるようにしなければならない
- **プライベートスペースへの通路**：集合住宅エリア周辺の共用地は、居住者だけが出入りできるよう施錠可能な門扉がなくてはならない。ときには、接地階住戸の窓が直接面する外部スペースを、住戸付きの小さな庭や専用テラスとして区分するのもよいかもしれない

また、オープンスペースのあり方と住宅との関係に関する優れた勧告が盛り込まれている。これは図3.83に例示されている。

### カナダ：トロント「安全都市ガイドライン」

トロント（および全カナダ）は住むのにとても安全なところである。しかし人々の多くは、依然として公共的スペースや公共娯楽施設の利用を懸念している。表通りや交通機関、そして公園や多層型駐車施設での安全性について、心配しているのである。

セキュリティの問題でおびえている人の大半が女性であり、その公共的スペースにおける犯罪不安は、以下の問題と関連することが多い。

- 屋外照明の不備
- 場所の孤立
- 視線の欠落（「他の人から見えない」）

- 助けに役立つ通路がない
- 隠れたり潜んだりする場所があること(「樹木や灌木」を含む)
- 不十分なセキュリティ

そのような状況を受けて、トロント市議会は、「すべての人が、昼夜を問わず、暴力の不安がなく、安全に公共的スペースが使える都市、そして女性や子供、特別な事情のある人たちを含む人々が、暴力の心配をしなくてよい都市」を推進している。その設計計画指針である、「トロント安全都市ガイドライン」は、大半の英国のガイドラインよりはるかに包括的で、第二世代の「環境デザインによる防犯(CPTED)」の概念を含んでいる。英国の状況に対しても、素晴らしい助言を提供している。手立ての大半が低コストで、革新的な設計計画を妨げていない。このガイドは、住宅地開発の計画と設計の間にあって、つねに心得ておくべき質問事項を列挙している。それは以下のようになっている。

- 経験からの学習:過去に、同種の住宅開発でどのような関心が払われてきたか? どのような状況から開発されたのか?
- ユーザー階層:
  誰が、その場所を頻繁に使うのか?
  誰が、特定のスペースを使うのか?
  使う人の関心は、どこにあるか?
  使う人たちにどう助言できるのか?
- 昼と夜:スペースは、日中と夜間、どのように使われているのか? 夜間使用の問題点は記述されているか?

これらの疑問点をわきまえた上で、設計計画プロセスで考慮すべき3つのおもな要素が提示されている。

- 地区環境の把握:周りに何があり、先には何があるかよく見えて、場所の意味を理解しやすいようにすること。それは、十分な屋外照明や見通しがいいこと、死角の防止によって可能となる
- 第三者からの見えやすさ:他の人たちからよく見えるようにすることと、隔絶部分を減らすこと。土地利用の用途混合や集約化に向けた改善、活性化促進の知識活用
- 避難誘導:改善された標識やわかりやすいデザインによって、脱出や、コミュニケーションや、災害時の避難が適切にできること

図4.19 カナダ、トロントのストリート住宅：フランケル・ランバート・タウンハウス。建築家：アノー設計事務所（写真トロント、レンスケープ）

　その詳細設計の目標は以下の通りである。
- **土地利用の高度化**：とくにグレードに応じて、「空きスペース」を、ヒューマンスケールの住宅や商業施設、地区施設などで埋めること。これは先住者たちのニーズへの補償にもなる（図4.19）
- **高齢者と移動障害のある人たちのための住宅地**を、店舗や公共交通機関など基本サービス施設の近くに配置すること。幼児のいる世帯向けの大型住居は、遊び場の配置と関連させるべきである。「それは、アクセスを容易にするだけでなく、10代のたまり場を『罵声の飛びかう場』にしないためでもある」
- **集会施設**もしくはコミュニティセンターは、住民の組織づくりや問題を見つけ解決方策を編み出すのに、皆で参集するためのものである
- **視線**：加害者を守るような、高くてがっちりした他者の監視のない塀や、歩行者路に接する密生した生垣や分厚い囲いは避ける。低い生垣とか、プランター、小さな木、鍛鉄か金網のフェンス、芝生か花壇、ベンチと低照灯などあらゆる活用によって、利用者の見る／見られる関係を許容させながら、境界を縁取ってゆく
- **活動性**：地下道は採用を避けるか、または少なくとも端部に何

第4章　デザイン・ガイダンス

があるのか見ることができるように設計する

- **隔絶―耳と目**：自然の見まもりが重要である。ガイドラインは、とくに危険だったり、隔絶された場所ではCCTVを使うことを勧める。「音声モニター、ビデオカメラおよびスタッフを用いた形式の整った監視の要請が出るかもしれない。しかし、こうした監視機器に過大に頼らないことが重要である。費用は別として、ビデオカメラは、危険な状況になったらどう対応すべきかをわきまえ、新聞を読んでいる以上の優先順位で確認するという監視のできる24時間対応監視員がいる場合にのみ役立つ。いくつかのケースでは、1人当たり最大40画面をモニターすることが期待されているが、一日中見ているには多すぎる。また機器は、容易に破壊できるし、修理にも長期間かかるのである」

- **バンダリズム**：ガイドでは、バンダリズム問題の解決策として、翻って所有者意識を高めるなど想像力豊かなアプローチを提唱している。「トロント市では、落書きがやまない壁面に、近所の若者による壁画制作の資金提供をするようにした。緑地を通り抜ける非公式『近道』が、正式の通路になることもある。住民は、住宅地周りの植栽の手入れに参加しなくてはならない。まるで刑務所のように『バンダリズムに強い素材や表層処理』を使うことよりは、ましな方策である

- **わかりやすさ**：大切なことは、「人々が、周辺環境のなかで自分の居場所をつくりうること」である。ある区域で利用者が自分の行く道が見つけられる度合い、すなわち、場所の「わかりやすさ」は、安全だと感じることに影響する。わかりやすさは、安全性を創出する、もしくは抑制するものなのである。優れた設計は、道筋を探すための標識の必要性を減じるが、入口や行き来が活発な地点では、誘導標識が大切であり、それによって、どこから入り、公衆電話がどこにあり、公共サービスがどこで、一番近い安全な場所（人通りの多い街路）がどこにあるのかわかる。住戸番号は、公道からはっきり見えなくてはならない。ガイドは、オランダの「ボン・エルフ」（p.125）を1つのモデルとして参照しながら、住宅地の街路デザインの重要性を強調している。それは、通過交通の制限や「行き止まり」街路の取りやめを推奨している

- **屋外照明**：ガイドでは、優れたデザインの街路照明計画の必要性が強調されている（pp.168〜169）

## 欧州規格に向けて

　欧州都市憲章は、欧州の町や都市の市民が、「できるだけ犯罪、非行、侵害のない安全で安心な生活」を送る基本的権利を提唱している。安全なコミュニティの基本的権利は、欧州の多くの国々で、国レベルと自治体レベルの防犯プログラムに採用されてきている。この権利は、現在、ヨーロッパ基準案、prENV 14383「都市計画と建築設計計画による防犯」に盛り込まれ、CEN/TC325 により準備されている（CEN とは、欧州ノーマライゼーション委員会—欧州基準作成委員会—新基準作成を調整する公式組織）。この基準の準備は 1996 年に始まったが、最終的に承認されるのに 10 年を要した。コンセンサスを必要とし、全欧州の国々と利害関係組織、すなわち警察や、建築家、都市プランナー、安全関係や保険関係者等々のコンセンサスと合意が必要であった。

## 規格化はなぜ必要か

　オランダの都市プランナー、ポール・ヴァン・ソムレンは、とにもかくにも規格は法律だけでは集約できないと説明する。各国、各研究所そして研究者の、横断的、自発的参画が求められる。規格化が必要なのは、それが「欧州連合市場の重要品目であり、たとえば防犯プロジェクトの 1 つのプロセスもしくは推進プロセスのなかで、さまざまな参加者や利害関係者がコミュニケーションと協働連携を巻き起こしたとき、プロセスをより透明化する助けとなる」からである（ヴァン・ソムレン , 2001）。

## 規格の目的

CEN の役割とは、
> 新築や既存の住宅地が、地区の店舗も含めて、安全で、快適で、暴力への不安を最小限に抑えることを保障する、住居地区の防犯の性能要求に応える建築設計や住宅設計の欧州規格の準備。ただし、建築部品と安全設備機器の規格は除く。

　規格案の狙いは、自治体、住民など利害関係者すべての場合も同様であるが、犯罪や犯罪不安を最小限に抑えるために、効果的な多面的活動を行い、助言や手引・チェックリストを作成する、都市計画・住宅地設計・環境による防犯に携わる者を輩出することにある。住宅地の計画や設計を通して特定の具体的な安全確保手法をとってゆくために、犯行者の動機についての理解が大きく促進される。また、警察と設計専門家の間の協働促進をもくろんでおり、警察官が

犯罪と市街地環境との関係について助言するために特別に訓練されることも確立している。規格案には、住宅地の設計計画に関連してパート2「都市計画」とパート3「住居」の2項が含まれる。

[パート2：都市計画と犯罪低減]

　パート2は、都市計画が、犯罪者や被害者、住民、警察などの行動や、態度、選択、気分に影響を及ぼし、種々の犯罪と犯罪不安に影響することを反映している。また、犯罪は特定タイプ（侵入盗、バンダリズムなど）に区分することができるとしており、犯罪と犯罪不安は異なる現象であるということも指摘している。犯罪不安は重要な問題であるが、人々が居住スペース全般に対して、また良好な社会的、物理的居住環境に対して抱く、はるかに幅のある感覚とは切り離さなくてはならない。

　安全で安心な都市や近隣地区というものは、物理的・社会的環境改善に向けた安全施策の成果であると認められているが、政策決定者と施行者は、計画面と設計面にのみ焦点を当ててはならない。新規開発の近隣スペースや公共的スペース、あるいは建物は、どれもすべて良好な維持管理を必要とする。こうした活動は統合化される必要があり、必要に応じ広範な人たち、すなわち、自治体関係者、法律専門家、環境専門家、維持保全や管理の従事者、ソーシャル・ワーカー、教員や一般市民などが、多元的な訓練を受けておく必要がある。その人たちは、すべて、このプロセスの利害関係者となる。

　近隣地区の計画を行うための次のような規範を奨励している。

- 各区域とその特性を分類する
- 起こりうる犯罪の問題をはっきりさせる。たとえば、侵入盗、車の犯罪、窃盗など
- 犯罪と犯罪不安のポテンシャルを見定める。すなわち、区域、犯罪種別、その問題の既得権益をもつ利害関係者をはっきりさせる
- 都市計画とデザインガイドラインを準備する
- 都市のデザイン戦略を構築する
- 管理戦略を考える

　関係する利害関係者を、責任主体、すなわち州や自治体の計画部門とつなぎ、個別プロジェクトに携わる事業関係者に、必要なプロセスやステップで誘導するための任務指令書を準備し、安全や防犯のための装備を決めることを奨励している。最終決定は、責任主体が行い、独立した調査官により監査されることになる。原案で述べ

られる地区の計画面・設計面の対象やプロセスは、学校についての要求条件と合わせて、付章で詳しく記述する。

[パート3：住居]
　パート3「住居」では、住宅近隣地区の設計や、住居の設計や建物の外装設計、共用エントランス付き住宅団地での犯罪の起きない設計計画、多様な居住形態のなかでの住宅地の管理と維持保全についての指針を示す。おもな計画と設計計画の推奨事項は、以下のようになる。
- 個々の近隣地区での潜在的リスク要因の影響評価
- イメージ
- テリトリー性
- 公共的スペース、半公共的スペースおよび私的スペースのデザインと配置構成
- 車庫
- 囲障
- 屋外照明
- 管理

　ここでは、必要な防止基準について勧告し、戸建住宅と入口（複数の場合もある）を共用する集合住宅地での、リスク分析について勧告している。またプロジェクトが始まるときに、専門家チームを組織することを提唱している。すなわち、都市プランナー、設計者、デベロッパー、犯罪防止に詳しい専門家などのチームである。この協働作業では、犯罪が起きる動機に影響する種々の要素を考えなくてはならない。実際に起きるにせよ、知覚されるにせよ、犯罪不安というものが、地区環境の設計計画のなかで十分に考慮されなくてはならないと述べられている。詳細については、付章で述べる。

図 5.1 コペンハーゲンの都市住宅地に修復整備された中央部のスペースが、コミュニティの中心として機能している

# 第5章：

# 安全で持続可能なコミュニティの創出

**コミュニティと持続可能性（サステイナビリティ）**

　前章では、環境から犯罪を締め出すための防犯デザインについて、物理的、社会的、経済的側面から扱った。今日、地域の人たちの触れ合いを通して、全体的な取組みであらゆる問題に一緒に目を向け、持続可能なコミュニティを創出することが最も大切な方法であると認識されるようになった。これは、デベロッパーにはとても任せられない大切な役割である。デベロッパーは、しばしば、素早く出口を見つけようとし、長期にわたって関係し続けることを望まないからである。本章では、この持続可能なコミュニティづくりの主要な原則を探ってゆく。

　コミュニティには多くの定義があるが、1つの実用的定義として次のように言える。

「具体の範囲としての近隣地区、社会・経済状況の共通理解と関心を共有する人たちの間に存在する、個人的関係、グループ、ネットワーク、伝統、行動パターンのウェブ[*1]」（Community Development, 2001）

[*1]（訳注）web：くもの巣状の網目。ITネットワークを指すこともあり、ここではその意味を含ませている

　個人的関係の"ウェブ"としては、拡大家族、隣人ネットワーク、コミュニティ・グループ、宗教団体、地区の企業、地元の公共サービス、ユース・クラブ、保護者と教師の会（PTA）、私設保育所、高齢者グループ、その他さまざまある。コミュニティ全体の利益のためにこれらをどのように結集できるかが、コミュニティの持続可能性にとって重要となる。その結集は、借家人と居住者の委員会、地元のコミュニティ・フォーラム、近隣地区管理委員会、開発トラストなど、さまざまな関係筋を通じて行うことができる。

　持続可能な開発は、文化的生活を享受するための必要施設が整った近隣地区をつくることと関係する。そこでは、若者も高齢者も、人々が活力ある社会の一員として社会的その他の便益を享受しながら、調和と安全のもとに暮らすことができる。持続可能な開発は、1987年、グロ・ハルレム・ブルントラントを委員長とする国連の

環境と開発に関する世界委員会により、「将来の世代が妥協することなく彼ら自身の欲求を満たすことができ、かつ現在の世代の欲求にも合う開発」と定義された。

ブルントラント・レポートは、「資本」と呼ばれる概念を編み出した。それは、最大限に活用する必要のある資源のことであり、「社会的」（人々が資源である）、「経済的」（資源を最大限に活用する）、「技術的」（知識基盤を確固たるものにする）、「環境的」（天然資源を最大限に利用する）、「生態的」（生息地、種および生態系を含む）、の5つを指す。

**近隣地区の持続可能性**は、全体論的方法でこれらすべての概念を包含することを意味する。「バランスがとれ」、複合用途を備え、歩きやすいコミュニティをつくることは欠かせないものであり、また密度が重要な問題となる。近隣地区の持続可能性は、村落、都市の街路、郊外という、3つの異なるコミュニティへの視点と関連付けて捉える必要がある。

村と郊外のコミュニティは、人々が希求する魅力を備えた理想であるが、都市地域のコミュニティはそうではない。ラドリンとフォークは、「もしわれわれが都市を（村や郊外の理想に比べ）より人気のあるものにするつもりなら、都市コミュニティの新モデルを開発する必要がある…（中略）…村や郊外のコミュニティを単純に都市に移植しても、機能しない」と問題提起する（Rudlin and Falk, 1999, p.110）。成功の多くは、設計計画の質と、それを通して有効に犯罪を低減しうるかどうかにかかっている。

### バランスのとれたコミュニティ

年齢構成、住宅所有形態などでバランスのとれたコミュニティを創出するために計画的手法を使うという考えが容易でないことは、とりわけ社会計画の関連分野で、すでに明らかになっている。1950年代、アナイリン・ベヴァンは、「医師、八百屋、肉屋、農業労働者が、皆で同じストリートに住む」「ミクスト・コミュニティの生きた織物」を再創出すべきことを論じた。バランスのとれたコミュニティづくりは、今日、再び活発な議論の的になっている。社会的疎外と、それが関係する犯罪の抑制などあらゆる問題に大きく立ち向かう期待をもった都市内部の再生、という議論である（Minton, 2002b, pp.10-11）。

"Building Balanced Communities（バランスのとれたコミュニティの建設）" という著作のなかで、アンナ・ミントンは、年齢と住宅所有形態でバランスのとれたコミュニティが持続可能性の鍵であ

る、との考えを述べている。そして、教育、健康、住宅が大切な問題であるとしている。

彼女のおもな原則は以下のようになる。

- **社会住宅**：単一階層居住となる社会住宅の集中的建設は行わない
- **私有権**：公営住宅地に個人所有住宅を導入する。これは、ヨーロッパと米国で（そして英国で）成功を収めた。オランダでは、現在、「都市再構築」と題された国の政策のなかに正式に記述されている。米国では、HOPE VI プログラム（あらゆる場所での人々の居住機会）で、高所得の人たちを低所得層の近隣地区に引き込むことを目指す
- **アフォーダブルな住宅**：すべての新規開発において、一定割合のアフォーダブルな住宅を建設する。これはよく洗練された建物形態によって実現できる。サットンのロンドン行政区で、ピーボディ・トラストは、ベッドゼッド（Bed Zed）として知られるベディントン・ゼロ・エネルギー開発を実施し、熱電併給ユニット[*2] を用いた計画地区全体共用の低エネルギー設計手法で、持続可能なコミュニティを創り出した（ビル・ダンスター建築設計事務所）。82戸のうち、34戸は完全所有権住宅、23戸は共同所有権住宅、15戸は社会住宅、残りの10戸は看護師と教師の入居誘致を目的に家賃減額した「原価賃貸住宅」である（図 5.2）
- **質の高い開発**：開発の質を確保するため、適切なレベルの投資を行う。ハウジング・アソシエーション特有の問題は、ハウジング・アソシエーションへの交付金を評価する住宅公庫の用いる総費用指標システムが、アソシエーションの望まない設計を強要する可能性がある点である。用地費が総費用のかなりの部分を占めることから、時としてアソシエーションは、人々が行きたがらない貧しい近隣地区での住宅建設をさせられる。そうした点から住宅開発費は、柔軟で、地域ごとに特有のものとすべきである
- **学校**：混在し、バランスのとれたコミュニティをつくるという住宅と学校との関係の問題についての国民的認識があることは間違いない。米国では、近隣地区を改善し、若者の教育機会を拡充する目的で、荒廃した地域に「マグネット・スクール」が設置された。この学校は、1970年代以降、米国の都市に中流階級世帯を住み続けさせる鍵となり、差別廃止に貢献することが広く知られている。英国では、親たちは成績の悪い学校に子供

[*2] （訳注）発電装置から電力と暖房・給湯の熱を取り出す装置・コジェネレーションシステム

図 5.2 ベッドゼッド（BedZed）：ロンドンのベディントンのゼロ・エネルギー開発は小さな複合所有形態のコミュニティがこの開発のメリットを共有する。ビル・ダンスター建築設計事務所

たちを行かせたがらず、とくに中等教育レベルでそうである。これは中所得層の人たちが郊外居住を選択する主要因の1つとなっている

- **健康問題と低質な住宅**は、同時に考える必要がある。社会的に疎外された地域に特有な住宅の質の低さと、保健サービス費用を増大させる健康障害の間には、強い相関関係があることが、調査によって示されている

　ミントンは、購買力のある経済的活力をもつ人たちを地域に引き戻す「マグネット政策」の導入を勧める。その多くは、インナーシティの低所得地域に住むことにインセンティブを与える一方で、未開発地域での住宅供給を制限する、アメとムチの手法を用いることで最大の効果が得られる。彼女は、土地販売収益をコミュニティに再投資することを基礎としたガーデンシティ（田園都市）運動の土地価格・所有理論を再評価することを提案している。最初のガーデンシティはこの原則で栄えたのであるが、ここまで政治的に敏感な問題にあえて取り組んだのはわずかな人たちだけである（Minton, 2002a）。

　犯罪防止の観点から、用途と所有形態を混在させた、歩いて暮ら

せるコミュニティを通して得られる利点は多い。近隣地区にさまざまなタイプとさまざまな所有形態の住宅があり、さまざまなバックグラウンドの人たちが共存し、近隣地区で認められる接し方で形式張らず出会う機会が与えられる。世帯構成と雇用形態がさまざまに異なるので、おそらく、近所の家には誰かしらがいて、ほとんどの時間帯、自然な見まもりが行われることになる。

これに代わるあり方は、人々が住居専用地域の近隣地区に住み、ポツンと離れて開発されたショッピング・センターに買い物に行く米国で見られる。その方がより安全だと信じて、ほとんどの人々がこの隔離された土地利用パターンのなかに居を構えることになる。米国の地方自治体の多くは、政策や規則を通してこの土地利用方式を推進している。残念ながら、複合用途地域で歩いて暮らせるコミュニティが、より安全かどうか、明確な答えを出した研究報告はない。しかし、米国オレゴン州ポートランドの警察本部長マーク・クローカーによれば、歩行者に配慮した街路、住宅タイプと密度の多様性、互いに顔見知りの年齢や所得、文化が異なる多様な人たち、といった点を設計計画に織り込むことで、コミュニティの警備はかなり容易になるという。

「散在した郊外地域を車で回るのは警察のパトロールにとって非常に効率が悪く、多くの地域では1人も警察官を目にすることがない。自分たちの都市計画と環境デザインの方針を共存させる機会をつくらなければ、犯罪行為が助長される均質なパターンが現れる」（Minton 2002b, pp.10-11）。

バランスのとれたコミュニティは、今日、民間の新規開発に低価格住宅の部分を合わせてつくられている。大ロンドン庁（GLC/GLA）は、たとえば教師や医師といったおもだった勤労者でさえ住宅市場に参入できないほど住宅価格が高騰していることを理由に、一定の状況のもとでは、50％をアフォーダブル住宅とすることを要求している *3。コミュニティの交流不足を示す証拠があるにはあるが、専門家の間では、社会住宅居住者は、従前居住地にいたときより土地利用や住宅所有形態が複合する地域に移ったほうがうまくやれる、という見解が形成されてきている。従前居住地にいたときよりも大きな向上心を持ったように見え、郵便番号で社会住宅団地だとわかるような場所に住むことで、人生が運命づけられることもない。

既存の公営住宅団地でこのバランスをつくりだす方法は、貸すのが難しい公営住宅を除却することである。これによって、社会賃貸住宅だけで構成された地域に民間開発をもち込む機会が提供できる。それは重要な社会変化を生み出しえるものであるが、往々にして民

＊3 （訳注）原文では Greater London Council（GLC）がこの要求を行っていると記しているが、GLC は 1986 年に廃止されており、正しくは 2000 年に設置された The Greater London Authority（GLA）のことを指していると思われる。GLC も GLA も日本語で「大ロンドン庁」と訳されることがあるため、この訳を採用した

間デベロッパーは、開発の事業採算性を確保するには民間住宅の限界量がある、と主張する。2〜3のデベロッパーは、民間住宅と社会賃貸住宅をうまく混ぜ合わせよく味付けしており、興味深い結果を出している。ブラッドフォードで実施されたロイズ再生計画（p.190）では、この手法がとりわけ成功を収めた。ロンドンのイズリントン区マーキス・ロードの開発（p.29）は、民間住宅と、社会賃借住宅との所有権共有住宅*4 を同一街区に組み込んでいる。マンチェスターのヒューム地区では、公営住宅が取り壊され、一部の土地が民間住宅用に再開発された。スコットランドでは、グラスゴーのクラウン・ストリート（p.140）が好事例の1つであり、裏庭を共有する共同住宅とテラスハウスの複合所有形態の開発となっている。

*4 （訳注）shared equity housing：中低所得層の持家取得を支援する仕組み。一定の頭金の残額を賃料で払い続け取得できるようにする方式

[マンチェスターのヒューム]

　マンチェスターのヒューム地区再生は、上記の設計計画と持続可能性の原則を反映したもので、多くの面で未来の計画モデルとみなされている。ここでの取組みは、住宅地再開発プログラムと大規模な更新・基盤整備工事を伴う社会・経済再生の呼び水として、競争的資金のシティ・チャレンジから 3,500 万ポンド（74 億円）を獲得し 1991 年にスタートした。このスキームは、悪評の高いヒューム・アパートを含む片廊下アクセス住宅 2,500 戸の取壊しを前提とするものだった。最終的に、1,250 戸の賃貸住宅と、ベルウェイ・アーバン・リニューアルが建設・販売する 2,000 戸の住宅ができる。

　計画手法としては、地域ビジョンと、建物群のボリュームや位置決めの原則について特色ある都市デザインガイドをつくることに取り組んだ。計画基準は以下の通りである。

- すべてが時速 20 マイル（32km/h）以下の制限速度で設計され、社交性、コミュニティ、自然な見まもりを促す街路の整備
- 通り抜けの良さ、すなわち、周囲の地域との強い結び付きがあり、あちこちに移動しやすい近隣地区（図 5.3）
- 多様な店舗やサービスを支える十分な密度
- 経済的、社会的、環境的に持続可能な形で、都市のエコロジカルな発展を促すことで達成されるものであり、将来変化に向け地域が適合するのを包容できる開発
- 主要な街路沿いを 3 階建住宅とし、戸建住宅区域は 2 階建とする街路の段階構成（図 5.4）
- 都市の伝統的な目印である、街角、眺望、ランドマークの注意深い扱い（図 5.4）
- 国家のエネルギー格付け 9 に対応した住宅

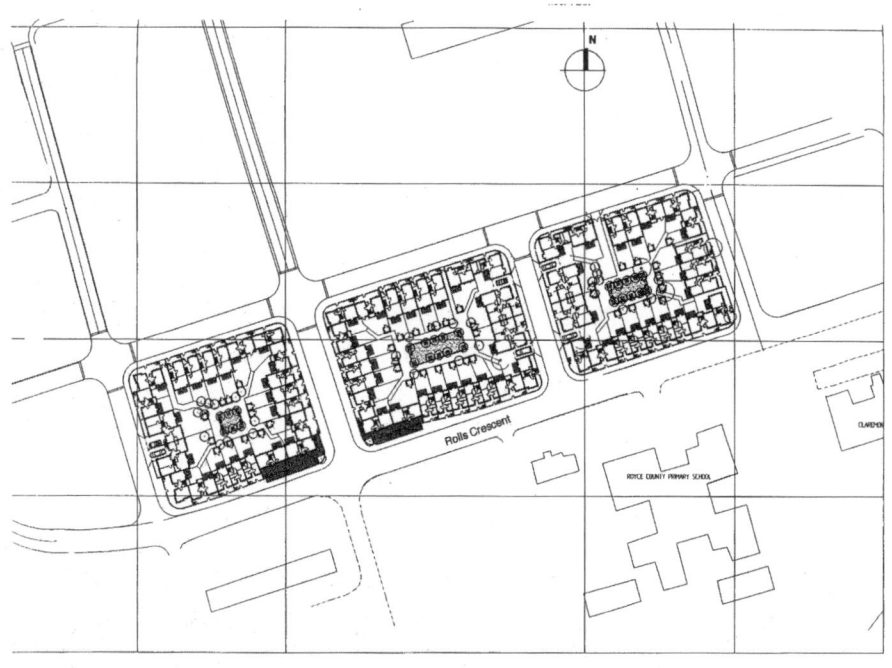

図 5.3 マンチェスター、ヒュームのロールス・クレッセント。通り抜けのよい街路パターンに結び付いた住宅地。ECD 建築設計事務所

図 5.4 ヒュームのロールス・クレッセント。街角の 3 階建住宅が注目点を提供している

これまでのところ、その原則が設計にしっかり組み込まれている。住宅地は多種多様である。民間住宅地はグリッドの街路パターンに面し、駐車場はゲート付きで中庭の後ろに配されている。うまくいくかどうかは、入ってすぐゲートを閉じることを継続させ、その狙いを機能させようとする居住者の意志の徹底にかかっている。

個別のプロジェクトで最も有名なのが"Homes for Change（変革のための家）"であり、コミュニティ内のコミュニティとして構想されたものである。この計画は、ギネス・トラストの開発で中小企業を含む複合用途計画を考えるため、住民グループがプロジェクトマネジャーに働きかけた 1991 年に始まる。その成果は、管理されたワークスペース、店舗、スタジオ、ミーティング・ルームとカフェを 1 室にまとめたパフォーマンス・エリアをもつ、画期的な建物である（図 5.5、5.6）。片廊下アクセス形式は過去の住棟を思い起こさせるものであるが、外廊下は居住者により想像力豊かに利用されている（図 3.85）。居住者が皆それぞれ、うまくいくよう責任を分かち合っているため、その狙いがよく機能している。

"Planning for Crime Prevention（防犯性を踏まえた都市プランニング）"という本のなかで、リチャード・H・シュナイダーとテッド・キッチンがヒュームについて論じている。ヒュームで犯罪が削減した証拠が出たことを示す一方、「一般の人々が、この問題について（もし少しでもそれがあるならば）どのように考えているか、私たちがわかるように」一定の期間、慎重にモニタリングする仕組みが大切なことを強調している。また、ヒュームがマンチェスターのどの地域とも、英国内のどこの都市とも似ていない、と強調する（Schneider and Kitchen, 2002, p.256）。

[コミュニティのバランスを取り戻す社会住宅の払い下げ]

英国の既存コミュニティのバランスを取り戻すための第二の手法が、ジョゼフ・ローンツリー財団で試行実施された。財団所有のヨークのニュー・イアーズウィック団地で空家になったセカンド・ハウスを市場で売る 5 ヵ年の実験で、より暮らし向きのよい人たちに不動産を売却することで団地の衰退を止められると財団は知った。地元の子供たちの反社会的行為への苦情噴出が先導的取組みを促した。現在、この団地での財団のもくろみは、全体のうち、3 分の 2 を賃貸住宅に、3 分の 1 を持家にすることである。戸建住宅は集合住宅より売却が容易だといわれるが、すべての不動産は市場に出す前にきちんと手が入れられる。販売契約には買い戻し条項と転貸禁止が含まれる。これまでの成果として、この住宅地への認識が著しく向

図 5.5 ヒュームの「変革のための家」(Homes for Change)。設計計画概念を支持するコミュニティがあると、外廊下がうまく機能する

図 5.6 ホームズ・フォー・チェンジのコミュニティ・ショップ

第 5 章　安全で持続可能なコミュニティの創出

上し、不動産価値も上昇している。

　ジョゼフ・ローンツリー財団が認めているように、この手法は、どうしようもない不人気団地の解決策にはならない。したがって、デベロッパーが求める最小限の新規住宅が分譲できるよう、地区内の既存建物の相当数の除却を前提としなければ、賃貸事業継続が難しい住棟を多数抱える英国の公共セクター団地のモデルにはなれない。ハル市にある約2,000戸の公営住宅団地ジプシーヴィルでその計画が実施された。民間デベロッパーは困難を抱えながらスタートを切ったが、結果的に首尾よく新規民間住宅を分譲できた。また、地元の小学校では、社会的バックグラウンドの異なる多様な生徒をクラスに混在させることで、よりよい教育的達成が得られたと報告されている。

## 密度と持続可能性
[持続可能な近隣地区]
　持続可能性の点から考えて、さらに問題となるのが密度である。英国政府により1998年に設立され、建築家リチャード・ロジャース卿を座長とするアーバン・タスク・フォースは、密度を最低でもヘクタール50戸（20戸/エーカー）以上とするよう提唱した。これなら、家から徒歩で行ける範囲に、店舗群、小学校、交通施設といった公共施設を備えた複合用途開発が維持できる。ロジャース卿は、密度とコミュニティの間に、都市の持続可能性にかなり貢献できる関係性があると主張した（Urban Task Force, 1999, p.61）。ヘクタール当たり80戸以上（32戸/エーカー以上）の密度を達成すれば公共交通機関は維持でき、街路でも安全な歩道と自転車路を併設するよう設計できる、とブライアン・エドワーズは考える。この密度以上であれば、開発は地元店舗、学校、地元雇用などを支えられる、と主張する。実際のところ、解決策としては現地個々の事情に即したものでなくてはならない。ロンドンと他の大都市の中心部では、よそより高密度開発を行うのがずっと簡単である。一方、人々が郊外型ライフスタイルを強く求める場所では難しい（Edwards and Hyett, 2001, p.103）。

[店舗上階での居住]
　店舗上階に住宅を設け、住民たちが戻ってくるよう促すことで、町や都市の中心部がもっと安全な場所になるという考えが、警察、都市プランナー、不動産オーナーの間に広まっている。空室化し、利用されていない空間を住宅用途に用いることで、下階の商業施設

への不法侵入を防ぐのに役立ち、安全性が高まる。政府が構想した店舗上階の居住について行われた1995年の評価では、コスト・パフォーマンスのよさが明らかになった。つまり、不動産オーナーとの取引交渉の複雑さのため、出費は相当な額であったが、出費に値する以上のものが得られた。「ロンドン都市計画諮問サービス」のために行われた1998年の調査研究で、空家もしくは低利用度既存店舗とその上階の利用によって、ロンドンだけでおよそ7万3,000戸の住宅が新設できると推計された（Urban Task Force, 1999, p.253）。

しかし、シェフィールド・ハラム大学と空家住宅庁が実施し、ジョゼフ・ローンツリー財団が1997年に出版した調査報告では、その潜在力が十分発揮されていないことが示された。店舗上階居住の計画対象地区の大半で、住民と下階の商業施設占有者との間ではほとんど接触がないことがわかった。また、侵入警報器が突如鳴り出したときどうしたらよいか、居住者のわずか2％しか知らなかった。大半の居住者は、この新しい家を好み、前の家と同等以上に安全だと感じていた。店舗上階の住宅は、狙いとした社会グループにとって満足のいく解決策であるという結果を示したが、必ずしも一般的な住宅解決策として適しているわけではないことも明らかになった（Joseph Rowntree Foundation, 1997）。

[持続可能な住宅地]

ブライアン・エドワーズは著書"Rough Guide to Sustainability（持続可能性に向けた概説ガイド）"で、持続可能な住宅地は、次の3つの重要事項に等しく目を向けている、と述べている。
- エネルギー効率、廃棄物の最少化、資源など
- コミュニティと社会福祉
- 社会経済的繁栄、とりわけ雇用と教育

スカンジナビアで出版された"Good Nordic Housing（素敵な北欧の住宅）"でこの見解が支持されている。この本は、1995年、スカンジナビア5ヵ国の住宅省が、よい住宅とよい居住環境の特徴とは何かについて共同研究した成果の概要を示すために執筆された。そこにまとめられた10項目のポイントは、持続可能なコミュニティをつくるために考慮すべき点を簡潔に示している（Bjorklund（ed.）, 1995, p.45）。それによると、良い北欧住宅は次のような特徴を備える。
- 自然や野外レクリエーションへの近接と結び付き、資源管理がなされる環境に立地する

- 家庭ゴミのリサイクル、分別、堆肥づくりの奨励と併せ、建築材料と既成市街地、水、暖房、交通のエネルギーの資源管理を通した、長期の持続可能性を奨励する
- あらゆる年齢層向けのレクリエーション機会と野外活動機能が備わるとともに、店舗、公共交通、文化活動、学校に至近な近隣地区に見受けられる
- 本来の環境に社会的接触や社会的影響の機会が提供され、地区文脈の一部を成している
- 豊かで多様な植栽を組み合わせて周辺環境と良くなじませ、また環境を豊かなものにしている、さまざまに特徴ある建物や住棟が見られる
- 家族1人ひとりが自分の寝室をもち、家の中で1人になれることと家族との触れ合い、料理づくり、食事、家や部屋での仕事、友人との交流、衛生、収蔵のスペースをもつ
- 在宅介護や介助の必要な人たち、移動と環境順応性に障害をもつ人たちが、容易にアクセスでき利用できる
- 美しい室内とレイアウトをもち、二方向以上への視界が開け、明るく、日当たりがよく、暖かく、外界から良くまもられている
- 人前への生活露出や騒音、アレルギー誘因物質がなく健康と幸福の機会をつくっている
- くつろいだ気分になる条件が整い、不法侵入や襲撃に対し安全が確保された環境がある

スカンジナビア諸国は、新規住宅地と再生住宅地の双方の設計に対する価値観で、英国より的確な認識が多いように見える。その経験から学ぶことは数多くある。デンマークの雑誌"Arkitektur dk"は、今も定期的にハウジング・デザインを解説している、世界でも数少ない建築雑誌の1つである。以下に紹介するデンマークのコペンハーゲンとスウェーデンのマルメのプロジェクトは、持続可能なコミュニティ形成へのまったく異なるアプローチの事例である。

[コペンハーゲンの都市再開発]

図5.1と5.7は、コペンハーゲン中心部の都市再開発と住宅地改良の実施例である。このプロジェクトは、19世紀の住宅地の保全と、現行基準に合わせる住宅内部更新に関係している。この住宅地は、街区中央部に中庭のある複数街区で構成されているが、従前の敷地には余分な建物がぎっしり建っていた。その建物群が撤去され、跡

図5.7 コペンハーゲンの都市再開発。余分な建物を取り除くことによって、市街地の街区裏側の中庭に生み出された共用空間

地が全居住者の共用空間となったり、特定住棟の居住者だけで楽しめる半私的空間となったり、階段室吹抜けに変わったりした。今ではこうした空間が、ゴミ置き場や駐輪場、洗濯物干し場になるほか、子供劇、近隣地区のパーティー、日光浴などに利用される。立ち入りは居住者だけに制限され、極めて安全で、安心である。住民が空間を共有し、面倒を見ようという意欲をもつことで、こうした空間づくりは成功する。とても安全で、犯罪の不安はない。

［コペンハーゲンのエゲジェガード］

コペンハーゲン近郊のエゲジェガードは、持続可能なコミュニティの、もう1つの代表例である。この場所はバレラップ市とグレイター・コペンハーゲンの一部となっている。1986～1996年にかけて建設された都市開発の実大社会実験場だった。全体論的な考え

第5章 安全で持続可能なコミュニティの創出

方と、エコロジーと社会状況との関係を、新たな持続可能な都市コミュニティ開発に組み込み、極めて安全で安心な生活環境をつくりだそうという試みであった。

建築デザインの基本条件として提示された計画コンセプトは、もっと多くの社会生活や交流機会があった過去の「失われた町」を再現することであった。人が大勢住む街路、小道、広場が計画された。社会賃貸住宅と住宅協同組合と持家の混合、若年層向け住宅、高齢者や障害をもつ人に適した住宅と、幅広い選択肢を持たせて計画された。各住宅街区は、さまざまなアイデンティティと建築的特徴を備えている。大半の住宅が居住者の好みに合わせてつくられ、仮に北面に裏庭をもつことになっても街路側が正面となるよう設計された。おもな通行道路は正面性をもたせる開発のために長いループを形成している。ループ内の大半で、車の速度を時速15km/hに制限している。道路と建物、街路照明、植栽、パブリック・アートと、都市デザインのそれぞれを、首尾一貫させ注意深く統合した点が最も称賛に値する（図5.8、5.9）。

社会的コンセプト：エゲジェガードは現代デンマークの社会を反映した居住者と住宅所有形態を混在させている。そこでは、一般の家族のなかに「問題家族」を入れるという方針があった。そのため8世帯当たり1世帯以上は問題家族を入れないという基準と、この原則に全関係世帯が合意するという条件があった。このやり方は、問題家族をまとめて住まわせるより望ましいと考えられた。近隣地区センターには、スーパーマーケットやパン屋、ピザ屋を含むさまざまな店舗がある。近くには学校、児童と若者のための放課後施設、スポーツ施設などがある。高齢者や障害者のためのホームヘルプその他のサービスなど、目に触れにくいサービスも提供される。住宅ブロックの多くは、ミーティング、パーティー、その他さまざまな活動に使用できる共用室を備える。また、このプロジェクトでは地域ビジネスを開設するための空間を含む。

住民参加は、エゲジェガードの計画においては当初意図的に設営されたが、人々が入居し始めると、参加グループの住民メンバーが他の人たちに参加を呼びかけた。こうして、コミュニティ・ネットワークが形成された。それが住民同士のオープンでフレンドリーな姿勢につながった。新規転入者たちは、開発を成功させることへの責任と、関係する作業がみんなの関心事だと教えられる。

フィジカル・デザイン。極めて多様な住宅がある。街路に面する建物群という当初のコンセプトは、残念ながら後になり、三日月状の街路に並ぶ建物と建物裏側の駐車場という、より在来的な配置に置

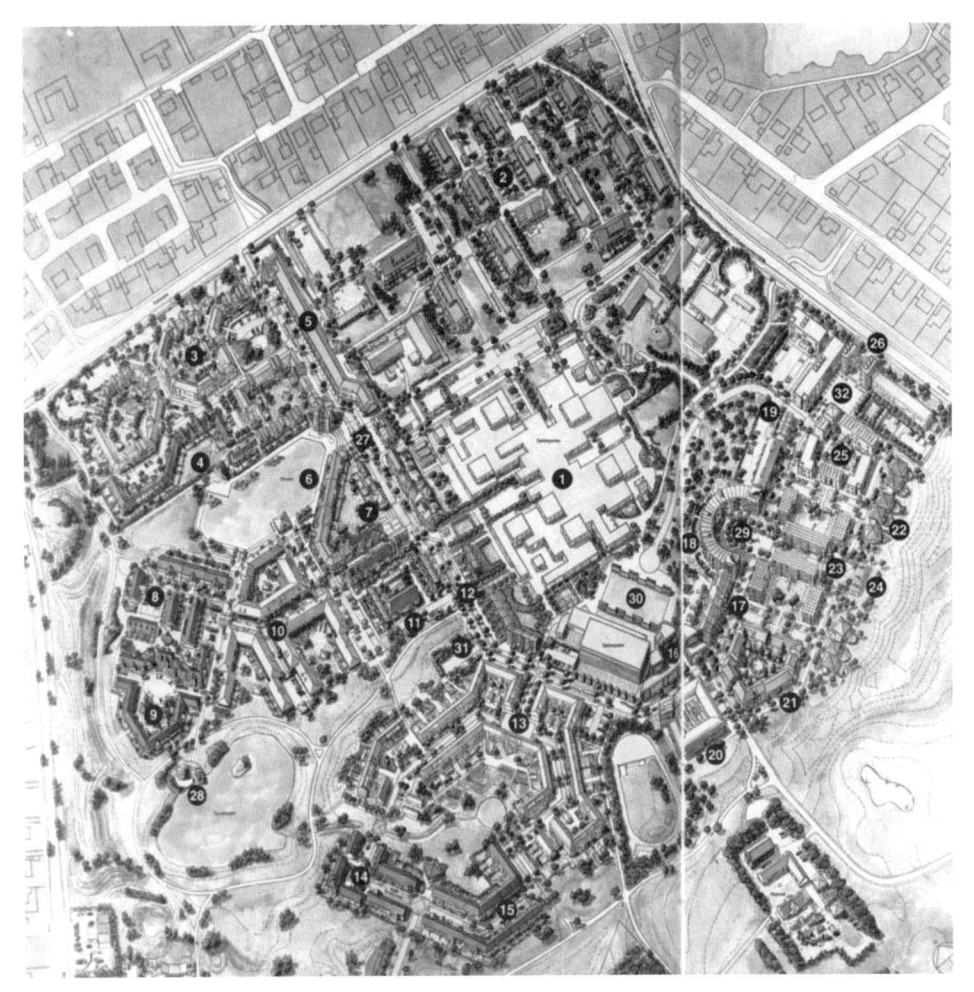

き換わった。街路沿いの個々の連棟住宅は、プライベートの建物妻面と裏庭をもつ昔の小さなタウンハウスを思い出させる（図5.10）。後のいくつかの計画では、街路に向けて外側にというより、中庭のほうに内向きになっている。これらは社会的接触をより多く生みだし、世帯間の小ぢんまりとした活動の可能性をふんだんに提供して、とくに小さな子供には適するが、街路との接触は少なくなる。近隣地区に関するこの内向きの方向性の結果、そこにあいまいな空間ができ、通路も倍増した。つまり、住宅の前側が他の住宅の裏に面し、裏庭は別の住宅の前面に位置する。住宅地づくりの最終段階で、窓や扉のない建物妻面に、小さく防御可能な空間が正面に設けられた。したがって、大きい窓を通して家の中が簡単に見える。その結果、ブラインドが多く見られる。

図5.8 コペンハーゲン、エゲジェガードの敷地配置。都市開発での実物大の社会実験。図面上の番号は住宅建設段階と建物の違いを示す。とりわけ注目すべきは次のものである
1. 学校複合施設
5. 店舗
6. 湖口部にある若者向け住宅地が見渡す湖
20. 高齢者のためのシェルタード・ハウジング
23. 29. 道路と関係づけられていない裏側の住宅地

第5章 安全で持続可能なコミュニティの創出　231

図5.9 コペンハーゲン、エゲジェガード。開発地を貫くループ状大通りに面したショッピング・センター

犯罪：落書き、バンダリズム、不法侵入、襲撃といった多少の問題はあるが、犯罪発生率は、この住宅地のある自治体平均の半分に満たない。最も攻撃されやすい場所は一番後ろの住棟裏駐車場である。そこは、よく見渡すことができない。極めて多くの人たちがこの開発地区に住み続けたいと望み、今や長い入居待機者リストができている。まさしく文化的で持続可能なコミュニティのあるべき姿である。

図5.10 エゲジェガード。街路沿いの住宅

[スウェーデン、マルメの Bo01 住宅地]

マルメはスウェーデン南部の商業中心地であり、都市全体の持続可能な開発に向けた総合的、戦略的なアプローチに、長年、意欲的に取り組んでいる都市である。持続可能な開発をつくりだす手段として、1987 年には、ユーザー参加の大胆な実験をモンビジョガートン通りの住宅街で盛大に行った。1 つの集合住宅棟に、70 の入居候補世帯が、各世帯の具体的要求に合わせて設計される住宅が持てる開発を実現できるよう、建築家イヴォ・ワルダーと協働したものである。図 3.24 に見られるように、とても想像力に富む開発を行った（Architectural Review, 1992 年 3 月号, pp.25-29）。

マルメ市は、バストラ・ハメン（ウエスタン・ドック社）が埋立地に開発した新しい持続可能都市地域 Bo01 で実験しようという意欲を継承してきた。この開発は、2001 年に開催された試行実験的な持続可能住宅地の国際博覧会の対象地となった。再生可能エネルギーが地元で製造され、地区内に供給されている。緑地は敷地内の生物多様性レベルを高めるために必須と考えられている。下水と廃棄物の処理に最新の環境技術が使われている。

海を見渡せるこの地区は、スウェーデンとデンマークを結ぶ新しい橋からの素晴らしい眺めとなっている。配置構成はとても通り抜けのよいものである。車のアクセスは、ループ状に計画され小さくグループ分けした駐車場に至る地区内道路（公道でない）である。海岸線を見渡す 5 〜 7 階建集合住宅（図 5.11）から 2 階建住宅まで、多様な住宅形態が混在する。敷地は小ブロックに区画され、おのおの異なる建築家が設計した（p.79 図 3.7）。海岸線を見渡す集合住宅の

図 5.11　Bo01：スウェーデン、マルメの実験的なミクスド・ユース住宅地

第 5 章　安全で持続可能なコミュニティの創出

1階に店舗を設置した点が、複合用途形態である。近くに工房もある。

地区のプランニングとデザインはCPTED（環境デザインによる防犯）の原則をある程度理解したもので、安全性の点では、強みと弱みの双方を併せもつ。住宅のいくつかが、小さなゲート付き共用庭を囲んでグループ化されている（図5.12）。広々としたバルコニーは、公共的空間を見渡せるようになっている。大きい窓が共通の建築的特徴であるが、隣接住宅の向き合い窓に近すぎるほどに配置され、室内のプライバシーを損なう可能性がある。路地のいくつかはよく見通せないが、問題が生じればゲートを付けることはできる（図5.13）（Arkitektur dk, 2002, pp.9-21）。

## 都市再生と持続可能性

[英国における近隣地区の再生]

1997年に新たに選出された新労働党政府は、英国の住宅事情にすぐ着目した。その社会的疎外問題部門は、1998年、住宅地荒廃

図5.12 マルメのBo01：中庭に面する大きな窓が良好な自然な見まもりを提供するが、プライバシーは減少する

図5.13 マルメのBo01：このような路地は英国ではあまり成功していないが、ゲートを付ければありうる

の重大な問題を経験している近隣地区がイングランドに3,000ヵ所もある、と報告した。この部門は、問題の対応のため、今後10〜20年で、誰もがこれまで以上に住む場所の窮乏を味わうことがないようにする、という問題解消に資する政策を立案した（社会疎外問題部門, 1998）。

その部門は、近隣地区再生で達成すべき主なものとして、次の2つを提示している。
- 貧困に陥った近隣地区での、健康、仕事、犯罪、教育、住宅という主要5領域での顕著な改善成果
- 貧困地域と国内他地域とのギャップの縮小

社会的排除問題部門は、近隣地区にとって優先事項が何のかは

地域住民が最もよく知っていると認識している。したがって、住民のコミュニティ参加が主要テーマとなる。近隣再生基金は、最貧の近隣地区で貧困に取り組むいかなる方策にも活用でき、資本的支出と収益的支出の両方に利用可能である。この基金は、政策の主流を構成する諸プログラムが、貧困問題に、より的確に対応できるよう支援することに重きを置いている。

　コミュニティのニューディール政策：英国政府は、コミュニティのためのニューディール政策で近隣地区の徹底的な再生に多額の資金を投入する、と明言した。このプログラムは、高レベルの犯罪発生や荒廃した環境などの問題に取り組むため、地域住民、コミュニティ、ボランティア組織、公的機関、地方公共団体、企業の団結を図る計画を支援する。犯罪や反社会的行為は、コミュニティからビジネスを撤退させ、人々を家の中に閉じ込め、経済活動人口を地域からすっかりなくす可能性がある。このため、それが取組み行動の優先順位リスト上で高順位にランクされている。

　このプログラムは持続可能なコミュニティづくりのチャンスとなる。実際に安全で、その安全性が住民に認識され、他の人たちも安全だと感じられるコミュニティをつくるには、CPTEDにリンクさせることが必要となる。その意味は、人々が都市地域に住み続け、あるいは都心に戻ることを奨励する幅広い手立てをつくるため、物理的環境を、社会的、経済的、その他の問題と合わせ全体的な立場で見ることである。住宅地は、地域もしくは地区の再開発戦略や新規開発の枠組みのなかで検討しなくてはならない。環境改善と良好な社会基盤、とくによい学校を保障することにも、多くの努力を注がねばならない。資金源のないところ、とくに市場が失敗するところには「すき間の融資（Gap funding）」が必要となる。

[ロンドンのベクスリー区スレイド・グリーンの再生：コミュニティ安全行動ゾーン（CSAZs）]
　ロンドン南東端に位置するベクスレーのコミュニティ安全行動ゾーン（CSAZs）はコミュニティ安全パートナーシップの形成に起源をもつ。このパートナーシップは、区役所、警察、保健機関、保護観察所、地域コミュニティを一致団結させた。内務省は2001年に、3年間にわたる薬物撲滅コミュニティ（CAD）計画に資金を提供した。それにより、パートナーシップが犯罪と秩序違反に対する地域ベースの取組みを提案することが可能となった。提案は、「コミュニティ安全行動ゾーン」に指定された地区で短期的な対応活動にターゲットを絞ると同時に、長期の予防的提案を導入するものだっ

た。犯罪や反社会的行為と戦う対策という観点で、以下を含む全体的な姿勢で地域のレベルを見ることが可能になった。
- 防犯性を踏まえた都市デザイン
- CCTV の設置
- 落書きの消去
- 健康増進
- 若者や、秩序を乱す若者の家族との献身的取組みによる青少年指導の活動
- 両親との初期介入作業
- 学校での教育プログラムの導入

　真に効果のある持続可能プロジェクトを実現するには、複数機関のアプローチが必要だと考えられた。プロジェクトは各特定ゾーンのニーズにターゲットを置いた。問題を特定することに始まり、優先事項で合意し、解決策を立案し実現させる手助けをするまで、全段階で居住者との関わりがあった。安全パートナーシップが期待したのは、このアプローチが孤立感を感じているコミュニティの再建を支援し、過度の犯罪不安を低減させることだった。こうして、ベクスレー全体を、住んで働くのにより安全な場所にしようとした。

　犯罪統計を調べたパートナーシップは、特定地区で平均より高レベルで犯罪と秩序違反が出現することに気づいた。その結果、取組み対象にデール・ヴュー団地と、スレイド・グリーンのアーサー・ロード団地を選んだ。スレイド・グリーンは最初に CSAZs が指定された場所で、あらゆる貧困の兆候が地域を荒廃させ、病気、侵入盗、薬物が蔓延していた。

　こうした問題への対処の1つが、反社会的行為を繰り返す、主たるトラブルメーカーの若者に対する裁判判決を得ることだった。それは問題少年グループが自由に付き合えなくなることを意味した。しかしながら、対策行動の範囲は、犯罪関連を超えるものとなり、生活の質（QOL）や再生問題までも取り扱うことになった。団地は良好な状態に再生され、福祉保健担当職員は社会的弱者、高齢者、薬物問題をもつ者、精神障害者、犯罪の恐れがあると認定された若者たちと一緒に取り組み、現在もそうしている。住宅地が改善され環境は向上した。他の人に迷惑をかけずに若者たちが集まれるユース・シェルターが、それぞれ 6,000 ポンド（121 万円）の費用で建てられた。屋外照明も改善された。また、ベクスレーの既存公営住宅ストックを数多く管理するオービット住宅公社は、低層集合住宅街区群や、その駐車場および運動スペースを監視する街路カメラを

設置し、侵入盗の割合が最も高い地区の居住者には無料で錠前が与えられた。団地は、花と低木、コミュニティ・ガーデンで「緑豊か」になった。コミュニティ・ガーデンには、バーベキュー設備、座れる場所、3頭のブタの彫刻が設置されている（図5.14）。また、集中的、継続的な清掃運動により、ちょうど3週間で約450台の放置自動車が撤去された。ゴミの不法投棄者は区役所のターゲットになり、落書きパトロールが毎日巡回した。奉仕スタッフが作業を行ったが、今も社会的弱者や高齢者、薬物患者、精神障害者、犯罪の恐れありと認知された若者がそうしている。

　コミュニティの参加を得ることは、難しくないことが明らかになった。しかし、ベクスレーのコミュニティ・イニシアチブ政策マネジャーのナターシャ・ビショップは、「コミュニティを引き入れることは難しくありませんが、時間とエネルギーが必要で、とても急いでそれをすることなどできません……もしいち早くできたとしたら、多分何も話し合っていないことになります。コミュニティの人たちを引き入れる鍵は、その人たちが何を望んでいるか、そしてその優先順位はどうなのかに気づくことです」とアドバイスする。

　コミュニティ安全活動ゾーンの実施前、夜間に安全と感じると答えた住民はわずか22％だったが、その数値は現在93％に上がった。スレイド・グリーン・フォーラムのジリアン・デービスは、「ここは暮らしよい場所に戻りました。コミュニティの人たちが自立し始めました」と述べた。警察は結果に満足している。ベクスレー警察の指揮官ロビン・メリットは、複数の官公署が協力し合うパートナーシップ・アプローチに相当なメリットがあった、と次のようにコメ

図5.14　ロンドン、ベクスレー区スレイド・グリーン地区のアーサー通りにあるコミュニティの出会いの場

ントする。「資源は増えたが、それ以上に、共通した見方ができました……この場所は、地区の中で消滅する寸前にあったのです。スレイド・グリーンの時刻は"11時"だった。事態がもう少し悪くなっていれば、もう取り戻せなくなっていたことを、私たちは知っていたのです」(Muir, 2003)。

## 住民参加
[参加の原則]

今日、世界中の多くの国で持続可能なコミュニティづくりの中心になっているのが、「住民参加」と「一体化(inclusion)」の概念である。それは人々が自分の近隣地区で犯罪と犯罪不安の問題を評価しうる大切なプロセスであるため、参加の手順を理解することは重要である。英国の副首相府の最新レポートに、参加のメリットが次のようにまとめられている。

> 「他の人たちと会って緊密に協力しあい、新たな技能を育て、信頼を築く機会は、コミュニティの結束をより強めることにつながりうる。次第にこうした認識が広がり、政策と実施の全段階でコミュニティ参画を確立する努力が払われている」(ODPM, 2002a, p.15)

参加は、人によりその意味するものが異なる。30年以上前にシェリー・アーンスタインが開発した「参加のはしご(梯子)」を見るのが最も良い。彼女の用語で、はしご上部の強い参加の形態は、人々を計画策定と設計に引き込むテクニックを必要とする。はしごの先端は、コミュニティが建設に従事(自力建設)し、地域管理に責任をもつものである。そこには投資と開発から何らかの経済利益を得るコミュニティが含まれる。はしごの中段は単なる形ばかりの参加であり、下端はアーンスタインが非参加と定義する。非参加は、情報収集の目的でコミュニティに働きかける方法で、計画・設計の手順を知らせることはできるが、人々が本当にその手順に携わること

表5.1 シェリー・アーンスタインの「参加のはしご」

| | |
|---|---|
| 1. 市民主導 | 市民力の段階 |
| 2. 市民側代表者の参画 | |
| 3. 協力関係 | |
| 4. 懐柔 | 形式的参加の段階 |
| 5. コンサルテーション | |
| 6. お知らせ | |
| 7. なだめすかし | 参加とはいえない |
| 8. 操り | |

Arnstein, 1969 pp.216-224

を可能としていない（Moughton, 1992, p.14）。

　参加は、住民たちが自らの目標と戦略を設定することを可能にするため、彼らを結集させ、連帯感の醸成を促す。コミュニティの問題点と資産性の双方を浮かび上がらせるとともに、人的能力、社会的能力を掘り起こし、コミュニティの価値をしっかり高める。参加は、制度上のリーダーや組織に役割がないことを示唆するものではない。むしろ、参加はコミュニティ、地方自治体、再生会社などとの創造的パートナーシップの発達を手助けする。また、参加は、コミュニティが利用可能な資源を最大限に活用するのを促す。意思決定プロセスとその結果により強く影響を及ぼすことができたという感覚をコミュニティに与える。住民は自らが手伝った環境により愛着を感じ、もし機会が与えられれば、さらに上手に維持管理するであろう。利用者グループはそれをより深く学ぶことで恩恵を受け、責任と活動の面で発揮する能力を高めるのを助ける。これが地域コミュニティ維持の核心となる。多くの助成機関は、資金提供の実施前にコミュニティ参加が実践されることを望む、あるいは要求している。

　専門家たちに対し、参加は、以前に可能であったものより、より適切で最新の情報を提供する。方法論の枠組みづくりは、創造的なプロセスには影響を与えることなく、従来からの意思決定の方法を使えるようになっている（Sanoff, 2000, pp.8-13）。

　人々に参加するよう説得するためには、変化が起こりうる、あるいは起こっていると彼らに実感できなくてはならない。したがって、住民参加は活発でよく演出されたものでなくてはならず、参加する人たちが達成感を体験しなくてはならない。

　「プロセスが明確で、容易に伝達でき、対話と討論、協働を促すとき、最もよく学習が行われる」（Sanoff, 2000, p.37）ということに示されるように、プロセスのなかで、問題の発見を通して学ぶ手段として用いることが奨励されなくてはならない。プロセスは、ボトムアップ型の住民主導イニシアチブと伝統的トップダウン型のアプローチを統合し、住民、コミュニティ組織、管理側の連携をつくりだすとき、最も効果的となる。人々が自らの関心と専門知識のレベルで参加することを許容しなくてはならない。個々人による違い、コミュニティの役割、時間とエネルギーを捧げる意欲に応じて、常にさまざまなレベルの参加がある。グループが異なると、プロセスの異なる段階で関わることを選ぶ可能性がある。とくに大きなプロジェクトではそうである。ある段階では、他の人たちより多く参加する人たちがいるかもしれない。したがって、参加者の数とタイプ

は計画プロセスにおいて変化しうる。

［参加の段階］
　第一段階：目的を定める。参加プログラムの計画づくりは、まず、以下のような観点で目標の明確化が行われなくてはならない（Sanoff, 2000, p.16）。
■　そのプロセスがなぜ必要なのか？
■　どのような形の解決が必要となるか？
■　そのグループでどのように解決に向かって取り組むことになるだろうか？
■　どのように意思決定がなされるであろうか？
■　スケジュールはどうなっているか？
■　誰が最終成果物を受け取り、それに影響を与えうるだろうか？

　第二段階：調査、環境・社会アセスメント。後々の計画と設計での基本は、徹底的な地域の環境影響評価である。日常的な事象の環境と、その長所・短所を評価することに住民を関与させる。住民は過去を振り返るとともに、コミュニティに影響している現在の趨勢について検討する。社会的資産として、住民の経験、現存するコミュニティ組織、地元企業や学校を含めることができよう。地方自治体、再生会社など、コミュニティの部外者によってコントロールされる組織も、プロセスに携わる資産となりうる。

　調査に関わる者もコミュニティの生活のなかでの記録やインタビューや観察、そして何らかの市民としての参加を通して、コミュニティに関する歴史的、社会学的なことをよく知るようにしなくてはならない。すべてをどうすべきかを決めるかはコミュニティなのである。専門家は、このプロセスで、目標達成の準備を手伝う世話役として行動する。

　　□テクニック。ユーザーの環境問題への関心向上のテクニックは、心象地図作成、写真、コミュニティの輪郭描写、コミュニティ計画フォーラム、写真での調査、下見の旅行など数多くある。基本は、作業を参加者が楽しく感じることである（図5.15）（Wates, 2000, p.15）。
　　□クライム・ウオーク。地域住民と技術専門家の混合チームが地区中を歩き回り犯罪と犯罪不安の問題を探るために使う、特別のテクニックである。グループはノートを取り、スケッチし、写真を撮り、それぞれの環境下にある住民たちと非公式に話す。クライム・ウオークが終わるとチームは報告を行う。また、ノートその他の集められた材料は、次の環境影響

評価や計画・設計の段階に役立つよう、1つの形式にまとめられる。

　**第三段階：目標を定める**。環境影響評価は、達成目標をコミュニティで定めるときの支援になるよう、肯定的方法で使われなくてはならない。目標は、コミュニティ、その技能、能力と経験についての知識の結合で生じてくる、無限のアイデアである。それは以下の通りである。

- 私たちは、何を維持しようと願うのか？
- 今は存在しないどのようなものが付け加えられなくてはならないか？
- 何が取り除かれなくてはならないのか？
- 私たちは、必要なもののうち何をもち合わせていないのか？

　目標には、どうすればそれができるかを明記してはならない。それは、後に目標達成の戦略の決定時に行う。記述内容は、「○○を開発する、提供する、維持する、減らす、続ける、増やす、高度化する」といった行動を指す言葉で始めるべきである（Sanoff, 2000, p.41）。

　**第四段階：戦略を選択する**。これは、目標によって具体成果達成の方向付けを行うものである。通常、12人以下の参加者によるグループ・ワークショップで取組みが着手される。より多くの人たちが参加を希望すれば、いくつかのワークショップに分かれて行われる。参加者自身にとっての優先事項を選択する。何がコミュニティ全体にとって大切かの合意が得られるまで、さまざまな優先事項案

図 5.15　住民参加は楽しい。イタリア（トリノ）

は議論に先立ち全員に示される。

**第五段階：情報を組み立てる。**次に、参加者は情報を共有し、必要な追加情報を具体化する。類似の問題を調べるとともに、それがどう解決されたかを調べるため、視察が実施される。情報の組立ては、専門家インタビュー、スライドによるプレゼンテーション、技術報告書・雑誌・書籍の文献レビューが含まれる。あらゆる活動にとって研修は計り知れないほど大切であり、この段階で研修コースに参加することは相当の助けとなる。

**第六段階：主要な問題を特定する。**ひとたび情報が集められ議論されると、次の仕事は、最初は小グループで、次に全員で、見解の一致点を見いだすことである。それを達成するためのプロジェクトが具体化されるが、時間と資源の制約のなかで処理可能なものでなければならない。問題を定義する方法には、言葉による描写のほか、ダイヤグラム、フローチャート、モデルの使用などがありうる。大きくて複雑な問題は、より小さく処理しやすい部分ごとに細分化し、複数のタスク・グループに割り当てることが可能である。各グループは、それぞれの発見をより大きなグループに報告する。問題の記述は、各参加者が口にし、また、個々人の言葉で言い直した結果として合意に達することができるものである。そのおかげで全参加者が問題の全要素を理解するようになる。プロセスを通し、全参加者が近隣地区の将来について自らの希望を述べ、全体ビジョンの策定を手伝うことができる。

**第七段階：ビジョンをつくる。**次のステップは、小グループがつくり上げ、全員の前で熱意をもって語るビジョン、すなわち理想的な将来を描きだすことである。ブレーンストーミングが終わった後も批評と議論を継続させ、プロセスを建設的にする必要がある。このステップでは、最も望ましいものからその逆のものまで、参加者が優先順位付けする代替解決策を後押ししなくてはならない。各選択肢についてメリットとデメリットを特定することができる。

もし可能なら、コミュニティすべてを代表する推進委員会が参加型イベントを計画すべきである。コミュニティの将来への配慮を通して、前向きに取り組むのは住民である。彼らはよく「利害関係者」と呼ばれる。各段階で最初から建設的なアプローチを展開することが大切である。情報が言葉よりむしろ視覚的に提示されれば、人々ははるかに効果的に参加することができる。可能な限り、図、地図、イラスト、漫画、図面、モンタージュ写真、モデルを使用すべきである。フリップチャート、ポストイット・ノート、カラー・ドット、バナー*5 を用いて、プロセス自体をわかりやすくしなくてはな

＊5　（訳注）1枚ずつ上にめくる図表カード、糊つき付箋紙、点表示のカラーラベル、標語を書いた旗印

らない。すべてがオープンで意味があり、コミュニティに情報が共有され評価されなくてはならない。人々が互いに知り合うきっかけをつくる最初の社交行事、そして最後のコミュニティ「式典」は、すべての参加者の仕事を認識する手立てである。プロジェクトを地元の議員、報道機関などに発表することも支援になりうる。

参加は、都市プランナーと建築家の役割を広げる。優れた設計や計画の原則の提唱者になることに加え、教育と意思決定プロセスの指導者と世話役としての役割をもつ。これは、プロジェクト立案から開発初期の諸段階までの時間を割り当てることを意味する。参加が成功する最も重要な点は、コミュニティを引き込むためのコミュニティ開発普及員の関与である。これは、以下のケーススタディにおいての最も明らかな成功要因なのである。

**実際の住民参加**

ここまでに記述したプロジェクトの多くが住民参加を前提としたものであったが、以下に示すものは、そのプロセスにおいて特筆すべき重要なメッセージをもっている。とくに、環境デザインによる犯罪と犯罪不安の抑止のなかで高い優先順位が置かれている。

**[ベルファストのチューダー・ロード再開発]**

チューダー・ロード再開発地区は、北アイルランドのなかでこの50年間の政治的困難の影響を最も受けた地区の1つである、ベルファスト北部のクルムリン・ロードとシャンクヒル・ロードの間に位置する。20世紀初頭に建てられたその住宅はわずか2寝室の小さなもので、今日の基準に合うものではない。北アイルランド住宅理事会（NIHE）は20年間、この地区で定常的に再開発プログラムを実施しており、この提案は790戸の新設住宅と30の店舗を建設するというものである。

**設計計画のアプローチ**：まもりやすい空間と高品質の都市デザインは、ともに安全・安心な環境づくりの必要性に強く根ざしている。これに基づく設計計画決定に住民が全面的に関わっている。主目的の1つが、伝統的な街区形状を活用し、アーバン・タスク・フォース推奨の都市居住密度で新規住宅地をデザインすることであった。これは、明快な自動車／歩行者動線の階層化と、住宅街区の「四角形」の配列を、街の光景がよく見渡せるよう創出することで達成される。

当初、住民たちは住宅が取り壊されることを望まなかった。ある者は引っ越し、環境が悪化し、バンダリズムの問題を引き起こした。

今では、人々が新設住宅を好むようになり、考えも変わった。しかし、ロンドンの再生地区に建てられた連棟住宅、集合住宅、その他の高密度住宅の形態を見せられたとき、彼らは即座に嫌悪感を示したのであった。大半の人が庭付きの3寝室2階建住宅を望んだ。そのほうが、家族だけでなく子供のいない高齢世帯や若年世帯のニーズをも満足させると考えた。終の棲家（すみか）のコンセプトにも夢中になったが、3寝室住宅はそのサイズゆえに柔軟性を提供し、またより持続可能性をもつと考えられた。2戸建住宅にも希望を示したが、NIHEは民間開発だけにそれを認めようとしていた。

　**通り抜けの良さ**：地区の道路は3つの階層を成す。2つの主要幹線道路のクルムリン通りとシャンクリン通りがアグネス・ストリートとテネント・ストリートにリンクし、全地区の境界グリッドを形成している（図5.16）。地区内の生活道路は、より小さめで通り抜けのよいグリッドを形成し、幹線道路との間の通過交通は、低速に制限する場合を除き、できるだけ混入を避けるようにしている。このため、合流地点、カーブ、所々の道路段差による減速措置により、既存街路は最高時速20マイル（32km/h）で設計された（図5.17）。住宅の並びが、こうした従来型街路のほか、舗装された共有中庭に面している。中庭は子供たちに安全な環境を提供する。Z型かL型に設計された道路を抜けて、先が行き止まりで奥行きの短い2～3の空間を形成する。その入口はエントランスらしく演出される（図5.18）。裏側へのアクセス路が必要な場合は、その距離を短くし、ゲートを付けることで安全を確保する。また鍵をもつ住民以外の一般アクセスを防ぐ。望ましい措置の1つは、なるべく2戸だけで建物裏テラス側に「アーチ天蓋通路（pend）」を通って出入りする方法である。

　**混合所有形態**：この開発では民間開発とハウジング・アソシエーションの開発を合わせて小規模の賃貸住宅地にまとめられたが、近隣地区の一部として受け入れられるよう、また逆に悪評を受けないよう、設計表現であらゆる努力がなされた。アンナ・ミントンは、著書"Building Balanced Communities（バランスのとれたコミュニティの建設）"のなかで、もともとすっかり社会住宅で構成されている地区に持家を導入する方針を賛えている。「以前は荒廃していた地区を賑わうコミュニティに変えるという驚くべき効果が出た。シャンクヒル・ロード特有の内容は、そこのプロテスタント・コミュニティが地区の維持にとりわけ強い利害をもっていること、また、提示されたインセンティブ（建設原価で販売される住宅）を見て、暮らし向きのよい人々がこのコミュニティで住宅を手に入れる

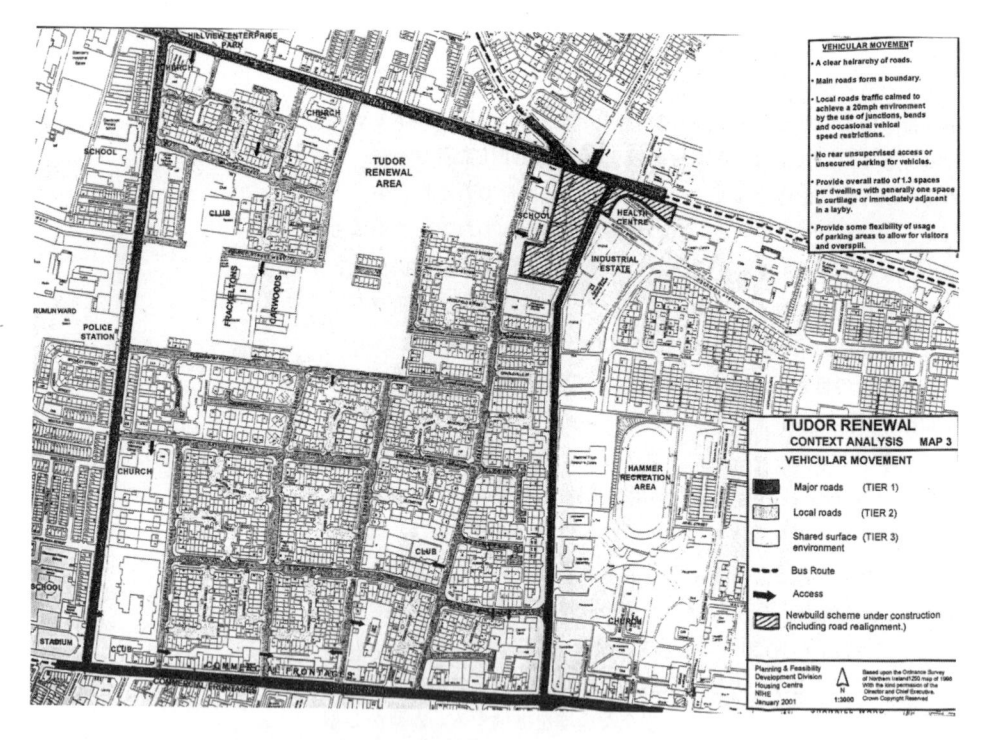

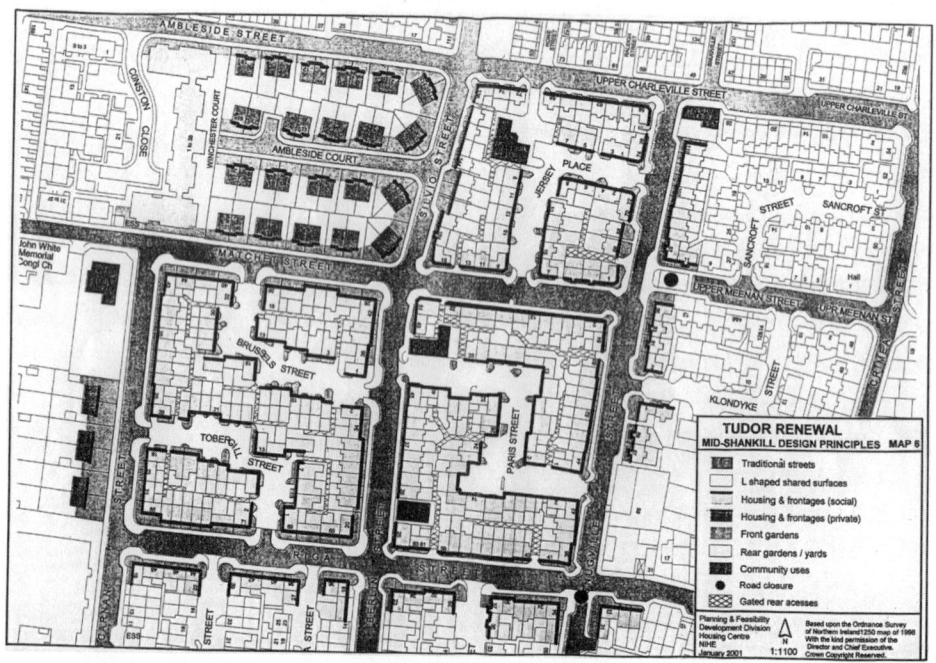

図 5.16 ベルファスト、チューダー・ロード再開発の原則（上）と配置設計（下）

図5.17 ベルファスト、チューダー・ロードの正面玄関および裏庭に通じる通路の入口

図5.18 チューダー・ロード再生で共有の歩行者／自動車空間のエントランス

図 5.19 チューダー・ロード再生の2戸建の民間住宅地。自然な監視が広く行きわたるよう配置された角地の住宅

チャンスだと飛びついた、ということである」（図 5.19）（Minton, 2002a）。

配置と住宅地の形態：1つの連棟住宅形式の街区を囲むように、新設住宅が連なっている。住宅は、眺めのよさの創出と空間形状の点で模範とされている。地区隅角部や街路囲み端部もしくは遠ざかって見えるところでのやや高めの建物の導入や、極めて開放的な地区での見晴らしは、隅角部の高めの建物で枠取られている。裏庭は背中合わせで、窓なしの妻壁はない。植栽は灌木の植込みでなく、主として街路樹の形で使われている。

駐車場は全体で1戸当たり1.3台の率で設置され、通常は宅地内または隣接する路側帯に1台ずつとなっている。安全でない駐車スペースはつくらない。住民の合意で、開発地区センターに大きなオープンスペースが設けられる。空間を形成し、質を高める植栽が行われるが、反社会的行為で地域を乱す者たちの隠れ場所あるいは避難所にならない大きさである。他のスペースはすべて専用庭として取り込まれる。

住民参加はチューダー居住者組合の委員会を通して行われる。委員は毎年、住民集会で地域の人々から選出される。組合は、参加を通じて達成すべき、以下のような極めて明確な目的をもつ。

■ コミュニティを再生プロセスに関与することで、歴史の長いコ

ミュニティをまもるため
- 新設住宅地の設計にかかる意思決定に影響を与えるため
- 新規開発のなかで、個人とグループの利益を保護するため

　コミュニティの関与は成功した。定期的な対話が行われていたNIHEの支持があったためである。NIHEはコミュニティ開発普及員ゲーリー・ヒューズに資金を提供するが、彼の居住者との関わり合いは制限されない。また、NIHEは、住宅の1戸をチューダー居住者組合のために無償で提供した。

## トリノとミラノの再生

　ミラノとトリノはそれぞれ200万人と120万人の人口をもつ、イタリア最大の都市である。両市とも、高レベルの犯罪、バンダリズム、反社会的行為といった英国に似た住宅問題がある。それに加えてマフィアの存在があり、彼らは少しの期間も貸していないのに不動産の所有権を乗っ取る。住民参加は再生にとって必須と見られている。ミラノ工科大学、ヴェネツィア建築研究所のマッシモ・ブリコリ博士と同僚によって着手された研究は、両都市のコミュニティ開発プロジェクトの一環として、賃貸居住者の住宅改善の手助けを行った。イタリアの再生は英国ほど社会的な問題に焦点を合わせていない。しかし、団地が一般に英国のものより小さいため、地区における社会的レベルの調和はより大きく、学校での社会的分極化はずっと少ない。

　地区の巡回は、軍、警察、憲兵、市民警察（近隣地区警察）という、イタリアにおける4段階構成の警備のなかで、再生戦略の一部として重要なものの1つである。ユニフォームを着て地区の警備が行われるようになったのは、警察は「絶対に車の中から出てこない。だから現実に何が起こっているか全然わからない」と批判的だった人たちからのプレッシャーが大きくなったためである。犯人の多くがコミュニティのなかで知られていたが、居住者は報復を恐れ、何もしなかった。今は、警察が団地に派出所を設けており、自転車や徒歩で団地周辺を巡回しているのをよく見かける（図5.20）。女性警官でも、男性警官と同じ役割を果たす。近所のもめごとへの決着をはじめ、誰もが助けを求めて派出所に行く。その存在が、犯罪不安を減少する助けとなってきた。対応の変化が見えるまでに、単に問題の報告にとどまらず、多くの信頼獲得と良好なコミュニケーションを必要とした。その見返りで得られたものが、みんなが楽しめるより開放的な環境である。

クライム・ウォーク：ブリココリ博士は、居住者間の犯罪不安を評価するために、単純なテクニックを使用した。彼と仲間の研究者たちは、もめごとの起きる場所を見つけるため、居住者と一緒に、彼らが毎日利用するルートを歩いて、午前中、午後、夕方、夜間起きたことをそれぞれ記録した。ブリココリ博士によれば、不可欠な評価基準はよく聴くこと、「調音音叉 ── 何か避雷針のようなもの」になることである。それが、人々がはにかむのを克服させる。作業プロセスで、人々は小グループで話し合わねばならなかった。「秘訣は住民に敬意を示すことです。誰もが貴重な意見を持っています」と、ブリココリ博士は言う。実行にはかなりの時間がかかり、つねによい結果を生んだわけではないが、コミュニティ精神を築く努力には十分価値があった。ブリココリ博士は、人々が問題を考えるよう強く促さねばならなかったが、彼らの主たる関心事として浮かび上がったことは、英国の調査結果とそっくりであった。より充実した地区の警備、より良質な街路照明、フェンスの改善、守衛を置くこと、街区周りのオープンスペースのより適切な利用、といったことである。

ミラノのプロジェクト

　ミラノのプロジェクトは、都心部から約2マイル（3.2km）の距離に位置する。周辺道路グリッド間の、固く舗装した一連の中庭を囲んで計画された1930年代の住棟と屋外環境が改善された。しかし、住民参加が行われたにもかかわらず、建築家はコミュニティと安全

図5.20　トリノでの再生。地元の警察官とコミュニティ開発普及員がその日の問題について話し合っている

性の問題をほとんど無視した、という点をブリココリ博士は懸念している。中庭は真ん中を横切るように2つに分断され、住民が立ち入りを怖がるような地下部分に倉庫が設けられている（図5.21）。

図5.21　柵で2つの部分に分割されたミラノの集合住宅の中庭。地下店舗への階段が写真の手前にある

### トリノのプロジェクト

トリノでは、ブリココリ博士が市内北部の2団地の研究を引き受けた。再生プロジェクトは、PRU（Programma Recupero Urbana）と呼ばれる国の住宅整備プログラムの一環で、地域政府資金が提供された。クァルチエ・ディ・ヴィア・ソスペロのプロジェクトは、1919年から1939年にかけて建設された。2つの大通り間に位置する街区は5階建エレベーターなしの集合住宅群で構成され、足元に中小の庭が並ぶ。街区間のスペースが連続し、自由に車も人も通行

第5章　安全で持続可能なコミュニティの創出

できた。そのことが、とくに高齢者に強い犯罪不安を与え、若者がサッカーをすることさえ恐れた。住民以外の人たちは、この中庭群をパブリックスペースだと認識していた。麻薬取引が大きな問題となり、とくに多くの逃亡ルートへのアクセスが容易な幼稚園周辺が問題だった。計画が最初に立てられたとき、賃料徴収と訪問者監視のために、団地で雇った守衛が6人いたが、彼らがいなくなって長いことたっていた（図5.22）。

再生計画は住戸改善を含み、2戸を1つにするケースもあった。上階へのアクセスを改善するため、エレベーターが設けられた。環境改善は、中庭スペースの分割を含むものであった。地区内に車でアクセスできる範囲を限定し、地区中心部を車の入らない庭とした。歩道には、高齢者が座って話せるベンチが設置されることになった（図5.23）。

コミュニティを参画させるためのテクニックとして、パーティーや、あらゆる年齢層のイタリア人の興味をそそるラテン・アメリカン・ダンスなどが用いられた。自治会は存在しなかった。再生への参加を目的として、住民たちが共用階段室単位で集められた。これはうまく機能したが、誰もが意思決定に参加しなければならないため、いくつかの問題点が生じた。住民参加は団地入口のオフィスで運営管理され、そのオフィスが情報収集とコミュニケーションの重要な拠点として機能した。コミュニケーション手腕で雇用された団地住み込みの現地スタッフが常駐する。また、建築業者と住民との間で情報をやりとりするため、ある建築家が雇われた。それが建設計画と社会活動を統合する助けとなり、住民の考えをプログラムにのせる際の専門的指導の手段が提供できることになった。

クァルティエ・ディ・ヴィア・フィエソーレ：トリノにおける2番目のプロジェクトの対象は、1975年に建てられ、7階建の板状建物2棟と塔状建物16棟で構成される、高層、高密の社会賃貸住宅団地である。通り抜けの道路はなく、どの住棟も街路に正面を向けていない。いくつかの住戸を移民たちが不法占拠するという社会的悪評にも苦しんでいた。団地は物理的荒廃に悩まされ、住棟周りの大きなオープンスペースは、深刻な安全上の問題と社会的問題の要因となっていた。公共的スペースを見渡すことはほとんどできない。住戸周りに防御可能な空間が確保されておらず、駐車場はまとまりが悪い。エントランス側の駐車場から外側に見える唯一の光景が2つの長大住棟である（図5.24）。

敷地内にいくつかのスポーツ活動に使える学校はあるが、コミュニティと結び付きはない。幼稚園はコミュニティセンターになった

図5.22 トリノのクァルチエ・ディ・ヴィア・ソスペロ。公共的スペースと私的スペースの区分がなされていない

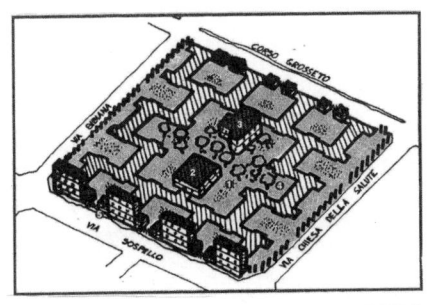

トリノ、クァルチエ・ディ・ヴィア・ソスペロの環境提案

1. 内側の中庭につくられる共有庭
2. 高齢者健康センター併設のデイ・センターに用途転換された既存スイミング・プールと、新設の理学療法プール  
3. 幼稚園から10歳未満の子供が大人同伴で使うプレイ・センターに用途転換された
4. 通路、セット・バック部など、夜間の通行が危険と感じられるすべての場所に設置される街路照明 
5. 外周部中庭の駐車場用の、街路灯のあるゲート付きエントランス 

図5.23 クァルチエ・ディ・ヴィア・ソスペロの再生の原則

第5章 安全で持続可能なコミュニティの創出　253

が、片隅のレストランのあるところ以外は使われていない。団地にアクセントになる場所が何もないため、メインのオープンスペースの中に住民が自力でつくったのが、落書きアートで仕上げた樽型オブジェである（図 5.25）。

日没以降に本当の問題が生じる。青年たちが目につかない場所に集まるため、女性たちは戸外に出るのを怖がる。騒音も問題である。苦情を言う人たちは、車を焼かれるという報復を受けるが、誰も何も言わない。本当の問題は、高層住棟をつなぐ庇の下に集まる者たちの麻薬取引である。

**居住者を巻き込む**：コミュニティ連絡担当建築家は、まずコミュニティの強みと弱みを調査し、「好きなところと嫌いなところ」のリストを作成した。好きなところは、主として人に関連する事項だった。嫌いなところは、犬のふん、屋外照明の不十分な街路と空間、夜に騒音を出す車、夜の大音量の音楽だった。この対策のプロセスでは、地元の警察がかなりの手助けをした。共通のルールを定めるため、彼らもコミュニティのミーティングに参加した。人々が金属ゴミ回収業者に不平を述べたときは、地元の警察が問題を処理した。

団地住民と行政当局の交流は、いかにすれば生活の質が向上でき

図 5.24　クァルティエ・ディ・ヴィア・フィエソーレ。7階建住棟の連なりが駐車場やオープンスペースの眺望を遮っている

**図 5.25** クァルティエ・ディ・ヴィア・フィエソーレ。落書きアートで仕上げられた樽型オブジェが団地にアクセントを提供する

るかの情報とアイデア共有で結び付いた。協働という考えが以前は聞こえなかった。関係が見えてきた結果、抜本的な改革を行うことが可能となった。

　再生の提案（図 5.26）は、交通の静穏化、駐車場と住戸のより緊密な関係付け、人々が集まれる中央広場の設置、などを含むものである。メインの大通り（Corso Cincinnato）を渡る横断歩道の新設によって、団地を周囲と結び付けることになる。大通りの真ん中にいる住民たちは、道に沿って、また道を渡って行ったり来たりして楽しめるよう、小さなカフェあるいはミーティングの場所をつくってくれるよう要請した。住民の多くが敷地内車道沿いの小さな残余空間を管理するようになり、庭に変えた（図 5.27）。

　コミュニティ意識が定着し、現在では住民がプライドを持つようになった。多くの環境が変化し、目覚ましい効果が得られた。今では、各空間が明確な役割をもち、無視されたり、見捨てられたままにされることはない（Journal of the Design Out Crime Association, 2001, p.10）。

## 米国と英国のゲーテッド・コミュニティ

　米国のコンセプトである「ゲーテッド・コミュニティ」は英国に驚くほど進出している。米国人の約 90％は、犯罪がだんだん悪化

第 5 章　安全で持続可能なコミュニティの創出　　255

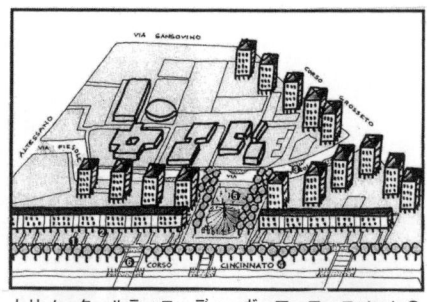

トリノ、クァルティエ・ディ・ヴィア・フィエソーレの全体提案

1. 住宅街区の下部と周囲の空間を囲うことでつくられる防御可能な空間。下記2. を含む。
2. 住宅街区近接の囲われた区域内の居住者駐車場
3. ヴィア・フィエソーレでの交通静穏化手法 
4. 近隣地区を結ぶ Corso Cincinatto に設ける高齢者の集会場 
5. 社交のための公園と待合所 
6. この区域と周辺地域を結ぶ Corso Cincinatto 上に追加して設けられる交差点 

図 5.26　クァルティエ・ディ・ヴィア・フィエソーレの再生の原則

していると考え、その恐怖がおもな理由となって少なくとも 12％の人は住まいをゲーテッド・コミュニティに求めている（Minton, 2002a, p.5）。現在、米国内に、独自の警備員組織などのサービスを完備するゲーテッド・コミュニティが約 2 万あり、約 800 万人に住まいを提供している。その約 3 分の 1 は、公共システムから抜け出す人たち向けの「ぜいたく」な開発である。このコンセプトは世界中に広がり、極東の国々でとくに人気がある（図 5.28）。米国のゲーテッド・コミュニティの典型は、コミュニティ関係に基づくものか、ゴルフやカントリー・レジャーの開発と組み合わされた「ライフスタイル方式の開発」であり、エリート的で格式を持つ開発である。しかし、犯罪や外来者への不安を主な動機とする「セキュリティ・ゾーン」が、群を抜いて急増中のタイプなのである。それについて、アンナ・ミントンは以下のように記述する。

「犯罪不安と民間警備の重視は、次のような驚くべき統計数値にはっきり示されている。今日、米国では、公的警察の3倍の人数が民間警備部門（設備メーカーから装甲車のドライバーまで）で働く。また、民間警備支出は公的警察のそれを13%上回る」

図5.27 クァルティエ・ディ・ヴィア・フィエソーレでは、敷地内車道の残余空間は、私用庭として居住者たちに引き渡された

米国のゲーテッド・コミュニティの問題は、それが、驚くべき割合で増加している社会格差の一因となっていることである。社会・経済の尺度を外れて、人口の約15％は脱出の望みが少しもないままゲットーに閉じ込められている（Minton, 2002a, p.7）。ゲーテッド・コミュニティは、米国のニュー・アーバニズムやスマート・グロースの規範の部分をなすものではない。これらは、犯罪や犯罪不安を減らすため、通り抜けの良さと新規開発を周囲に溶け込ませることを必須の計画条件と見る。その点では、今日の英国のアプローチと共通性を持つ計画・設計への価値観がある。

　ゲート付き私道は、長年にわたり英国では極めて少なく、ほとんど見かけなかった（図5.29、5.30）。今日、ゲーテッド・コミュニティで驚くべきことは、警備への意識の強い高齢者にではなく、若者にとって、より高級で人気のあるものになっている点である。敷地境界部の高い共有防護塀、もしくはフェンス、ゲート、最先端の監視や警備といった「村」感覚の組み合わせは、英国のほとんどどこの都市でも、その富裕層向け郊外に、静かに入り込んだ。そのような安全地帯は高い販売価格が見込まれながら、不動産市場の中でますます魅力的なホット・スポットとなっている。

図5.28　北京のゲーテッド住宅

図5.29 ロンドンのブラックヒースのゲート付き道路。日に一度、象徴的に閉じられる

　ゲーテッド・コミュニティの重要な問題は、「ゲートを付けるという物事の考え方に、より広い社会から抜け出たがる傾向があること、とくに店舗、体育館、ゴミ収集などの個人サービスが規約に含まれるときにそうであること」である（Minton, 2002b）。人々は物理的にだけでなく、政治的にも主流の社会から離れるようになる。米国では、地方自治体から抜け出す傾向さえ大きくなっている。この自主的疎外は、ゲットーに住み、社会的に疎外された人たちの不本意な孤立によって鏡に映し出される。また、学校、病院、その他の公共施設をますます重視しなくなる。さらに、そのような要塞を建設する結果、より高レベルの不安が生じる。犯罪不安が単に塀の外に移されただけで、そのなかで人々がより脅威を感じることとなる。危険のある外の世界が、人々がゲーテッド・コミュニティに入らなければならないほどに恐ろしいものにならざるをえず、居住者はそこを出て働き、買い物をし、日常生活を行わねばならない。

[ブライトランド：ゲーテッド・ソサエティ]
　これは犯罪の影響を中心テーマにした社会的排他世界の物語『間近（Just around the Corner）』からの抜粋である。想像力を刺激する

第5章　安全で持続可能なコミュニティの創出

図5.30　ブラックヒースのホールにある私道付きスパン・ハウジング。建築設計事務所：エリック・リヨン

ために描かれた、極端な世界である。

　メグはアラームの音で目覚める。それはブライトランドの境界線のサイレン音である。彼女のパートナーは起き出してこない。彼女たちは一緒に引っ越してきたが、それはブライトランド、すなわち「人々が大事だと思う塀で囲まれた団地」に移るための金銭的余裕を確保するための唯一の方法だったためである。彼女たちにとっては、隣人が定める基準を満たし、入居が認められたことは幸運だった。2人とも家から歩いて職場に行く。どちらも仕事に行くのに、暴力さたの発生率が高い公共交通を利用することは望まない。別の団地やビジネス・パークを出てから再び塀で囲まれたエリアに入るまでの間、ドライバーたちはリラックスできない。道路利用者は緊張していて、攻撃的なことがままある。どの公共的空間にも、潜在的敵意は以前より多く存在する。人々はパーソナル技術システムによって提供される孤立を好み、人に邪魔されることはおろか、人前で話しかけることさえますます嫌がるようになった。人々は、安全のため、パーソナル・レーダー・システムと警備装置に頼っている。

　以上のことは塀の中の団地居住者が外に頻繁に出かけようとしないことを意味する。彼女たちは、ブライトランドに移り住むことは、

塀の中の人たちとの付き合いを意味すると勘違いして期待していた。だが、住み始めて数ヵ月たっても、現実はまだ誰とも知り合いではない。

宣伝用の資料やインタビューで目や耳にした様子とは異なり、人々はまだ新参者に用心深い。ブライトランドのような塀で囲まれたコミュニティが、ある面で憤りから、またある面で挑戦心から、ますます若い犯罪者のターゲットとなる。居住者間の犯罪は、居住者の選考過程と大勢のパトロール隊のおかげでほとんど存在しない。だが、メグは、パトロール隊が彼女の庇護者なのか監視人なのかと、時折考える。

この物語は塀で囲まれた団地の外で起きた路上強盗で終わるが、メグは自分のアラームを押して救われる。気づいたパトロールが彼女を救いに来る。その後ずっと、完璧な警備のもとで暮らすようになる（Foresight, 2002）。

ゲートの設置で犯罪が減るかどうかについては、かなり議論がある。おもだった評論家の多くが、本当の犯罪者に影響を及ぼすことはほとんどないと結論付ける。住民にとってのおもなメリットは、実際そうではないとしても、より安全に感じられること、すなわちゲートと塀で犯罪が締め出せると彼らが感じることなのである。米国での経験は、ゲーテッド・コミュニティが、確信犯たちの標的となりうること、ゲーテッド・コミュニティの増加が犯罪の減少をもたらさないこと、を示している（Wainwright, 2002, p.11）。

今日、小規模団地でのゲート設置は、英国でよく受け入れられる原則となっている（図5.31）。その原則は公共セクターの団地や高層公営住宅住棟の再生で具現化している（図4.5）。改善には、ドア・インターフォン、集合住宅の足元回りのセミ・プライベート空間、1階の守衛サービス、さらには住棟を高齢者向けシェルタード・ハウジングに転用する際の集会施設設置などが含まれる。民間の大規模ゲーテッド住宅地開発との大きな違いは、規模そのものである。住民たちは日々の必要を満たすため互いに関わりあうが、家から出て生活するときに、より広いコミュニティの一員となる。その好例の1つが、ロンドン中心部のクローマー・ストリートである。

[ゲーテッド・コミュニティ：ロンドンのクローマー・ストリート]
キングス・クロス駅とセント・パンクラス駅からユーストン・ロードを渡ったところに位置するクローマー・ストリートは、住宅団地再生に向け大胆な変更を加えた「エステート・アクション」の大成

図 5.31　カムデンのグリーン・ドラゴン・コート。CGHP アーキテクツ

功事例である。再生は周辺市街地環境の文脈に沿って設計され（図5.32）、キングス・クロス・コミュニティ開発プロジェクトを通して広範囲のコミュニティの関与にも支えられ成功を収めた。

　この2駅の周辺地区は、全体的な荒廃イメージにひどく苦しんでいる。そこでは、多くのマイノリティ（人種的少数派）の居住、高レベルの社会的排除、売春、薬物使用が見られる。犯罪と犯罪不安がおびただしく、とくに高齢の人々と女性は、夜の外出をやめさせるほどである。クローマー・ストリートは、優れた建築的特質を備

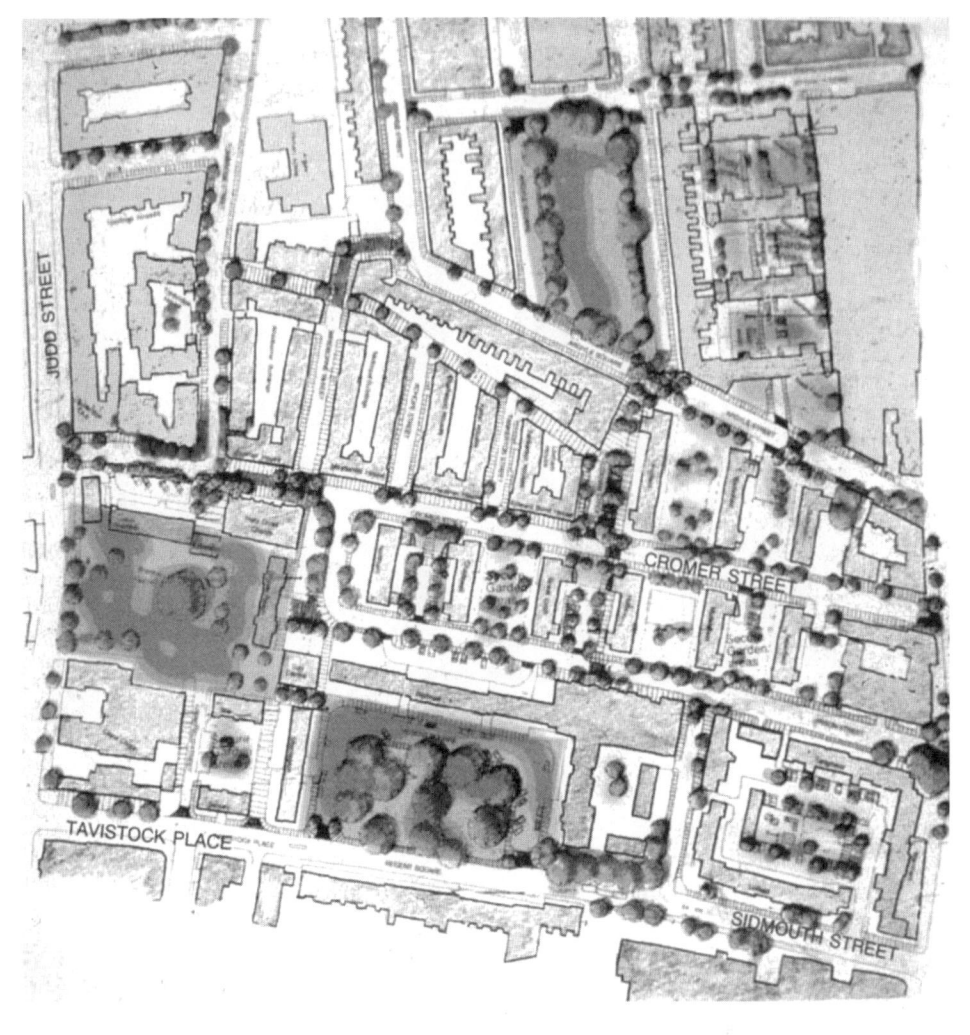

えた1919年以前の「鉄道」宿舎と、相当な量の1970年代高層建物が並存し、1,000戸以上の公営住宅とハウジング・アソシエーション住宅で構成されるコミュニティである。どちらも、不十分な暖房と断熱不足、安全な子供の遊び場の不足、洗濯室や地下室など倉庫空間の低利用や悪用に悩んでいた。セキュリティ問題はそのような公共的活動エリアでも大きな問題となっていた。キングスクロスは英国でもまれな公共交通に恵まれた立地であるが、そのことが、多様な犯罪にも都合のよいものとなっていた。地元警察の防犯設計アドバイザー、テリー・コックスとカルヴァン・ベックフォードは、犯罪を助長する地区環境特性に関する豊富な情報を持つ（図5.33）。

1996年以降、クローマー・ストリート地区は4,600万ポンド（約

図5.32 キングス・クロス団地アクション・エリアの環境改善計画。建築設計事務所：チバルズ・モンロ株式会社

第5章 安全で持続可能なコミュニティの創出　263

図 5.33 キングス・クロス団地アクション・エリア。環境面で改善された裏路地は、依然として潜在的に危険な場所である

97億円）のキングス・クロス団地アクション・プロジェクトの対象となっている。再生の設計計画は、多様性を創出すべく、多くの建築家によって立案された。ポスト1950年代以降の住棟はエネルギー・コスト削減のため外壁外断熱が施されているが、これによってデザインで強調せずともカラフルなイメージで雰囲気が変わり、また社会賃貸住宅のイメージを連想させないものになった。煉瓦造の長屋型宿舎は注意深く、きめ細やかに修復された。すっかりきれいになった煉瓦造建物は、建築的な質の高さを際だたせている。

設計の原則：SBD（設計による安全確保）の原則がプロジェクトの至るところに採用され、まもりやすい空間の原則が非常に明快である。住棟間のスペースが修景され、フェンスで囲われ、ゲートが設けられている。ゲートは昼間には開放される。駐車場にもゲートが設けられ、利用者は車の出庫後、間違いなくゲートをロックする。警備の充実に相当の注意が払われ、守衛による出入管理もしくは新しいドア・エントリー・システム、改良された屋外照明が導入された。居住者は出入制御の実施の前に、しっかり責任を持つことが求められた。「さもなければ、すべてが完全に時間の無駄に終わったであろう」（Dillon, 2003）（図 5.34）。

図 5.34 キングス・クロス団地アクション・エリア。新しい玄関とゲートは居住者間の安全の認識を変えた

＊6 （訳注）幅広のハンプと道路幅狭窄個所

　環境改善は、街路と広場による既存の都市構造の質を生かして行われた。通り抜けの良さは地区内全域で確保された。また、時速20マイル（32km/h）速度ゾーンが導入され、スピード・テーブルとピンチポイント *6 が設けられた。歩行路・自転車ルートが導入され、舗装仕上げが取り換えられた（図5.35）。屋外照明は、設置場所ごとに、ふさわしい支柱や器具を選び設計される。リージェント、アーガイル、バンバー・グリーンの3つの都市広場は、地区環境に合うように改修された。概してすべて、高いフェンス、ゲート付きの出入口、新設の休憩場所、豊かな植栽をもつ（図5.36）。
　一連のオープンスペースを見ると、フェンスとゲートはかなりの量になるが、威圧感のあるものではない。高品質で高くしっかりとした設計になっている、エントリー・システム故障時の24時間サービスを含む効果的維持管理についても対応できている。
　**プロジェクトの運営管理**：現地事務所が設置され、コミュニティが

第5章　安全で持続可能なコミュニティの創出　265

図5.35 キングス・クロス団地アクション・エリア。環境改善で道路の都市構造的な質を高めている

再生提案の計画づくりに存分に従事した。コミュニティ運営グループは各住棟の代表で構成され、地元のバングラデッシュ人コミュニティが十分な関わりをもった。プロジェクトには、居住者の就業機会を高めるための職業訓練推進方策を含んでいる。一部の人たちは、管理と建設の双方で、再生に直接関わる仕事を得た。建設工事は2〜3年前に終了したが、現地事務所はまだ残っている。現在、そこはコミュニティ・トラストの活動拠点である。

犯罪の減少：団地内での犯罪はほとんど見られなくなった。しかし、カムデン区役所設備投資部長メリッサ・ディロンは、犯罪が地区内の他の場所にいくらかは分散したことを認めている（Dillon, 2003）。

### 近隣地区の運営管理と維持保全
[近隣地区の運営管理]

犯罪低減に欠かせない要素は、市街地環境の維持管理の質である（図5.37、5.38）。手入れが行き届かない住宅と環境が示す明らかな荒廃した状況は、犯罪レベルと犯罪不安に著しい影響を与える。ウェールズのグラモーガン大学のポール・カズンズ博士、デヴィッ

図5.36 キングス・クロス団地アクション・エリア広場は活発な遊びとレジャー追求の場となった

　ド・ヒリア博士、グウェン・プレスコットによる最近の研究では、この分野を綿密に調査することが試みられている。彼らの研究で、戸建住宅のほうが集合住宅より犯罪にさらされる傾向が少なく、居住者が感じる犯罪不安のレベルも低いことがわかった。2戸建住宅は戸建より犯罪にさらされやすい傾向にあり、高層集合住宅は最も恐怖を生み出す、という結果だった。出窓があることも寄与し、テラス・ハウスは監視が行き届く可能性をもつとされた（図3.22）。しかし、この研究で、デザインがこうした認識に対しもちうる説得力は、部分的な点にすぎないことも明らかになった。同様に大切なことは、土地建物の手入れと保守のレベルである。どのタイプの建物でも、手入れが行き届いたものはより安全と見られ、イメージが決定的であることを示している。管理が行き届かず空家のままの土地建物は、大抵、犯罪や犯罪不安に関連付けられる。また、土地建物が荒れ放題になると、コミュニティは幻滅を感じるようになる（Cozens et al., 2003, p.24）。

　したがって、社会住宅の経常的現地管理は、近隣地区の犯罪削減に真の効果をもたらすことができる。それが組織立って継続的に行われなくてはならない。壊れた窓はすぐに取り換え、ゴミや落書き

図 5.37 幹線道路沿いの手入れの悪い植栽が、あらゆる自然な見まもりの機会を断ち切っている

はすぐに取り除き、修理は元の材料に合わせて行うようにしなければならない。公共的スペースが放置され、性格を失うような状況を避けることが極めて重要である。放置は、人を遠ざけるとともに、だれも気にしないのだと察知されることで潜在的犯罪者の活動を促す。ロンドンのブロードウォーター・ファームでは、「スーパー世話人（super caretakers）」の雇用が、犯罪の要因を減少させることに大きく貢献した。その任務は、共有スペースの掃除、損傷や放置自動車の報告などである。高齢者や障害を有する居住者に対する支援活動も行う。毎朝、団地のサービス・マネジャーが近隣地区の事務所に駐在する。こうした管理改善の結果、苦情はほとんどなくなり、団地は住むのにとても良い場所となった。

　オランダでは、このアプローチがより徹底している。オランダでは「第3の道」的なコミュニティの方向付けで維持管理にアプローチすることが少なくない。住民たちが自分たちの団地の世話をして対価を得る。彼らは団地の生活全般に関わるようになってきており、場所をきちんと維持したり、最も大切なこととして、犯罪を断ち切るための警備活動を行ったりする（Hetherington, 1999）。

図5.38　高齢者向けのサドベリー・コート・シェルタード・ハウジング、腰高の灌木の植栽。ピーターバラのウィットルシー。建築設計事務所：マシュウ・ロボサム＆クイン

［近隣地区の巡視員］

　近隣地区巡視員は、住宅地の犯罪を抑え、反社会的行為に取り組む英国政府戦略のなかで、おそらく最も重要な特性を備えている。彼らは、警察に取って代わることは意図しておらず、別の機能を提供することで警察とうまく一緒に働く。多くの場所で、近隣地区巡視員たちは、近隣地区パトロールや反社会的行為防止だけでなく、若者たちが活動するための段取りをし、環境を美化し、地区をより住みやすい場所にするなど、役割を広げてきた。行われてきた取組みには、公共的スペースの落書きの除去、バンダリズムと不法ビラの投げ込みの状況報告、放置自動車や投棄ゴミを取り除く段取り、廃棄された注射針の収集などが含まれる。地元の人々と一緒に働くことで、コミュニティに影響する問題を特定し、人々が解決策を見つけるのを支援することができる。ハルのグレート・ソーントン団地では、コミュニティ巡視員施策が功を奏し、犯罪全体で45％、侵入盗に限ると51％の減少が見られた（Social Exclusion Unit, 2001）。

［近隣地区の監視（ネイバーフッド・ウォッチ）］

　近隣地区の監視は、警察、学校、ユース・クラブなどと協働し、

第5章　安全で持続可能なコミュニティの創出

英国の地域コミュニティでの犯罪を減少させる役目がある。ハンバーサイド近隣地区監視グループ協会最高責任者アレン・ブラントンによると、それは「村の生活を都市地域にもち込む」ことである。

運用状況のよいこの施策は、警察に特別な「目と耳」を提供するとともに、市街地環境にふさわしい活動全般にわたって、グループ的な関与に役立つ関心の的を提供できる。近隣地区の監視グループは最小12戸、理想的には最大250戸を受け持つ構成とされるが、それより大きいものも存在する。ほとんどのグループは小さく、存分に関わりをもつ。メンバーが決定を下すことには、プロセス、予算、その資金が含まれる。近隣地区の監視が有効に機能するために、コミュニティがロビー活動の力をもたなくてはならない。そして、物理的、環境的改善のための交付金を見つけ出すことができなくてはならない。こうして達成できた典型例はハルで見られる。そこでは、ヘッスル・ロード・グループが、出入口から裏手の歩行者路に至るゲートと屋外灯に支出する120万ポンド（約2.5億円）を、市単独の再生予算の路地ゲート基金から獲得した。

### 結び：連携活動の必要性

本書は、英国における状況認識と他国や世界中の都市政策から、環境デザインによる防犯の政策と実践について考察してきた。普遍的な解決策は見えていない。しかし、持続可能なコミュニティをつくりだすためには、ハウジング・デザインなどに求められる他のあらゆる要件と同様に、防犯に関する都市のプランニングや設計手法が必要なことは明らかである。これには、都市計画、住宅、社会・経済開発、健康、交通、雇用の政策全般にわたる、連携した手法が必要となる。

今日、多くの国の政府がこの種の連携を支持している。英国では、地域戦略パートナーシップがこの目的のために設立された。また、対象地域での犯罪、犯罪不安、反社会的行為と戦うために、コミュニティ安全パートナーシップが幅広い戦略づくりを行っている。これらの政策を現場で実践するために必要なことは、コミュニティ・レベルでの活動に向け政策全般の形を変えていくことである。近隣問題の身近な解決策を見いだす方法の1つが近隣地区管理であるが、その仕組みを有効にするためには、能力と資金がなくてはならない。過去の政府対応は、不利な条件の地域に特別な資金を供給するイニシアチブを導入し、その資金供給の条件としてパートナーシップをつくることであった。しかし、特別プログラムを通して英国で利用

できる資金量は、全体の必要量に比してまだ大海の一滴である。その上、資金供給は期間限定であることが多く、コミュニティにとって大きな負担となる。必要とされているのは、主体となる公共セクター予算が、十分な額で、弾力的で、コミュニティを通して執行できるものになること、環境デザインによる防犯を本流の活動に仕立てることなのである。

　都市計画と都市デザインは、明らかにこの検討テーマの部分となる。政府関係機関から出された市街地環境デザインに関する刊行物の内容は、非常に心強い。欧州議会がこの分野に重大な関心を持っていることも心強い。米国では、ニュー・アーバニズムとスマート・グロースがアメリカ的郊外の夢に挑戦している。建築家と都市プランナーは極めて重要な役割をもっている。ただし、それは、彼らが、専門家仲間の美的要求よりも、顧客である人たちの真のニーズに、より深く関心を示すようになればの話である。

# 付　章

欧州標準規格 CEN（2002）
犯罪防止―都市計画と都市デザイン、
パート 2：都市デザインと犯罪減少、
パート 3：住居　CEN/TC325（作業中）

[パート 2　都市計画]
　都市計画のための標準規格原案テキストは 3 つの部分に分かれている
- 序論　序論では 3 つの質問を出している。どこで？　何を？　誰が？
- 標準規格の利用者を助ける設計計画のガイドライン
- 一歩ごとのプロセスを説明するプロセスのフローチャート

導入部での質問――どこで？　何を？　誰が？
　このアプローチは 3 つの質問に答えることから始まる
- どこで？　対象エリアの位置と分類
- 何を？　そのエリアで起こる犯罪問題、もしくは新しいエリアで将来起こるかもしれない問題をはっきりさせること
- 誰が？　問題点をきちんと捉え、犯罪問題を予防し低減させる方策に取り組むことで、利害共有者をはっきりさせること

　これらの 3 つの質問に答えられた時点で、解決されなくてはならない重要な 2 課題が残る。

- 環境デザインによる防犯（CPTED）の、戦略、手法および取組み（それらは、1 つのエリアを、より安全で、しっかり守られたものにするのに必要なもので、かつ実行可能でなくてはならない）としてどのようなガイドラインを打ち出すことができるか？　原案では、どのような手立てと取組みが可能かに関して複数のガイドラインを明示している。

- これらの環境デザインによる防犯（CPTED）の標準規格や手法、取組みが、どのように実施され効果を発揮できるのであろうか？　協働プロセスは、すべての利害共有者が参加できる点で、どのようなものに似ているのであろうか？

どこで？　エリアの分類
- 新規地区の場合は、プランしか存在しないことになる。したがって、新しい環境の犯罪と犯罪不安について評価する場合は、理論を使うか、計画面でよく似た他の近隣地区やプロジェクトの経験や学習を活用することだけなのである。そのような犯罪分析（事前）は「犯罪アセスメント」と呼ぶべきものである。
- 既存の環境。犯罪と犯罪不安の性格は、たとえば登録された犯罪形態分類、サーベイ、安全諮問委員会などにより、実際の状況下で分析される。分析は経験や住民その他エリア来訪者・利用者たち、プロ（警察官、商店主など）の意見、被害者と加害者たちへの観察インタビューなどを記録することにより、なされる。既存エリアでのそのような犯罪分析（事後）は「犯罪レビュー」と呼ばれている。

何が？　起きそうな犯罪問題をはっきりさせること

　エリアをはっきりさせたところで、起きそうな犯罪について熟慮する必要がある。原案では、とくに暗くなってから、女性と高齢者が街路の危険性をもっとも恐れると記されている。しかしながら、怖さや不安を感じる場所が、必ずしも実際に犯罪が起きる場所ではない。「危険な場所」の特徴となっているおもなものは次の通りである。

- 不安の特性から特徴づけられる場所（売春ゾーン、薬物乱用、ある種のエンターテインメント）
- 都市デザインの問題があるのに放置されていたり、あるいは不十分な維持管理しかされていない場所（監視性や視認性、方向感知性の不足）

　次のステップは、既存の場所もしくは開発予定地区で、よく起こりそうな犯罪と犯罪不安に的を絞り、どのような取組みが可能で、必要で、実行できるのかということを意思決定することである。

[都市計画と都市デザインの戦略]

　都市計画と都市デザインには、具体的な提案を用意することだけでなく、「設計計画する前（に行うべきこと）」や「設計が実現された後の運営管理」の計画が含まれる。

　都市計画の戦略は、以下のようになる。
- 社会に現存する物理的構成を尊重する
- 活気を創出する（諸機能と魅力ある街路構成を混在させる）
- 混在したステイタス（孤立と疎外を避け、社会経済的に異なる階層を混合させる）
- 都市の密度（ごみごみした場所や荒涼とした地域にならないように、近隣地域を大事にする感覚を創出させる）

　都市デザインの戦略は、次のようになる。
- よく見えること（俯瞰的に、たとえば住宅と公共的スペースの境界線、屋外照明など）
- 行き来しやすさ（方向感覚性、移動の空間、代替経路、不法侵入の制限）
- 領域性（ヒューマン・スケール、明確な公私スペースのゾーン分け、区画分け）
- 魅力の付加（色、材質、屋外灯、騒音、匂い、ストリート・ファニチャー）
- 頑丈さ（玄関扉、窓、ストリート・ファニチャー）

　これらの戦略は、地区や建物に対し、個人が状況に応じて制限を設けられるようにし、不法侵入者がその領域に入ろうとする気をくじいて立入りを制限するだけでなく、社会的コントロールの働く状態と所有意識を生み出すことを狙っている。

### 管理の戦略

　これは次のようになっている。
- 目標物を、強固にする／取り外せるようにする
- 維持保全
- 監視（巡回、カメラモニター）
- 規則（公共的空間の公衆の行為に対して）
- 特定グループ向けのインフラストラクチャー提供（若者や、ホームレス、薬物中毒者など）
- コミュニケーション（防止メッセージと公衆への指導規範）

実際にはどの都市地域も、自己規制だけで徹底はできない。たいていの都市領域は、一定レベルのプロの監視と維持管理を必要としている。これらの戦略は、住民と来訪者の自然な見まもりや所有意識を支持し鼓舞することを狙っている。住民からこの役割を取り上げるのを目指してはいない。

　効果的な管理戦略があれば、設計では解消できない派生的問題を解決できるが、逆もまたしかりである。このことは、使える計画手法や設計面の戦略が制限される懸念のある既存区域でとても重要となる。

## 誰が？のプロセス

　標準規格の柱となる考えは、利害共有者のグループ（たとえば、地元議員、建築家、都市プランナー、デベロッパー、警察（防犯調査官）、近隣地区のソーシャル・ワーカー、学校、地区住民など）が、一緒に1つのプランを見て（ドックランド再開発などのように）、犯罪リスクと、適用しうる戦略について議論すべきであるということである。議論すべき項目は、場所の問題、時間、予算、地区ごとの選好などの判断基準に沿って選ばれることになる。ワーキンググループは、計画主体（通常は英国の自治体計画当局）が最終決定するための、最終答申を作成することになる。

　犯罪と不安を防ぐプロセスの基本ステップを提示するため、フローチャートが使われる。

　ワーキンググループは、以下のステップを含む手順で進めることになる。

- ステップ1：**分析**。地区の居住環境の、現在または将来の犯罪予防性や不安軽減効果をよく分析する
- ステップ2：**目標**。ワーキンググループは、追求すべき目標をよりしっかり捉え、それを達成する時間（事業計画別、工程別）を、はっきりさせなくてはならない
- ステップ3：**計画案**。ワーキンググループは、以下を含む素案を描かなくてはならない
  1) 犯罪や犯罪不安の低減に何も手だてがなければ、近い将来どんなことが起きるのかについての提起
  2) ステップ2で組み立てられる安全性と治安確保の目標達成に最も効果がもてる戦略
  3) コストと期待効果を含め採用される手立てと取組み。ワーキンググループは、その計画案を計画当局とすべての利害共有者に提示しなくてはならない

- ステップ4：（地域もしくは圏域の）当局による**意思決定**
- ステップ5：**取組みと実施**
- ステップ6：**照合確認と調整作業**。犯罪問題や犯罪不安が許容できないレベルで起きる場合、当局は厳正な措置をとる。たとえば、追加の防犯措置とか、地区のさらなる再生などである

### 設計計画の勧告

　住宅地とその近隣地区のコンテクストのなかで、設計計画の勧告を行う。

- 開発する敷地の場所の社会的・物理的構造を大切にせよ
- 子供の遊び場に使える空間利用を誘導する、緑地や路地のネットワークに合わせて、オフィスや工房や店舗のある混在型の住居地域をつくる
- 大規模で孤立し疎外された低所得層住宅を建ててはならない。地区内の社会経済階層の注意深い混合は、リスクの大きな犯罪や犯罪不安を減少させる
- 住宅地域を都市のシステムと統合し、人口密度を10〜30戸／エーカー、25〜70戸／ヘクタールで建設し、近隣意識が創出されるようにせよ
- 窓からの公共的空間や公道への良好な見まもりや良質な屋外照明が大切となる。1階の店舗はとくに重要となる
- 近隣地区を通り抜ける制御交通（ゲーテッド・コミュニティや砦型で建設することなく）を計画せよ。そして来訪者の全面遮断は避けよ
- ヒューマン・スケール（高層街区でなく）で建設せよ、そして住民による公共的空間の所有意識を創出せよ
- 魅力的な造園、建築、ストリート・ファニチャーと路面舗装であることを確認せよ
- 良好な維持管理が大切である。近隣地区管理システムと一定区域の個人管理制を確立させることで、プロの維持保全組織と協働できるように居住者に動機づけよ
- 警察とセキュリティ・サービスの定常的監視は、とくに近所に詳しい職員が起用できる場合に重要となる。望ましくは、それは徒歩（車でなく）で行われなくてはならない
- 共用スペース利用の使用規則を作成せよ（住区所有者とか持家組合とかに依頼して）
- 薬物常習者やホームレスたちへの対策と同様に、少年グループへの対策をとれ（たとえば、ユースセンター）。これは公共的

空間で問題を起こすグループの脅威を減少させる
- 配置構成、建築や標識は、人が領域に来たときに歓迎の意を感じさせるものでなくてはならない
- クルドサック配置構成と同じく路地アクセスは避けよ。公共の道路と、住宅や住棟に通じるセミ・プライベート玄関通路とは、明確な違いがなくてはならない
- 住民が決めた維持管理戦略は、それが公共的スペース使用の明確な規則と連携されている場合に、もっとも効果的に働く。若者グループとの良好なコミュニケーションは、元気さである。若者のための集まれる場所が提供されなくてはならない
- 良好な監視が不可欠である。警察またはセキュリティ・サービスだけでなく、総合管理人／管理人や、地区出入口警備員が行うこともある。状況により（住宅団地の場合など）CCTVを用い、玄関ホールやエレベーター、階段室、駐車場、駐輪場などを監視する
- 駐車場は、居住者だけがアクセスしやすい方式（キーカード・システム）とすべきである。屋外駐車スペースは、侵入バリアがあると車盗犯にはあまり魅力がないものとなる。
- 各住宅前に直接駐車する方式や小区画に分かれた駐車施設は、所有意識と監督意識が高まり、犯罪を減らすことができる

[パート3　住居]

　欧州の標準規格案14383パート3「住居」には、次のような住居地域と住宅地の設計計画のための勧告が盛り込まれている。

リスク管理

　効果的な戦略を開発する前に、内在するリスク要素をはっきりさせ、理解することが重要となる。地域ごとの要素に、高い優先度を与えることが不可欠である。近所での犯罪の即時診断調査は、事件発生時に報告される犯罪のタイプと犠牲者が誰だったかを確認するために実施されなくてはならない。また、特定区域の犯罪機会に影響を及ぼす可能性のある要因を特定することが大切であるが、必ずしも明らかにはならない。

イメージ

　近隣地区のイメージがとても大事である。潜在的犯行者が抱く第一印象が、やるかやらないかの決定に最も大きく影響する。よく手入れされた住宅地は、自分たちの家財に誇りをもち、油断もなく防御的であるように見えることから抑止力になる。

テリトリー性

まもりやすい空間の概念を用いて、テリトリーの影響や所有意識が及ぶ知覚ゾーンを創出することが大切である。空間は4つの異なるカテゴリーに分類できるとされている。すなわち、公共的、半公共的、半私的（表庭）、私的の4つで、現実の、もしくは象徴的な境界ができている。たとえば、現実の境界は、生垣や腰壁であり、象徴的境界には標識や、植栽や、表層仕上げ材の違いなどが含まれる。

### 公共的空間（パブリック・スペース）のデザインとレイアウト

道路と小道は、明快な見通し、よい屋外照明があり、潜在犯行者が潜む場所がないように設計されなくてはならない。アクセス通路が公共的空間から半公共的空間まで通じるところでは、路面仕上げを変え場所の違いを表すべきである。歩行者専用路は、十分な屋外照明を用い、可能な限りどの方向からも見渡せるようにしなくてはならない。どの通路でも直面する植栽との間に2メートルのすき間が必要で、高さは1メートル以下に維持しなくてはならない。住宅は、近隣で侵入されやすい地点に自然な見まもりができるようグループ化しなくてはならない。壁が落書きされやすいところは、落書き防止の表面保護仕上げとするよう、初期段階で考慮されなくてはならない。

### 半公共的空間（セミ・パブリック・スペース）の配置構成デザイン

半公共的オープンスペースは、私的というよりも公共的で、出入りを制限できる機会がほとんどない。アプローチ路や居住者駐車スペース、車庫、囲み型遊び場、集合住宅の玄関ホールは、半公共的空間として挙げられる。来訪者の車の駐車は、住民がそれらを見ることができるようにできるだけ住宅に近接して設けるべきである。クルドサック端部につながる歩行者通路は、できるだけやめなくてはならない。住宅裏側への路地もやめるべきである。住宅地内を通る、隔てられ管理の行き届かない路地は、公共的空間に見えてしまうが、犯罪者の逃げ道になったり、侵入盗の侵入経路や襲撃の発生、犯罪不安の増加につながらないためにも、とりやめる必要がある。

### 半私的空間（セミ・プライベート・スペース）のデザインとレイアウト

半私的空間には、表庭や玄関口へのアプローチや階段、駐輪のスタンドなどが含まれる。3メートル程度の離隔と効果的な植栽により、この種の領域が相互監視で潜在的犯行に社会的コントロールが働くように組み合わせ、プライバシー効果が出せるように、また公共的空間との区分に使われなくてはならない。

### まもりやすい私的空間（プライベート・スペース）

塀、生垣、手摺りレール、ゲートなどの単純な構成素材が、明確なバリア形成に使われなくてはならない。セキュリティ改善のため、工作物と電気式装置を組み合わせて、あるいは個別に考慮されなくてはならない。たとえば、よじ登れない人造石張りの塀とか、角度のついた煉瓦積みとか、集中警戒システムに連動する侵入防止センサーとかである。

### レイアウト（配置構成）

戸建住宅に隣接する公共的エリアへ近づきやすい場合は、住宅玄関口への侵入を制限し住民たちが監視できるよう、よく見渡せるようにすべきである。集合的セキュリティを高める1つの方法は、比較的短めの通りに、できるだけ多くの住宅が面するよう家々をグループ化することである。別の方法として、たとえば、公共的空間から半公共的空間の間で、道路の表面仕上げ色を変え、家の敷居のように印象づけることもできる。

### 車庫

自動車だけでなく、自転車やバイク、あるいは園芸道具の格納場所としても機能しなくてはならない。車庫は家の近くに設置し、表通り面に入口があるのが望ましく、車の長さ分、道から距離をとりたい。

### 囲障

戸建住宅の外周の輪郭をつくるため、家屋の脇や裏側では2mの高さで、生垣や塀や棒柵、もしくは材木／針金／プレキャストコンクリートのフェンスが考慮されなくてはならない。潜在的犯行者は2メートル以上の塀やフェンスでも乗り越えるが、やや困難となるので、居住環境に悪影響を与えないようにしながら、高さを増やすためラティスを付加するなど配慮されなくてはならない。

### 運営管理

標準規格化原案の成否は、住民次第であり、住宅や居住環境の運営管理のやり方にもよることが強調されている。その意思決定の過程に、住民が含まれることの重要性を勧告している。

### 屋外照明

照明は、陰の区域ができないように、また特定個所の危険度に応じた十分な一定の明るさが確保されるように、設計しなくてはならない。照明は、地区全体で統一すべきである。目標とする区域で侵入を感知して点灯する照明方式は、連続照明方式より望ましいと確認できるのであれば考慮されるべきである。連続式で低光量のほうが、種々の感知装置を用いる大光量照射より効果が高いということが、しだいに明らかになっている。

[学校／若者の施設]

　標準規格案2（都市デザイン）は、近隣地区内の他の主要建物の設計にも勧告を行う。

- 活気のある街路沿いの通学路は犯罪不安を減少させる。環境への迷惑行為のレベルを減らすためには、若者の施設は通過交通の多い道路近辺に設置するのが最適であり、バス停の近くならなおよい。
- 学校は、人の多い街なかに立地しなくてはならない（隔離された場所や公園のなかではなく）。しかし騒音や迷惑行為で住民に迷惑がかからないよう、近隣住宅地から十分な距離がなくてはならない。
- コンパクトな学校デザイン（スプロール型開発でなく）と、芝生と樹木（とげのないもの）による造園が望ましい。駐車スペースや出入口付近、それに遊び場は、とくに留意しなくてはならない。
- 学校の敷地や若者施設の囲障は、生徒や若者たちが魅力的だと感じる妨げとならないよう、また放課後の利用を制約することのないように、設置されなくてはならない。学校への出入りは、できるだけ少ない個所、望ましくは1ヵ所に制限すべきである。
- 通学路と学校区域の監視は、犯罪不安を減少させることができる。校務員／管理人は、とくに学校内か学校の近くに住んでいる場合に、効果がある。建物入口には、スタッフ（管理人）が常駐するはっきりした応対領域がなければならない。
- 近隣地区の薬物常習者やホームレスたちが、学校区域をうろつくのを防ぐために、規定を設けなくてはならない。
- 学校周辺の近隣住区での遊び場利用や活動に対して明確な使用規則がなくてはならない。
- 周辺地区の将来のユーザーである地域の若者グループと周辺の住民たちが、若者施設の設計計画に関わらなくてはならない。
- 施設内で駐車施設をまとめることで、近隣のコミュニティに迷惑をかけずに、車をまもることができる。

# 参考文献

アイリーン・アダムスとまちワーク研究会著（2000）『まちワーク』、風土社
Aldous, A. (1992). Urban Villages. (Foreword by HRH The Prince of Wales). Urban Village Group.
C. アレグザンダー著、平松翰那訳（1984）『パタン・ランゲージ』、鹿島出版会
C. アレグザンダー著、中埜博監訳（1991）『パターンランゲージによる住宅の建設』、鹿島出版会
The Architects' Journal (1973). October.
The Architects' Journal (1976). 14 August, pp. 533-552.
The Architects' Journal (1976). 22 September, p. 366.
The Architectural Review (1992). Process and Product, March 1992, Volume CXC, Number 1141, pp.25-29.
The Architectural Review (1997). Outrage. July 1997, Volume CII, Number 1205, p. 213.
The Architecture Foundation (2000). Creative Spaces/ A Toolkit for Participatory Urban Design. The Architecture Foundation.
Arkitektur dk| (2002). BoOl Malmo Park Projects. 1.2002, Number 46, pp. 12-19.
Armitage, R. (1999). An Evaluation of Secured by Design Housing Schemes Throughout the West Yorkshire Area. The Applied Criminology Group, The University of Huddersield.
Armitage, R. (2000). An Evaluation of Secured by Design Housing Within West Yorkshire Home Office Briefing Note 7/00.
Arnstein, S. R. (1969). A Ladder of Citizen Participation. Journal of the American Institute cfPlanners. Volume 35, Number 4, July 1969, pp. 216-224.
Association oi Chief Police Officers (1999). Secured by Design Standards. ACPO.
Barclay, G. C, and Taveres, C. (1988). International Comparisons of Criminal Justice Statistics. HOSB, Home Office.
Barker, P. (1993). "Street violence for export", The Guardian, 4 December p. 25.
Barr, R., and Professor Pease, K. (1990). Crime Placement, Displacement and Deflection. In Crime and Justice: A Review of Research (M. Tonry and N. Morris, eds.) Vol. 12. University of Chicago Press.
Beavon, D. J. K., Brantingham, P. L., and Brantingham, P. J. (1994a). The Influence of Street Networks on the Patterning of Property Offences. In Crime Prevention Studies (R. V. Clarke, ed.) Vol. 2. Criminal Justice Press.
Beavon, D. J. K., Brantingham, P. L., and Brantingham, P. J. (1994b). Cited in Crime Prevention Studies (R. V. Clarke, ed.) Vol. 2. Criminal Justice Press.
Beckford, C, and Cogan, P. (2000). The Alleygater's Guide to Gating Alleys. New Scotland Yard. Metropolitan Police.
Beinhart, S., Anderson, B., Lee, S., and Utting, D. (2002). Communities that Care: Youth at Risk? A National Survey of risk factors, protective factors and problem behaviour among young people in England, Scotland and Wales. Communities that Care. Bentley, I. et al. (1985). Responsive Environments: A Manual for Designers. Architectural Press Ltd (Reprinted 1987, 1992, 1993).
Birkbeck, D. (2002). How to Home: Part 1, 7000 Words on Housing. RIBA.
Bjorklund, E. (ed.) (1995). Good Nordic Housing. Nordic Council of Ministers.
Bone, S. (1989)Safety and Security in Housing Design: A Guide for Action. Institute of Housing and Royal Institute of British Architects.
Brand, S., and Price, R. (2000). The Economic and Social Costs of Crime. Home Office

Research Study 217. Home Office Research, Development and Statistics Directorate.

Brantingham, P. J., and Brantingham, P. L. (1981). Environmental Criminology. Sage.

Brewerton, J., and David, D. (1997). Designing Lifetime Homes. Joseph Rowntree Foundation.

Buchanan, P. (1981). Patterns and Regeneration. The Architectural Review. December Volume CLXX, No. 1018, pp. 330-333.

Bullock, K., Moss, K., and Smith, J. (2000). Anticipating the Legal Implications ofs. 11 of the Crime and Disorder Act 1998. Home Office Briefing Note 11/00.

CABE/ODPM (2003). The Value of Housing Design and Layout. Thomas Telford.

P. カルソープ著、倉田直道・倉田洋子訳 (2004)『次世代のアメリカの都市づくり ニューアーバニズムの手法』、学芸出版社

Camden Police (2003). Secured by Design in the London Borough of Camden. Camden Police.

Carvel, J. (2002). "Half of all pupils admit breaking the law" The Guardian, 8 April, pp. 1-15.

Castell, B. (Llewellyn Davies), and Levitt, D. (Levitt Bernstein Associates). (2002). How does the built environment influence crime and what are the barriers to creating safe, sustainable places. Paper presented to Breaking Down the Barriers Workshop, Blackburn.

CEN (2002). Committee for European Standardisation. Prevention of Crime - Urban Planning and Design, Part 2: Urban, Design and Crime Reduction; PartDwellings. CEN/TC325 (in progress).

Chambers, J. (1985). The English House. Methuen London Ltd.

Chambers, R. (2002). Participatory Workshops: A Sourcebook of 21 Sets of Ideas and Activities. Earthscan Publications Ltd.

City of Toronto (2000). Toronto Safe City Guide. City of Toronto Council, Canada. Clarke, R.V., (ed.) (1992). Situational Crime Prevention: Successful Case Studies, Harrow and Heston: Albany, New York.

Clarke, R. V. (ed.) (1997). Situational Crime Prevention: Successful Case Studies, Second Edition. Harrow and Heston: Albany, New York.

Clarke, R. V. and Homel, R. (1997). A Revised Classification of Situational Crime Prevention Techniques, in Lab S.P. (ed.), Crime Prevention at a Crossroads, Anderson: Cincinnati, Ohio, pp. 17-27.

Clarke, R. V., and Mayhew, P. (1980). Designing Out Crime. HMSO, London.

Coleman, A. (1985). Utopia on Trial: Vision and Reality in Planned Housing. Hilary Shipman.

Coleman, A. (1990). Utopia on Trial, Revised Edition. Hilary Shipman.

Coleman, C, and Moynihan, J. (1996). Understanding Crime Data: Haunted by the Dark Figure. Open University Press.

Colquhoun, I. (1995). Urban Regeneration. B. T. Batsford.

Colquhoun, I. (1999). The RIBA Book of 20th Century British Housing. Architectural Press (Butterworth-Heinemann).

Colquhoun, I., and Fauset, P. G. (1991a). Housing Design in Practice. Longman UK. Colquhoun, I., and Fauset, P. G. (1991b) Housing Design: An International Perspective. B. T. Batsford.

Commission for Architecture and the Built Environment (CABE) (2002). Our Street: Learning to See, Third Edition. CABE, London.

Commission for Architecture and the Built Environment (CABE) in Partnership with the Department of the Environment, Transport and the Regions (DETR) (2001). The Value of Urban Design: Executive Summary and the Value of Urban Design. Full Report. Thomas Telford Ltd.

Commission for Architecture and the Built Environment (CABE) & Office of the Deputy Prime Minister (ODPM) in Association with Design for Homes (2003). The Value of Housing Design and Layout. Thames Telford.

Community Development (2001). Strategic Framework for Community Development. Standing Conference.

Conservation and Design Service, Development Department, City of Nottingham (1998). Community Safety in-Residential Areas.

County Surveyors Society (1999). Code of Good Practice for Street Lighting. Institution of

Lighting Engineers.
Cowan, R. (1992). From Hospital to Housing. The Architects' Journal, 15 July 1992, volume 196, Number 3, pp. 20-23.
Cowan, R. (1997). The Connected City. Urban Initiatives.
Cozens, P., Hillier, D., and Prescott, G. (2003). Safety is in the Upkeep. Regeneration and Renewal 7 February 2003, p. 4.
Crime Prevention Panel (2002). Turning the Corner. Foresight.
Crouch, S., Shaftoe, H., and Fleming, R. (1999). Design for Secured Residential Environments. Longman.
T. D. クロウ著、高杉文子訳 (1994)『環境設計による犯罪予防－建築デザインと空間管理のコンセプトの応用』、都市防犯センター
Crowe, T. (1997). Crime Prevention Through Environmental Design Strategies and Applications, in Effective Physical Security (L. J. Fennelly, ed.), Second Edition. Butterworth-Heinemann.
Crowe, T. (2000). Crime Prevention Through Environmental Design, Second Edition. Butterworth-Heinemann.
Cullen, G. (1961). Townscape. The Architectural Press.
Davey, C. L., Cooper, R. and Press, M. (2001a). Design Against Crime Case Studies. The Design Policy Partnership. Salford University/Sheffield Hallam University.
Davey, C. L., Cooper, R., and Press, M. (2001b). Parrs Wood School: Design Against Crime Case Studies. The Design Policy Partnership. Salford University/Sheffield Hallam University.
Davis, C. (1988). Maiden Amendments. The Architectural Review. November 1988, Volume CLXXXTV, Number 1101, pp. 74-78.
Department of the Environment (DOE) & Department of Transport (DOT) (1977). Design Bulletin 32, Residential Roads and Footpaths — Layout Considerations. HMSO.
Department of the Environment (DOE) (1992). Design Bulletin 32, Residential Roads and Footpaths - Layout Considerations, Second Edition. HMSO.
Department of the Environment (DOE) (1993). Crime Prevention on Housing Estates. HMSO.
Department of the Environment (DOE) (1994a). Planning Out Crime. Circular 5/94. HMSO.
Department of the Environment (DOE) (1994b). Quality in Town and Country, A Discussion Document, Department of the Environment.
Department of the Environment (DOE), Planning Out Crime, Circular 5/94. (Circular 16/94 Welsh Office).
Department of the Environment (DOE now DTLR), Planning Policy Guidance Notes, London.
PPG1: General Policy and Principles
PPG3: Housing
PPG7: The Countryside: Environmental Quality and Economic and Social Develop-ment
PPG12: Development Plans and Regional Guidance
PPG13: Transport
PPG15: Planning and the Historic Environment
PPG17: Planning for Open Space, Sport and Recreation.
Department of the Environment, Transport and the Regions (DETR) (1988). Crime and Disorder Act, Circular 1998. HMSO.
Department of the Environment, Transport and the Regions (DETR) (1998a). Planning for the Communities of the Future. DETR.
Department of the Environment, Transport and the Regions (DETR) (1998b). Places, Streets and Movements: A Companion Guide to Design Bulletin 32: Residential Roads and Footpaths. DETR.
Department of the Environment, Transport and the Regions (DETR) (1998c). Planning for Sustainable Development: Towards Better Practice. HMSO.
Department of the Environment, Transport and the Regions (DETR) (1998d). The Use of Density in Urban Planning. DETR.
Department of the Environment, Transport and the Regions (DETR) (1999a). Revision of Planning Policy Guidance Note 3: Housing. DETR.
Department of the Environment, Transport and the Regions (DETR) (1999b). Towards an

Urban Renaissance. Urban Task Force. Final Report. E. & F.N. Spon.

Department of the Environment, Transport and the Regions (DETR) (1999c). A Better Quality of Life — A Strategy for Sustainable Development in the United Kingdom. HMSO.

Department of the Environment, Transport and the Regions (DETR) (2000a). Planning Policy Guidance Note 3: Housing. DETR.

Department of the Environment, Transport and the Regions (DETR) (2000b). Our Towns and Cities: The Future: Delivering an Urban Renaissance, Cm 4911. HMSO.

Department of the Environment, Transport and the Regions and Commission for Architecture in the Built Environment (2000). By Design, Urban Design in the Planning System: Towards Better Practice. Thomas Telford Publishing.

Department of Transport, Local Government and the Regions and Commission for Architecture in the Built Environment (DTLR/CABE) (2001). By Design: Better Places to Live: A Companion Guide to PPG3. Thomas Telford.

Dijk, A. G. van., and Soomeren, P. van. (1980). Vandalism in Amsterdam. Univesiteit Van Amsterdam.

Dillon, M. (2003). Paper to Improving Safety Through Design: The Liveability Agenda Conference.

DOCA, Journal of the Designing Out Crime Association (2001). Winter.

Edwards, B., with Hyett, P. (2001). Rough Guide to Sustainability. RIBA Publications.

English Partnerships and The Housing Corporation (2000). Urban Design Compendium. English Partnerships.

Essex County Council Planning Department (1973). A Design Guide for Residential Areas. Essex County Council.

Essex County Council and Essex Planning Officers' Association (1997). The Essex Design Guide for Residential and Mixed Use Areas. Essex County Council.

Felson, M., and Clarke, R. V. (1998). Opportunity makes the Thief: Practical Theory for Crime Prevention. Police Research Series Paper 98. Home Office Research, Development and Statistics Directorate.

Fennelly, L. J. (ed.) Applications, in Effective Physical Security, pp. 35-88, Second Edition. Butterworth-Heinemann.

Foresight Crime Prevention Panel (2002). Just Around the Corner. Home Office (www.foresight.gov.uk).

Genre, C. (2002). Basic Tips on Lighting for CPTED. International CPTED Association (ICA) Newsletter, February 2002, Volume 5, Issue 1, pp. 3-4.

Gill, T. (2001). Putting Children First. The Architects' Journal., Volume 214, Number 11, pp. 38-39.

Government's Crime Reduction Strategy (1990). Home Office Communication Directorate.

Gronlund, B. (2000). Towards the Humane City for the 21st Century. Paper presented at the Radberg Seminar, Stockholm.

The Guinness Trust (1996). Planning and Architecture Guide. The Guinness Trust. The Guinness Trust (undated). Landscape and Design Guide. The Guinness Trust.

H. M. Government (1999). A Better Quality of Life, A Strategy for Sustainable Development for the UK. The Stationery Office.

Hall, P. (1988). Cities of Tomorrow: An Intellectual History of Urban Planning and Design in the Twentieth Century. Blackwell.

Hall, P., and Ward, C. (1998). Sociable Cities. John Wiley.

Hampshire, R., and Wilkinson, M. (1999). Youth Shelters and Sports Systems: A Good Practice Guide. Architectural Liaison: Thames Valley Police.

Harris, R., and Larkham, P. (1999). Changing Suburbs: Foundation, Form and Function. E. & F.N. Spon.

Hetherington, P. (1999). "The Dynamic Duo", The Guardian, 23 June, pp. 4-5.

Hesselman, T. (2001). The Dutch Police Labelled Secured HousingR - Politiekeurmerk Veileg Wonen. Paper presented to the E-DOCA International Conference on Safety and Crime Prevention by Urban Design, Barcelona (The Netherlands National Police Institute).

Hillier, W. (1996). Space is the Machine. Cambridge University Press.

Home Office. Crime Prevention News, Quarterly.

Home Office (1998). Human Rights Act, Crown Copyright.
Home Office (1998). The Crime and Disorder Act, Crown Copyright.
Home Office (1999). Government Crime Reduction Strategy. HMSO.
Home Office Crime Reduction College (2003). Crime Reduction Basics - Tackling Crime and Anti-Social Behaviour in the Community. Home Office.
The Housing Corporation. (1998). Scheme Development Standards, Third Edition. August 1998.
House Builders Federation (1996). Families Matter. HBF.
Housing Development Directorate, Department of the Environment (1981). (HDD) Occasional Paper 1/81. Reducing Vandalism on Public Housing Estates. HMSO.
Hulme City Challenge (1994a). Hulme — A Guide to Development, Hulme City Challenge.
Hulme Regeneration Ltd (1994b). Rebuilding the City: A Guide to Development in Hulme. Hulme Regeneration Ltd.
ICA (2002). International CPTED Association Newsletter, February, Volume 5, Issue 1, pp. 1 and 7.
The Institute of Highway Incorporated Engineers (2002). Home Zone Design Guidelines. The Institute of Incorporated Engineers.
Jackson, A. (1973). Semi-Detached London. Wild Swan.
J. ジェイコブス著、黒川紀章訳 (1973)『アメリカ大都市の死と生』、鹿島出版会
Jeffrey, C. R. (1969). Crime Prevention and Control Through Environmental Engineering. Criminologica, 7, 35-58.
Jeffrey, C. R. (1971). Crime Prevention Through Environmental Design. Sage Publications.
Jeffrey, C. R. (1977). Crime Prevention Through Environmental Design, Second Edition. Sage Publications.
Jeffrey, C. R. (1999). CPTED: Past, Present and Future. A Position Paper prepared for the International CPTED Association Conference. September. Ontario, Canada.
Jenks, M., Burton, E., and Williams, K. (1996). The Compact City, A Sustainable Urban Form? E. & F.N. Spon.
Johnson, S., and Loxley, C. (2001) Installing Alley-Gates: Practical Lessons from Burglary Prevention Projects. Home Office Briefing Note 2/01.
Joseph Rowntree Foundation (1995). Made to hast: Creating Sustainable Neighborhoods and Estate Regeneration. Joseph Rowntree Foundation.
Joseph Rowntree Foundation (1997). The Safety and the Security Implications of Housing over Shops. Findings - Housing Research 203.
Journal of the Design Out Crime Association (2001). Winter 2001, p. 10.
Kaplinski, S. (PRP Architects) (2002). Urban Environment Today, 24 January, p. 14. Karn, V., and Sheridan, L. (1998). Housing Quality: A Practical Guide for Tenants and their Representatives. Joseph Rowntree Foundation.
Katz, P. (1994). The New Urbanism: Towards an Architecture of the Community. McGraw-Hill.
Kelly, P. (1999). The Marquess Estate, Building Homes, May, pp. 13-15.
Kershaw, C, Budd, T., Kinshott, G., Mattinson, J., Mayhew, P., and Myhill, A. (2000). The 2000 British Crime Survey. Home Office Statistical Bulletin 18/00. Home Office.
Kershaw et al. (2001). British Crime Survey 2000/01.
Knights, R., and Pascoe, T. (2000a). Burglaries Reduced by Cost Effective Target Hardening. DETR Contract Number ccl675. Building Research Establishment. Knights, R., and Pascoe, T. (2000b). Target Hardening: A Cost Effective Solution to Domestic Burglary. BRE.
Knights, R., Pascoe, T., and Henchley, A. (2002). Sustainability and Crime. BRE. Layout of New Houses. The Popular Housing Forum.
Knights, R., Pascoe, T., and Henchley, A. (2003). Sustainability and Crime: Managing and Recognising the Drivers of Crime and Security. Building Research Establishment (BRE).
Llewelyn-Davies, English Partnerships, The Housing Corporation (2000). Urban Design Compendium.
London Planning Advisory Committee (1998). Sustainable Residential Quality: New Approaches to Urban Living. LPAC.
K. リンチ著、丹下健三・冨田玲子訳 (1968/1980)『都市のイメージ』、岩波書店

K. リンチ著、三村翰弘訳 (1984)『居住環境の計画-すぐれた都市形態の理論』、彰国社

Martin, G., and Watkinson, J. (2003). Rebalancing Communities: Introducing Mixed Incomes into. Existing Rented Housing Estates. Joseph Rowntree Foundation.

Ministry of Health (1949). Housing Manual. HMSO.

Minton, A. (2002 a). Building Balanced Communities, the US and UK Compared. RICS Leading Edge Series, RICS, London.

Minton, A. (2002b). "Utopia Street". Guardian Society. 27 March, pp. 10-11.

Moorcock-Ably, K. (2001). "Go Play in the Traffic." The Architects' Journal, 27 September, Volume 214, Number 11, pp. 38-39.

Moss, K., and Pease, K. (1999). Crime and Disorder Act 1998: Section 17, "A Wolf in Sheep's Clothing"? Crime Prevention and Community Safety: An International Journal, 1, 4, 15-19. Perpetuity Press.

Moss, K. (2001). Crime Prevention v Planning: Section 17 of the Crime and Disorder Act 1988. Is it a Material Consideration? Crime Prevention and Community Safety: An International Journal, pp. 43-48. Perpetuity Press.

Moughton, C. (1992). Urban Design, Street and Square. Butterworth Architecture.

Muir, H. (2003)"Community that saw off the BNP". The Guardian, 27 May, p. 9. Muthesius, S. (1982). The English Terraced House. Yale University Press.

National House Building Council (1988). Guidance on How the Security of New Homes Can be Improved. NHBC.

National Housing Federation (1998a). Car Parking and Social Housing. National Housing Federation.

National Housing Federation (1998b). Standards and Quality in Development: A Good Practice Guide. National Housing Federation.

New Forest District Council (2000). Supplementary Planning Guidance, Design for Community Safely.

Newman, O. (1971). Architectural Design for Crime Prevention. National Institute of Law Enforcement and Criminal Justice, Law Enforcement Assistance Administration.

O. ニューマン著、湯川利和・湯川聡子訳 (1976)『まもりやすい住空間』、鹿島出版会

Newman, O. (1973b). Defensible Space: People and Design in the Violent City. Architectural Press.

Newman, O. (1976). Design Guidelines for Creating Defensible Space. National Institute of Law Enforcement and Criminal Justice.

Newman, O. (1981). Community of Interest. Anchor Press/Doubleday.

Newman, O. (1996). Creating Defensible Space. U.S. Department of Housing and Urban Development, Office of Policy Development and Research.

Nottingham City Council, Conservation of Design Service (1998). Design Guide: Community Safety in Residential Areas. Nottingham City Council.

Office of the Deputy Prime Minister (ODPM) (2002a). Living Places: Cleaner, Safer, Greener. HMSO.

Office of the Deputy Prime Minister (ODPM) (2002b). Paving the Way - How we can Achieve Clean, Safe and Attractive Streets. Thomas Telford.

Oliver, P., Davis, L., and Bentley, I. (1981). Dunroamin: The Suburban Semi and its Enemies. Barrie & Jenkins Ltd.

Osborne, S., and Shaftoe, H. (1995). Successes and Failures in Neighborhood Crime Prevention. Safe Neighborhood Unit, Joseph Rowntree Foundation, Housing Research 149.

Page, D. (1993). Building for Communities. Joseph Rowntree Foundation.

Painter, K., and Farrington, D. P. (1997a). The Crime Reducing Effect of Improved Street Lighting: The Dudley Project. In Situational Crime Prevention: Successful Case Studies (R. V. Clarke, ed.) Second Edition. Harrow and Heston.

Painter, K., and Farrington, D. P. (1997b). The Dudley Experiment. In Situational Crime Prevention: Successful Case Studies (R. V. Clarke, ed.) Second Edition. Harrow and Heston.

Painter, K., and Farrington, D. P. (1999). Street Lighting and Crime: Diffusion of Benefits in the Stoke-on-Trent Project. In Surveillance of Public Space: CCTV, Street Lighting and Crime Prevention (K. Painter and N. Tilley, eds.). Criminal Justice Press.

Painter, K. (2003). Ray of Hope. Regeneration and Renewal. 24 January 2003, p. 23.Parker, J. (2001). Reducing crime through Urban Design. The Journal of the Designing Out Crime Association, Winter 2001, pp. 16-18.

Parker, B., and Unwin, R. (1901). The Art of Building a Home -A Collection of Lectures and Illustrations. Longman, Green and Company.

Pascoe, T. (1992). Secured by Design - A Crime Prevention Philosophy. Cranford Institute of Technology, M.Sc. Thesis.

Pascoe, T. (1993a). Domestic Burglaries: The Burglar's View. BRE Information Paper 19/93, Building Research Establishment.

Pascoe, T. (1993b). Domestic Burglaries: The Police View. BRE Information Paper 20/93, Building Research Establishment.

Pascoe, T. (1999). Evaluation of Secured by Design in Public Sector Housing. Building Research Establishment & Department of the Environment, Transport and the Regions.

Pease, K. (1999). Lighting and Crime. The Institution of Lighting Engineers.

Power, A. (2000). Social Exclusion. Royal Society of Arts Journal, Number 5493, pp. 46-51.

B. ポイナー著、小出 治訳（1991）『デザインは犯罪を防ぐ－犯罪防止のための環境設計』、都市防犯研究センター

Poyner, B., and Webb, B. (1991). Crime Free Housing. Butterworth Architecture, pp. 9-21.

PRP Architects (2002). High Density Housing in Europe, Lesson for London. East Thames Housing Group, p. 13.

Rapoport, A. (1969). House Form and Culture. Prentice-Hall.

Rapoport, A. (1977). A Human Aspect of Urban Form. Pergamon Press.

Ravetz, A. (1980). Remaking Cities. Croom-Helman.

Rouse, J. (Commission for Architecture and the Built Environment) (2003). The Importance of Design in Creating Safe Communities. Paper presented at the Conference "Improving Safety by Design", London.

The Royal Dutch Touring Club (ANWB). (1980). Woonerf.

Rudlin, D., and Falk, N. (1995). 21st Century Homes: Building to last. URBED.

Rudlin, D., and Falk, N. (1999). Building the 21st Century Home, The Sustainable Urban Neighborhood. Architectural Press.

Safe City Committee, Healthy City Office (Whitzman et al.) (1997). Toronto Safer City Guidelines. Toronto Community Services, Toronto City Council.

Sanoff, H. (2000). Community Participation Methods in Design and Planning. John Wiley & Sons Inc.

Saville, G. (1997). Displacement: A Problem for CPTED Practitioners. Paper presented at the second Annual International CPTED Conference, December, Orlando, USA.

G. ザビル著（2003）『北米における防犯環境設計の動向』、JUSRIリポート別冊 No.14 都市防犯研究センター

Scarman Centre National CCTV Evaluation Team (2003). National Evaluation of CCTV; early findings of scheme implementation - effective practice guide, Home Office Statistical Bulletin 5/03.

R. シュナイダー、T. キッチン著、防犯環境デザイン研究会訳（2006）『犯罪予防とまちづくり』、丸善株式会社

Sherlock, H. (1991). Cities Are Good For Us. Paladin.

Simmons, J., et al. (2002). British Crime Survey 2001/2002.

Social Exclusion Unit (1998). Bringing Britain Together: A National Strategy for Neighborhood Renewal, Cm 4045. HMSO.

Social Exclusion Unit (2000). National Strategy for Neighborhood Renewal: A Framework for Consultation. HMSO.

Social Exclusion Unit (2001). A New Commitment to Neighborhood Renewal: National Strategy Action Plan. HMSO.

P. Van ソメレン他（1993）『2000CPTEDワークショップ 欧米における防犯環境設計の現況』、JUSRIレポート （財)都市防犯研究センター

Spring, M. (1998). Whatever Happened to the Millennium Village of the 1970s? Building, 6 November 1998.

Steering Group Experiments (1998)Public Housing (SEV) Service Centre. Safe Living (Veilig Wonen), The Police Label Secured HousingR New Estates. Politiekeurmerk Veilig WonenR Nieubouw.

P. ストラード編 (1991) 『住宅設計による犯罪防止』、(財)都市防犯研究センター

Stones, A. (1989). Towns, Villages or Just Housing Estates? Urban Design Quarterly, January 1989.

Straw, J. (Home Secretary) (2001). Crime Prevention News, April/June, p. 8.

Stubbs, D. (Thames Valley Police) (2002). Culs-de-sac and Link Footpaths: Academic Research Foundation. The Journal of the Designing Out Crime Association (DOCA). Summer 2002, pp. 11-19.

Summerskill, B. (2001). New Homes Crisis Hits UK Families, The Observer, 28 April, p. 1.

Taylor, M. (2000). Top Down Meets Bottom Up: Neighborhood Management. Joseph Rowntree Foundation.

Tilley, N., Pease, K., Hough, M., and Brown, R. (1999). Burglary Prevention: Early Lessons from the Crime Reduction Programme. PRCU Research Paper 1. Home Office Research, Development and Statistics Directorate.

Town, S. (1996). West Yorkshire Police Recommended Standards. Unpublished paper for West Yorkshire Police.

Town, S. (2001). Designing Out Crime: Building Safer Communities. Unpublished paper for West Yorkshire Police.

Unwin, R. (1909). Town Planning in Practice. T. Fisher Unwin.

Urban Design Group (2000). The Community Planning Handbook. Earthscan.

Urban Renewal Unit/ODPM (2001/02). Places, People, Prospects. Neighborhood Renewal Unit - Annual Review 2001/02.

Urban Task Force (1999). Towards an Urban Renaissance. E. & F.N. Spon.

Urban Task Force (2000). Paying for an Urban Renaissance. Urban Task Force.

Urban Villages Forum and English Partnerships (1998). Making Places, A Guide to Good Practice in Undertaking Mixed Development Schemes. English Partnerships.Urban Villages Forum (1995). The Economics of Urban Villages. Urban Villages Forum.

URBED (1997). The Model Sustainable Urban Neighborhood. Sun Dial, Issue 4, pp. 2-3.

URBED (1998). Tomorrow: A Peaceful Path to Urban Reform. Friends of the Earth.URBED (1999). New Life for Smaller Towns, A Handbook for Action. Action for Market Towns.

URBED, MORI, and University of Bristol (1999). But Would You Live There? Shaping Attitudes to Urban Living. Urban Task Force.

Wainwright, M. (2002). "Gated Estates Attract the Young", The Guardian, 28 November, p. 11.

Wadham, C, and Associates (1998). Holly Street 1998, Upwardly Mobile, commis- sioned by the Hackney Council Comprehensive Estates Initiative.

Wallop, M. (1999). Breaking the Cycle of Burglaries - The Haarlem Approach. Paper to the Workshop on European Crime Prevention Initiatives, 22n Symposium on the International Society of Crime Prevention Practitioners, Pennsylvania, USA.

Ward, D. (2001). "Streets Ahead", Guardian Society, 1 August, p. 4.

Warren, F., and Stollard, P. (1988). Safe as Houses. Institute of Advanced Architectural Studies. University of York. Working Paper.

Wates, N. (2000). The Community Planning Handbook. Earthscan Publications Ltd. Webb, L. (2003). The Royds - Bradford. Paper presented at the Conference, Improving Safety by Design, London.

Webster T. (2003). A Ray of Hope. Paper presented to the Improving Safety Through Design Conference, April, London.

Williams, G., and Wood, R. (2001). Planning and Crime Prevention: Final Report. Small Scale Research Study to the DETR, Manchester University.

Wines, J. (2000). Green Architecture. Taschen.

Wood, E. (1961). Housing Design: A Social Theory. Citizens, Housing and Planning Council Inc.

Zelinka, A. (2002a). How possible is it to create safer, more liveable communities through planning and design. Paper presented to the Smart Growth Conference, USA. Zelinka, A. (2002b). Smart Growth is Crime Prevention. Paper presented to New Partners for Smart

Growth Conference, USA.

www.apc.cpted.org
www.bre.co.uk
www.cabe.org.uk
www.cabinet-office.gov.uk
www.cpted.net
www.crimecheck.co.uk
www.crimereduction.gov.uk
www.crimereduction.gov.uk/active communities27.htm
www.crimereduction.gov.uk/securebydesignl2.htin
www.designagainstcrime.org.uk
www.designcouncil.org.uk
www.designforhomes.org
www.detr.gov.uk
www.doca.org.uk
www.dtir.gov.uk
www.e-doca.net
www.foresight.gov.uk
www.housingcorp.gov.uk
www.homeoffice.gov.uk
www.homeoffice.gov.uk/perg/psdb
www.met.police.uk/camden
www.politiekeurmerk.nl
www.research.linst.ac.uk/dac
www.rudi.net/
www.securedbydesigmcom
www.scottish.police.uk
www.spacesyntax.com/housing
www.suzylamplugh.org
www.teachernet.gov.uk/extendedschools
www.wales.gov.uk/crimereduction
www.wales. gov/index/housing

International CPTED Association,
ICA: 439 Queen Alexandra Way SE, Calgary, Alberta, T2J 3P2, Canada.
Email: ica@cpted.net Website: www.cpted.org
E - DOCA; European Designing Out Crime Association, CI - DSP - van Dijk, van Soomeren en Partners, van Diemenstraat 374, 1013 CR Amsterdam, The Netherlands.
Email: mail@e-doca.net. Website: www.e-doca.net
UK Chapter: General Secretary: Terry Cocks, Designing Out Crime Association, P.O. Box 355, Staines, Middlesex TW18 4WX, UK. Email: gensec@doca.org.uk;
　　Website: www.doca.org.uk
Asia/Pacific Chapter: International CPTED; Association Asia/Pacific Chapter Inc., P.O. Box 222, Browns Plains, Queensland, 4118 Australia.
Email: info@apc.cpted.org Website: www.apc.cpted.org

# 索　引

アクセシビリティ　105、108
アーバン・ヴィレッジ　118、138、139
アフォーダブル　219
　──住宅　98、205
アリス・コールマン　42
アレグザンダー、クリストファー　61、149
アーンスタイン、シェリー　239
安全都市ガイドライン　209
安全パートナーシップ　237
移動動線　81
インナーシティ　7、13、21、26、182
ウエスト・シルバータウン・アーバン・ヴィレッジ　140
ウッズ、エリザベス　35
英国政府のガイダンス　177
英国犯罪調査　7
ACPO（警察署長協会）　183
ACPOS（スペインの警察署長協会）　183
SBD（設計による安全確保）　114、184、187、189、192、194、197、208
　──スキーム　189
　──デザイン・ガイダンス　185
　──デザイン・ガイド　184
エセックスの設計計画ガイド　201
欧州規格　213
屋外照明　75、151、167、168、169、182、185、188、209、215、237
オランダの警察認証制度　177、192、197
オールド・ロイヤル・フリー・スクエア　128、135
街路景観　105
街路照明　167、170
街路デザイン　125
学校建物の設計計画　163

環境デザインによる安全確保　177
環境デザインによる防犯（CPTED）　35、53、54、177、236
機会　5
　──により生じる犯罪の予防　35
規格化　213
丘状住宅　63、67、68
近隣地区の監視　269、270
近隣での迷惑行為　15
空間の佇まい（sense of space）　81
クライム・ウォーク　250
クラウン・ストリート　140
グリッド状街路　39
クルドサック　64、105、108、111、144、152、154、181、206、208、209
計画政策ガイダンスノート　93、150
計画的犯罪予防　201
警察からのフィードバック　205
警察建築指導官（警察の防犯設計アドバイザー）　26、112、184、186、194、263
警察認証　194
　──基準　198
　──制度　198
警察の視点　210
ゲーテッド・コミュニティ　55、257、258、261、271
ゲート管理の集合住宅　10、11
ゲート付きの路地　172
健全なコミュニティ　60
建築認証の安全住宅　193
公共住宅団地からの転出　9
合理的行動　53
合理的選択　4
子供密度　97、99
コミュニティ安全行動ゾーン（CSAZs）　236
コミュニティ安全パートナーシップ　22、270

コミュニティ・トラスト　139
コミュニティのバランス　224
コーワン、ロバート　16
コンシェルジュ　181
参加のはしご　239
ジェイコブス、ジェーン　36、111
シェルター（避難所）　150
シェルタード・ハウジング　95、102、261
シェルタード・ハウス　184、187
ジェントリフィケーション　182
市街地環境　19、76、177
CCTV　26、152、165、170、182、185、188、212、237
持続可能性（サステイナビリティ）　218、226
質の高い開発　64
自分自身の家　64
市民の誇り　10、12
社会的排除　12
住宅形式の混在　145
住宅の所有　14
住民参加　239、244、248
所有意識　181
所有方式　88
シルバー・タウン　139
スパシアル・デザイン　73、76
スーパー世話人（super caretakers）　268
スペース・シンタックス（空間必然性理論）　67
状況に着目した犯罪の予防　49
スマート・グロース　55、130、138、140、258
生活の質(QOL)　54、76、125、129、149、183、237
政府ガイダンス　177
設計計画（デザイン）と犯罪　25
設計による犯罪予防　74
潜在的犯罪　26
潜在的リスク　112、215
ソムレン、ポール・ヴァン　125
第二世代のCPTED　58、210
地域戦略パートナーシップ　13
地方自治体のガイダンス　201
駐車施設　46
ティーンエイジ社会　64
ティーンエイジャー　75、98、150、195、205
DICEプロジェクト　46

デザイン・ガイド　177、201、204、206
デ・パエレル　198
デュアル・ユース　160
テリトリー　209
転移　5
投資の不足　14
通り抜けの良い（permeable）　46
通り抜けの良さ（permeability）　105、111、122
都市デザイン　96
トラッキング　115、119
トロント都市安全ガイドライン　168、210
24時間文化　11
ニュー・アーバニズム　55、138、140、145、146、258
　——運動　96
　——憲章　143
ニューマン、オスカー　37、111
抜けの良い配置　204
ネイバーフッド・ウォッチ　269
ノッティンガム市のデザイン・ガイド　206
ノットリー、グレート　206
ハウジング・アソシエーション　133、136、191、219、263
パウンドベリー　118
パタン・ランゲージ　61、149
パート2：都市計画と犯罪低減　214
パート3：住居　215
犯罪と秩序違反法　22、178
犯罪の機会　4
犯罪のコスト　4
犯罪の社会経済的要因　9
犯罪の性格　1
犯罪の増加とコスト　2
犯罪の転移　210
犯罪のポテンシャル　204
犯罪パターンの分析
犯罪発生率　10
　——増加　10
犯罪への不安感　7、8、15、75、125、185
反社会的行為　15、17、32
標準規格　194、197、272、273、275、277、279、280
貧困層集中　9
ブライトランド　259、260

ブラックバーン　7、182
ブランティンガム夫妻　122
ブリココリ博士　250
プレイス・メイキング　193
塀とフェンス　86
ペインター、ケイト　170
ポイナー、バリー　164
防犯性を踏まえた都市デザイン
　　　153、177、179、183、206、237
防犯性を踏まえた都市プランニング
　　　180
ホリー・ストリート　128
ホーム・ゾーン　123、128、132、
　　　133、135
ボン・エルフ　125、128、212
まもりやすい空間　41
　　──の原理　41
　　──の理論　4
見え方（visibility）　57
見えやすさ　210
ミクスト・ユース　178
密度　95、100、226
　　──と文化　100
ミントン、アンナ　257
メスレーズ　133
ユース・クラブ　65

ユース・シェルター　155
用途混合　144
ラドバーン　107
　　──型開発　107
　　──システム　106
　　──方式　106、182
ランドスケーピング　159
リスク分析　215
リスク・レベル　74
領域性　37、38
ルーチン・アクティビティ　53
　　──理論　4
ロイズ再生計画　190
若者と犯罪　16
若者の家づくり　21
若者の犯罪　245

CABE　180
CEN　213
CSAZs　236
NIHE　249
PPG3　116、179
PPG13　155、179
PPG17　180
PPGs　201
Proximity Access Control　84

# 訳者あとがき

　防犯についての図書が数あるなかで本書のユニークな点は、イアン・カフーン教授の都市や建築、居住者コミュニティ、そして市民社会へのゆるぎないまなざしである。世界中の現代社会で起きている犯罪というものを、できるだけ色眼鏡を掛けず捉えること、防犯対策のためにも可能なかぎり都市構造や都市デザイン、建築デザインのあり方に照らして考え、よく調べ、提案し、効果の検証に努めている。

　まず、犯罪をどう捉えるかという点について、犯罪の専門家の知見や見解からではなく、都市計画や地域計画、建築設計などに携わる人たちが日頃手がかりにしている、地域特性や社会構造、家族のあり方、住宅政策との関連性など、社会経済の変化の状況分析からアプローチしている。そして、これらの本来の関係性が歪み、綻び、崩壊しつつある点や、自身もかつて携わった住宅地開発などにも思わぬ見落としがあった点などを、真摯に反省しながら真正面から向き合い、改善方策を探しているように見受けられる。

　これから防犯対策にどう取り組むべきかという方向性や、効果を発揮できた事例の紹介にあたっては、都市空間をどう上質なものに改善し、市民や住まい手に誇りや帰属意識がもてるようにすることの重要性を繰り返し述べており、防犯性は必要条件ではあっても、十分条件ではないという点について見極めてもいる。また実際の現場で生じた、困難な局面での問題解決についての秘話や苦労話、あるいは住民参加における取組みの機微についても、ご自身の経験と洞察、見識を重ね合わせ、リアルに説得力のある解説がなされている。よって、こうした取組みは未経験というプランナーや建築家から、一定の経験を積んでおられる実践型の専門家の方々まで、幅広い層に読んでもらいたい項目と内容が本書には詰まっている。

　2004年10月と、2006年9月の2度訪英し、カフーン教授にロンドン、ハル、マンチェスターでの実施プロジェクトを数多く案内を受け、直接解説して頂いた。さらにその後もeメールで幾度も質問を重ねると、迅速に回答を頂けるなど、イアン・カフーン教授には

本当にお世話になりました。深く感謝の意を表します。

　また、翻訳初期の段階からキーワードや参考文献について、多大な支援を頂き、また原稿の段階では校正にもご助言、ご協力頂いた独立行政法人 建築研究所 樋野公宏研究員にも、この場を借りて感謝申し上げます。

　翻訳作業にあたっては、職場（(財)日本開発構想研究所）の吉田拓生副理事長と大場悟副主幹に分担して頂き、なんとか大作の翻訳を終えることができました。また、末筆になってしまいましたが、翻訳出版に不慣れな翻訳チームに、忍耐強く叱咤激励を頂き、出版にまでこぎ着けて頂いた点で、鹿島出版会の久保田昭子さんに、深く感謝申し上げます。

2007 年 7 月

訳者を代表して　小畑晴治

［訳者紹介］

**小畑晴治**（こばた・せいじ）
1947 年生まれ。早稲田大学理工学部建築学科卒業。日本住宅公団・都市再生機構（都市住宅技術研究所長）を経て、(財)日本開発構想研究所 理事、都市・地域研究部長。千葉大学大学院客員准教授、明海大学非常勤講師。

**大場 悟**（おおば・さとる）
1957 年生まれ。横浜国立大学大学院工学研究科建築学専攻修了、ロンドン大学（University College London）Master of Science（Urban Development Planning）修了。(財)日本開発構想研究所 都市・地域研究部担当部長。技術士（総合技術監理部門、建設部門：都市及び地方計画）。

**吉田拓生**（よしだ・たくお）
1937 年生まれ。早稲田大学第一理工学部建築学科卒業。日本住宅公団を経て、(財)日本開発構想研究所 副理事長。技術士（建設部門：都市・地方計画）、一級建築士。

デザイン・アウト・クライム
「まもる」都市空間

2007年9月30日　第1刷発行ⓒ

著　　　イアン・カフーン

訳　　　小畑晴治・大場悟・吉田拓生

発行者　鹿島光一

発行所　鹿島出版会
　　　　〒100-6006 東京都千代田区霞が関3-2-5 霞が関ビル6F
　　　　電話 03-5510-5400
　　　　振替 00160-2-180883
　　　　http://www.kajima-publishing.co.jp

DTP　　エムツークリエイト
印刷　　壮光舎印刷
製本　　牧製本

ISBN978-4-306-07260-2　C3052　　Printed in Japan

無断転載を禁じます。落丁・乱丁はお取り替えいたします。
本書の内容に関するご意見・ご感想は下記までお寄せください。
info@kajima-publishing.co.jp